第 2 章课堂案例—包装立体展示效果

第 4 章课堂案例—去除照片中多余的图像，处理前

第 4 章课堂案例—去除照片中多余的图像，处理后

第 3 章实训—风景插画

第 5 章课堂案例—暗夜精灵

第 5 章课堂 术照

第 6 章课堂案例—网页横幅广告

毕业寄语

黎月

7月，又是一年离校月，

社会，对学子而言，这是一次值得

期待的人生转折，

第 6 章课堂案例—校刊寄语

第 7 章课堂案例—处理一组艺术照，处理前

第 7 章课堂案例—处理一组艺术照，处理后

第 7 章课堂案例—怀旧照片处理前

第 7 章课堂案例—怀旧照片处理后

第 7 章实训—唯美写真

第 8 章实训—笔记本灯箱广告

第 9 章课堂案例—人物剪影

第 10 章实训—电影海报

第 13 章课堂案例—洗面奶广告

高等教育立体化精品系列规划教材

Photoshop CS5 图像处理教程

◎ 湛邵斌 编著

人民邮电出版社
北京

图书在版编目（CIP）数据

Photoshop CS5图像处理教程 / 湛邵斌编著. -- 北京 : 人民邮电出版社, 2013.6(2016.4 重印)
高等教育立体化精品系列规划教材
ISBN 978-7-115-31449-9

Ⅰ. ①P… Ⅱ. ①湛… Ⅲ. ①图象处理软件—高等学校—教材 Ⅳ. ①TP391.41

中国版本图书馆CIP数据核字(2013)第078773号

内容提要

本书主要讲解 Photoshop CS5 图像处理基础，Photoshop CS5 的基本操作，创建和调整图像选区，绘制和修饰图像，图层的应用，文字的应用，图像色彩和色调的调整，路径、形状和通道的使用，滤镜的应用，动作的使用，图像的输出及综合案例等知识。本书最后附录中还安排了 4 个图像处理综合实训，进一步提高学生对知识的应用能力。

本书由浅入深、循序渐进，采用案例式讲解，基本上每一章均以情景导入、课堂案例讲解、上机综合实训、疑难解析及习题的结构进行讲述。全书通过大量的案例和练习，着重于对学生实际应用能力的培养，并将职业场景引入课堂教学，让学生提前进入工作的角色。

本书适合作为高等教育院校电脑平面设计相关课程的教材，也可作为各类社会培训学校相关专业的教材，同时还可供 Photoshop 初学者自学使用。

高等教育立体化精品系列规划教材

Photoshop CS5 图像处理教程

◆ 编　著　湛邵斌
责任编辑　王　平

◆ 人民邮电出版社出版发行　北京市丰台区成寿寺路 11 号
邮编　100164　电子邮件　315@ptpress.com.cn
网址　http://www.ptpress.com.cn
固安县铭成印刷有限公司印刷

◆ 开本：787×1092　1/16　彩插：1
印张：16.25　2013 年 6 月第 1 版
字数：393 千字　2016 年 4 月河北第 6 次印刷

ISBN 978-7-115-31449-9

定价：48.00 元（附光盘）

读者服务热线：(010)81055256　印装质量热线：(010)81055316
反盗版热线：(010)81055315
广告经营许可证：京东工商广字第 8052 号

前 言 PREFACE

随着近年来高等教育的不断改革与发展，其规模不断扩大，课程的开发逐渐体现出了职业能力的培养、教学职场化和教材实践化的特点，同时随着计算机软硬件日新月异地升级，市场上很多高等教育院校教材的软件版本、硬件型号以及教学结构等很多方面都已不再适应目前的教授和学习。

鉴于此，我们认真总结了高等教育院校教材的编写经验，用了2~3年的时间深入调研各地、各类高等教育院校的教材需求，组织了一批优秀的、具有丰富的教学经验和实践经验的作者团队编写了本套教材，以帮助高等教育院校培养优秀的职业技能型人才。

本着“提升学生的就业能力”为导向的原则，我们在教学方法、教学内容和教学资源3个方面体现出自己的特色。

教学方法

本书精心设计“情景导入→课堂案例→上机实训→疑难解析→习题”5段教学法，将职业场景引入课堂教学，激发学生的学习兴趣，然后在职场案例的驱动下，实现“做中学，做中教”的教学理念，最后有针对性地解答常见问题，并通过课后练习全方位帮助学生提升专业技能。

- 情景导入：以主人公“小白”的实习情景模式为例引入本章教学主题，并贯穿于课堂案例的讲解中，让学生了解相关知识点在实际工作中的应用情况。
- 课堂案例：以来源于职场和实际工作中的案例为主线，强调“应用”。每个案例先指出实际应用环境，再分析制作的思路和需要用到的知识点，然后通过操作并结合相关基础知识的讲解来完成该案例的制作。讲解过程中穿插有“知识提示”、“多学一招”和“行业提示”3个小栏目。
- 上机实训：先结合课堂案例讲解的内容和实际工作需要给出实训目标，进行专业背景介绍，再提供适当的操作思路及步骤提示供参考，要求学生独立完成操作，充分训练学生的动手能力。
- 疑难解析：精选出学生在实际操作和学习中经常遇到的问题并进行答疑解惑，让学生可以深入地了解一些应用知识。
- 习题：对本章所学知识进行小结，再结合本章内容给出难度适中的上机操作题，让学生强化巩固所学知识。

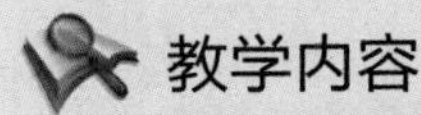

教学内容

本书的教学目标是循序渐进地帮助学生掌握Photoshop图像处理技术，具体包括掌握Photoshop CS5图像处理基础知识，能够运用选区工具、绘图工具、修饰工具和文字工具处理图像，并掌握图层、蒙版、路径、通道和滤镜技术的运用。全书共13章，可分为以下几个方面的内容讲解。

- 第1章：主要讲解Photoshop CS5图像处理基础知识和基本操作。
- 第2章~第4章：主要讲解创建和调整图像选区、绘制图像和修饰图像等知识的应用。
- 第5章~第11章：主要讲解图层的应用、文字的应用、色彩的调整、路径的应用、通道的应用和滤镜的应用等知识。
- 第12章：主要讲解使用动作进行批处理，印刷图像设计与印前流程，以及图像的打印输出。
- 第13章：讲解了综合案例——洗面奶广告的制作，进一步巩固前面所学知识。

教学资源

本书的教学资源包括以下三方面的内容。

（1）配套光盘

本书配套光盘中包含图书中实例涉及的素材与效果文件、各章节实训及习题的操作演示动画以及模拟试题库三个方面的内容。模拟试题库中含有丰富的关于Photoshop图像处理的相关试题，包括填空题、单项选择题、多项选择题、判断题、简答题和操作题等多种题型，读者可自动组合出不同的试卷进行测试。另外，光盘中还提供了两套完整的模拟试题，以便读者测试和练习。

（2）教学资源包

本书配套精心制作的教学资源包，包括PPT教案和教学教案（备课教案、Word文档），以便老师顺利开展教学工作。

（3）教学扩展包

教学扩展包中包括方便教学的拓展资源以及每年定期更新的拓展案例两个方面的内容。其中拓展资源包含图片设计素材、笔刷素材和“关于印前技术与印刷”PDF文档等。

特别提醒：上述第（2）、（3）教学资源可访问人民邮电出版社教学服务与资源网（http:// www.ptpedu.com.cn）搜索下载，或者发电子邮件至dxbook@qq.com索取。

本书由湛邵斌编著，虽然编者在编写本书的过程中倾注了大量心血，但恐百密之中仍有疏漏，恳请广大读者及专家不吝赐教。

编者

2013年3月

目 录 CONTENTS

第1章 Photoshop CS5基础 1

1.1 图像处理的基本概念 2
1.1.1 位图与矢量图 2
1.1.2 图像分辨率 3
1.1.3 图像的色彩模式 3
1.1.4 常用图像文件格式 5
1.2 初识Photoshop CS5 6
1.2.1 打开文件 6
1.2.2 认识Photoshop CS5工作界面 7
1.2.3 关闭文件和退出软件 10
1.3 制作“夜空”图像 10
1.3.1 新建“夜空”图像文件 10
1.3.2 设置标尺、网格和参考线 11
1.3.3 设置绘图颜色 13
1.3.4 了解图层的作用——填充“夜空”图像 14
1.3.5 撤销与重做操作的应用 16
1.3.6 保存“夜空”图像 17
1.4 查看和调整“风景”图像大小 18
1.4.1 切换图像文件 18
1.4.2 查看图像的显示效果 18
1.4.3 调整图像 20
1.5 实训——制作寸照效果 23
1.5.1 实训目标 23
1.5.2 专业背景 23
1.5.3 操作思路 23
1.6 疑难解析 24
1.7 习题 24
课后拓展知识 26

第2章 创建和调整图像选区 27

2.1 合成“员工全家福”照片 28
2.1.1 使用套索工具组选取图像 28
2.1.2 使用魔棒工具组选取图像 29
2.1.3 使用“色彩范围”命令选取图像 30
2.1.4 使用选框工具组选取图像 31
2.2 制作包装立体展示效果 32
2.2.1 复制和移动选区内的图像 32
2.2.2 调整和变换选区 34
2.2.3 羽化和描边选区 37
2.3 实训——制作贵宾卡 38
2.3.1 实训目标 38
2.3.2 专业背景 39
2.3.3 操作思路 39
2.4 疑难解析 40
2.5 习题 41
课后拓展知识 42

第3章 绘制图像 43

3.1 绘制水墨画 44
3.1.1 使用铅笔工具绘制石头图像 44
3.1.2 使用画笔工具绘制石头图像 46
3.1.3 定义预设画笔 47
3.2 制作相机展示效果 48
3.2.1 使用渐变工具 49
3.2.2 使用橡皮擦工具 51
3.3 制作艺术照 52
3.3.1 使用历史记录艺术画笔绘制图像 52
3.3.2 使用历史记录画笔绘制图像 53
3.4 实训——制作风景插画 54
3.4.1 实训目标 54
3.4.2 专业背景 55
3.4.3 操作思路 55

3.5 疑难解析 56
3.6 习题 57
课后拓展知识 58

第4章 修饰图像 59

4.1 去除照片中多余的图像 60
4.1.1 使用污点修复画笔工具 60
4.1.2 使用修复画笔工具 61
4.1.3 使用修补工具 62
4.1.4 使用图案图章工具组 64
4.2 处理风景照片色调 65
4.2.1 使用模糊工具和锐化工具 65
4.2.2 使用减淡工具和加深工具 66
4.2.3 使用涂抹工具 67
4.3 实训——修复老照片 68
4.3.1 实训目标 68
4.3.2 专业背景 68
4.3.3 操作思路 68
4.4 疑难解析 69
4.5 习题 70
课后拓展知识 72

第5章 图层的初级应用 73

5.1 制作儿童艺术照 74
5.1.1 认识“图层”面板 74
5.1.2 创建图层 75
5.1.3 选择并修改图层名称 80
5.1.4 复制与删除图层 81
5.1.5 调整图层的堆叠顺序 82
5.1.6 链接图层 84
5.1.7 锁定、显示与隐藏图层 84
5.1.8 合并与盖印图层 86
5.1.9 创建图层组 87
5.2 合成“暗夜精灵” 88
5.2.1 设置图层不透明度 89
5.2.2 设置图层混合模式 90
5.3 实训——建筑效果图的后期处理 92
5.3.1 实训目标 92
5.3.2 专业背景 92
5.3.3 操作思路 93
5.4 疑难解析 93
5.5 习题 95
课后拓展知识 96

第6章 添加文字 97

6.1 制作网页横幅广告 98
6.1.1 创建美术字 99
6.1.2 选择文字 100
6.1.3 设置文字字符格式 101
6.2 制作“校刊寄语” 102
6.2.1 创建变形文字 103
6.2.2 创建段落文字 104
6.2.3 设置文字段落格式 106
6.2.4 栅格化文字 106
6.3 实训——制作打印机DM单 108
6.3.1 实训目标 108
6.3.2 专业背景 108
6.3.3 操作思路 108
6.4 疑难解析 109
6.5 习题 111
课后拓展知识 112

第7章 调整图像色彩和色调 113

7.1 处理一组艺术照色彩 114
7.1.1 调整亮度和对比度 114
7.1.2 调整色相和饱和度 115
7.1.3 调整色彩平衡 116
7.1.4 替换图像颜色 117
7.1.5 可选颜色 118

7.1.6 匹配颜色 119
7.1.7 照片滤镜 120
7.2 制作怀旧风格照 121
7.2.1 去色 121
7.2.2 调整曲线 122
7.2.3 反相 123
7.3 制作小清新风格照片 124
7.3.1 使用通道混合器 125
7.3.2 渐变映射 125
7.3.3 变化 126
7.3.4 色调均化 127
7.4 实训——制作唯美写真 128
7.4.1 实训目标 128
7.4.2 专业背景 128
7.4.3 操作思路 129
7.5 疑难解析 129
7.6 习题 130
课后拓展知识 132

第8章 图层的高级应用 133

8.1 制作网页导航按钮 134
8.1.1 添加图层样式 134
8.1.2 复制图层样式 136
8.1.3 编辑图层样式 137
8.1.4 清除图像样式 139
8.2 制作书籍插画 139
8.2.1 添加图层蒙版 140
8.2.2 编辑图层蒙版 141
8.2.3 使用调整图层 142
8.2.4 使用剪贴蒙版 143
8.2.5 使用快速蒙版 144
8.3 制作3D地球效果 146
8.3.1 创建智能对象图层 146
8.3.2 创建3D图层 147
8.3.3 编辑3D图层 147
8.4 实训——制作笔记本灯箱广告 149
8.4.1 实训目标 149
8.4.2 专业背景 149
8.4.3 操作思路 149
8.5 疑难解析 150
8.6 习题 151
课后拓展知识 152

第9章 使用路径和形状 153

9.1 绘制人物剪影 154
9.1.1 认识“路径”面板 154
9.1.2 使用钢笔工具绘制路径 154
9.1.3 使用路径选择工具选择路径 155
9.1.4 编辑路径 156
9.1.5 路径和选区的互换 157
9.2 绘制花纹边框 159
9.2.1 使用形状工具绘制形状路径 159
9.2.2 编辑形状路径 161
9.2.3 填充和描边路径 162
9.2.4 复制和清除路径 163
9.3 实训——公司标志设计 164
9.3.1 实训目标 164
9.3.2 专业背景 164
9.3.3 操作思路 165
9.4 疑难解析 165
9.5 习题 166
课后拓展知识 168

第10章 通道的应用 169

10.1 使用通道抠图 170
10.1.1 认识“通道”面板 170
10.1.2 创建Alpha通道 171
10.1.3 复制和删除通道 171

10.2 处理图像色调 174
10.2.1 分离通道 175
10.2.2 合并通道 176
10.2.3 通道计算 177
10.3 实训——制作电影海报 182
10.3.1 实训目标 182
10.3.2 专业背景 182
10.3.3 操作思路 183
10.4 疑难解析 184
10.5 习题 185
课后拓展知识 186

第11章 滤镜的应用 187

11.1 滤镜库与滤镜使用基础 188
11.1.1 滤镜的一般使用方法 188
11.1.2 滤镜库的设置与应用 189
11.1.3 液化滤镜的设置与应用 189
11.1.4 消失点滤镜的设置与应用 191
11.2 制作放射光束效果 191
11.2.1 相关滤镜组的作用介绍 192
11.2.2 用滤镜制作放射光束效果 196
11.3 制作棒棒糖效果 198
11.3.1 相关滤镜组的作用介绍 199
11.3.2 用滤镜制作棒棒糖效果 201
11.4 制作水彩画效果 203
11.4.1 相关滤镜组的作用介绍 203
11.4.2 用滤镜制作水彩画效果 205
11.5 制作下雨效果 207
11.5.1 相关滤镜组的作用介绍 207
11.5.2 用滤镜制作下雨效果 209
11.6 实训——制作文艺公演海报 210
11.6.1 实训目标 210
11.6.2 专业背景 210
11.6.3 操作思路 211
11.7 疑难解析 211
11.8 习题 212
课后拓展知识 212

第12章 使用动作与输出图像 213

12.1 录制"水印"动作 214
12.1.1 认识"动作"面板 214
12.1.2 创建"水印"动作 215
12.1.3 播放动作 220
12.1.4 保存和载入动作 221
12.1.5 使用批处理命令 222
12.2 印刷图像设计与印前流程 224
12.2.1 设计稿件的前期准备 224
12.2.2 设计提案 224
12.2.3 设计定稿 224
12.2.4 色彩校准 224
12.2.5 分色和打样 225
12.3 图像的打印与输出 225
12.3.1 设置打印图像 225
12.3.2 Photoshop与其他软件的文件交换 227
12.4 实训——处理和打印印刷小样 227
12.4.1 实训目标 227
12.4.2 专业背景 228
12.4.3 操作思路 228
12.5 疑难解析 229
12.6 习题 229
课后拓展知识 230

第13章 综合案例 231

13.1 实训目标 232
13.2 专业背景 232
13.2.1 平面设计的概念 232
13.2.2 平面设计的种类 233
13.2.3 洗面奶广告的创意设计 233
13.3 制作思路分析 234

13.4 操作过程 234
13.4.1 绘制整个瓶子 234
13.4.2 添加文字 238
13.4.3 制作细节 239
13.4.4 合成广告图像 240
13.5 实训——茶楼户外宣传广告 244
13.5.1 实训目标 244
13.5.2 专业背景 244
13.5.3 操作思路 244
13.6 疑难解析 245
13.7 习题 245
课后拓展知识 246

附录 综合实训 247

实训1 设计杂志封面 247
实训2 制作折页宣传单 248
实训3 制作手提袋包装 249
实训4 制作户外广告 249

PART 1

第1章 Photoshop CS5基础

情景导入

临近毕业，小白决定先找一份设计助理的工作，于是他开始熟悉软件Photoshop CS5，并在网上投递了关于设计助理岗位的简历。

知识技能目标

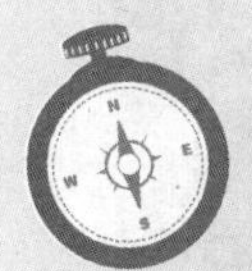

- 了解图像处理的基本概念。
- 熟悉Photoshop CS5的工作界面。
- 掌握Photoshop CS5的基本操作。

- 熟练掌握Photoshop CS5的基本操作，在设计中能够提高工作效率。
- 能够进行简单的图像处理操作。

课堂案例展示

“夜空”图像效果

寸照效果

1.1 图像处理的基本概念

小白投递了设计助理职位简历后就开始为面试做准备了，在面试过程中，可能会问一些关于图像处理的基本问题，需要先熟悉一下。

本节主要熟悉图像处理的基本概念，包括位图与矢量图的区别、什么是图像分辨率、图像的色彩模式和常用图像文件格式有哪些等。

1.1.1 位图与矢量图

位图与矢量图是使用图形图像软件时首先需要了解的基本图像概念，理解这些概念和区别有助于更好地学习和使用Photoshop CS5。

1. 位图

位图也称像素图或点阵图，是由多个像素点组成的。将位图尽量放大后，可以发现图像是由大量的正方形小块构成，不同的小块上显示不同的颜色和亮度。图1-1所示为正常显示和放大显示后的图像效果。

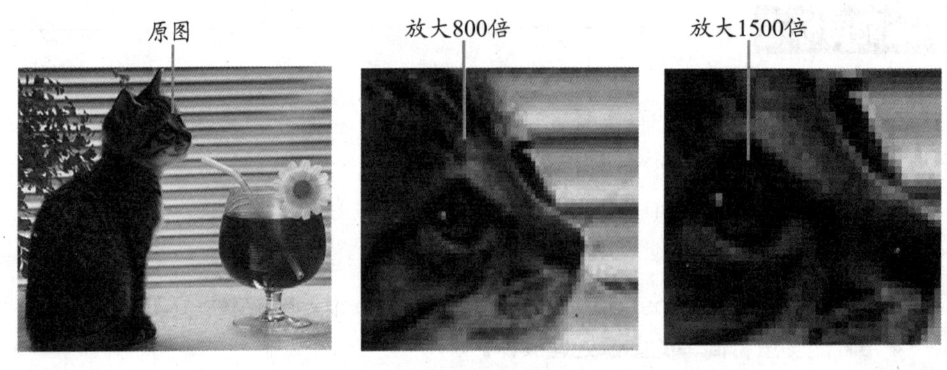

图1-1 位图放大前后的对比效果

不同的位图文件具有不同的类型，不同的图像处理软件支持的位图类型也是不尽相同的。Photoshop CS5主要支持的类型是PSD、PDD、PDF和PDP，另外还支持BMP、GIF、DCS3、JPG、PCX、RAW、PNG、TGA、TIF、TIFF、PSB等类型。

2. 矢量图

矢量图又称向量图，是以几何学进行内容运算、以向量方式记录的图像，以线条和色块为主。矢量图形与分辨率无关，无论将矢量图放大多少倍，图像都具有同样平滑的边缘和清晰的视觉效果，更不会出现锯齿状的边缘现象，而且文件尺寸小，通常只占用少量空间。矢量图在任何分辨率下均可正常显示或打印，而不会损失细节。因此，矢量图形在标志设计、插图设计及工程绘图上占有很大的优势。其缺点是所绘制的图像一般色彩简单，不容易绘制出色彩变化丰富的图像，也不便于在各种软件之间进行转换使用。图1-2所示为矢量图放大前后的对比效果。

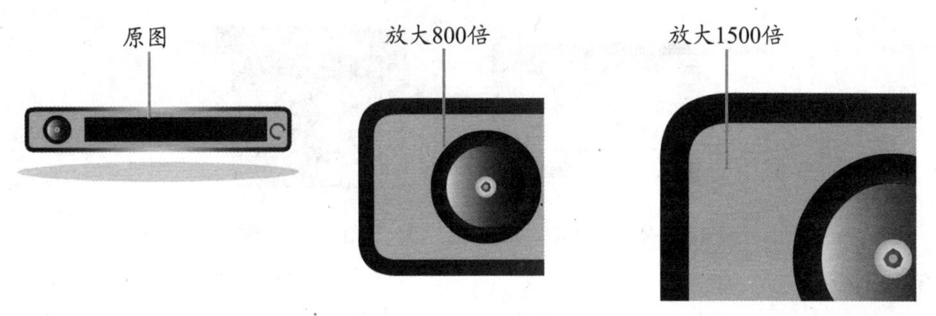

图1-2 矢量图放大前后的对比效果

1.1.2 图像分辨率

图像分辨率是指单位面积上的像素数量。通常用像素/英寸或像素/厘米表示，分辨率的高低直接影响图像的效果，单位面积上的像素越多，分辨率越高，图像就越清晰。使用的分辨率过低会导致图像粗糙，在排版打印时图片会变得非常模糊，而使用较高的分辨率则会增加文件的大小，并降低图像的打印速度。

1.1.3 图像的色彩模式

图像的色彩模式是图像处理过程中非常重要的概念，它是图像可以在屏幕上显示的重要前提，常用的色彩模式有RGB模式、CMYK模式、HSB模式、Lab模式，灰度模式、索引模式、位图模式、双色调模式、多通道模式等。

色彩模式还影响图像通道的多少和文件大小，每个图像具有一个或多个通道，每个通道都存放着图像中颜色元素的信息。图像中默认的颜色通道数取决于色彩模式。在Photoshop CS5中选择【图像】/【模式】菜单命令，在弹出的子菜单中可以查看所有色彩模式，选择相应的命令可在不同的色彩模式之间相互转换。下面分别对各个色彩模式进行介绍。

1. RGB模式

RGB模式由红、绿和蓝3种颜色按不同的比例混合而成，也称真彩色模式，是Photoshop默认的模式，也是最为常见的一种色彩模式。该色彩模式在“颜色”和“通道”面板中显示的颜色和通道信息如图1-3所示。

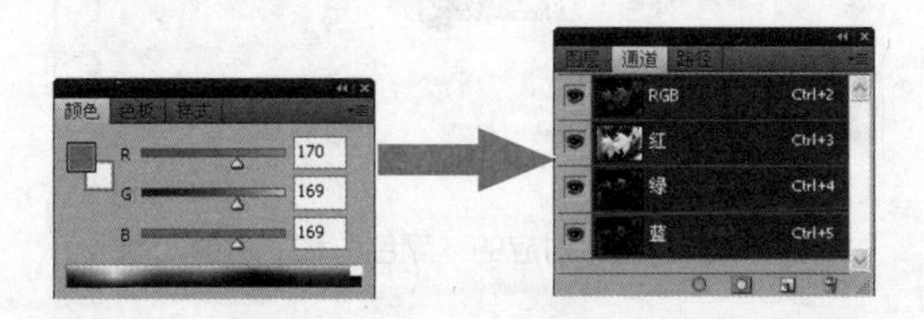

图1-3 RGB模式对应的“颜色”和“通道”面板

2. CMYK模式

CMYK模式是印刷时使用的一种颜色模式，由Cyan（青）、Magenta（洋红）、Yellow（黄）和Black（黑）4种色彩组成。为了避免和RGB三基色中的Blue（蓝色）发生混淆，其中的黑色用K来表示，若Photoshop中制作的图像需要印刷，则必须将其转换为CMYK模式。该色彩模式在“颜色”和“通道”面板中显示的颜色和通道信息如图1-4所示。

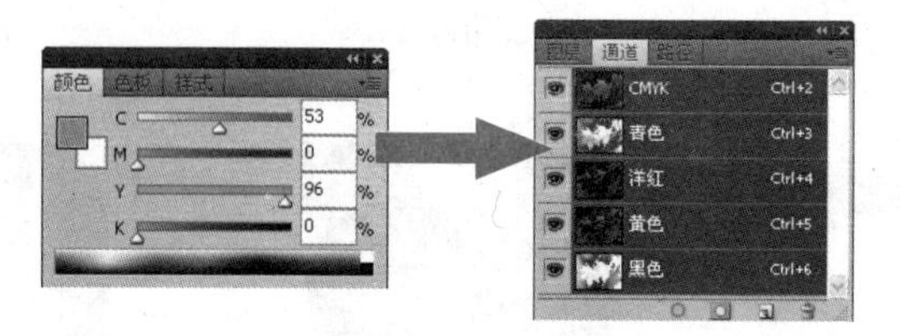

图1-4　CMYK模式对应的“颜色”和“通道”面板

3. Lab模式

Lab模式是Photoshop在不同色彩模式之间转换时使用的内部颜色模式。它能毫无偏差地在不同系统和平台之间进行转换。该颜色模式有3个颜色通道，一个代表亮度（Luminance），另外两个代表颜色范围，分别用a、b来表示。a通道包含的颜色从深绿（低亮度值）到灰（中亮度值）到亮粉红色（高亮度值），b通道包括的颜色从亮蓝（低亮度值）到灰（中亮度值）再到焦黄色（高亮度值）。该色彩模式在“颜色”和“通道”面板中显示的颜色和通道信息如图1-5所示。

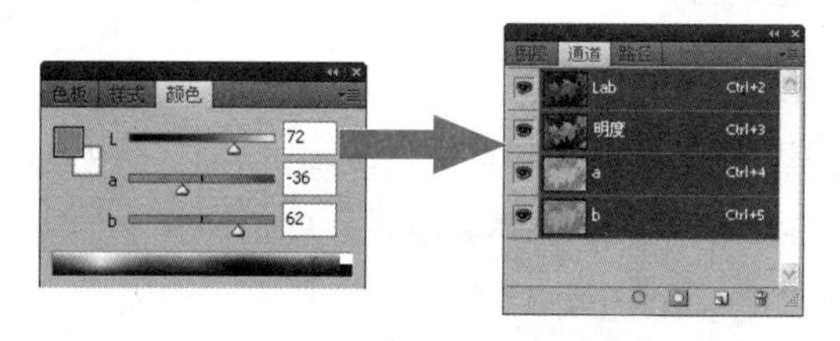

图1-5　Lab模式对应的“颜色”和“通道”面板

4. 灰度模式

灰度模式只有灰度颜色而没有彩色。在灰度模式图像中，每个像素都有一个0（黑色）~255（白色）的亮度值。当一个彩色图像转换为灰度模式时，图像中的色相及饱和度等有关色彩的信息消失，只留下亮度。该色彩模式在“颜色”和“通道”面板中显示的颜色和通道信息如图1-6所示。

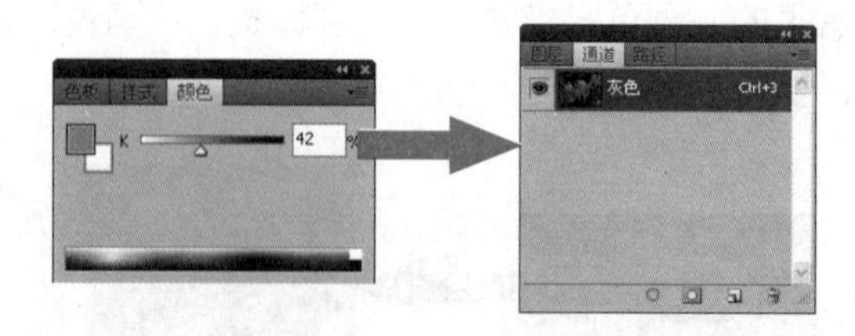

图1-6　灰度模式对应的“颜色”和“通道”面板

5. 位图模式

位图模式使用两种颜色值（黑、白）来表示图像中的像素。位图模式的图像也叫做黑白图像，其中的每一个像素都是用1bit的位分辨率来记录的，所需的磁盘空间最小。只有处于灰度模式或多通道模式下的图像才能转化为位图模式。

6. 双色调模式

双色调模式是用一灰度油墨或彩色油墨来渲染一个灰度图像的模式。双色调模式采用两种彩色油墨来创建由双色调、三色调和四色调混合色阶来组成的图像。在此模式中，最多可向灰度图像中添加4种颜色。

7. 索引颜色模式

索引模式是系统预先定义好的一个含有256种典型颜色的颜色对照表。当图像转换为索引模式时，系统会将图像的所有色彩映射到颜色对照表中，图像的所有颜色都将在它的图像文件中定义。当打开该文件时，构成该图像的具体颜色的索引值都将被装载，然后根据颜色对照表找到最终的颜色值。

8. 多通道模式

多通道模式图像包含了多种灰阶通道。将图像转换为多通道模式后，系统将根据原图像产生相同数目的新通道，每个通道均由256级灰阶组成，常常用于特殊打印。

当将RGB色彩模式或CMYK色彩模式图像中的任何一个通道删除时，图像模式会自动转换为多通道色彩模式。

1.1.4 常用图像文件格式

Photoshop CS5共支持20多种格式的图像，并可对不同格式的图像进行编辑和保存，在使用时可以根据工作环境的不同选用相应的图像文件格式，以便获得最理想的效果。下面分别介绍常见的文件格式。

- PSD（*.psd）格式：它是由Photoshop软件自身生成的文件格式，是唯一能支持全部图像色彩模式的格式。以PSD格式保存的图像可以包含图层、通道、色彩模式等信息。
- TIFF（*.tif；*.tiff）格式：TIFF格式是一种无损压缩格式，主要便于在应用程序之间或计算机平台之间进行图像的数据交换。TIFF格式是应用非常广泛的一种图像格式，可以在许多图像软件之间转换。TIFF格式支持带Alpha通道的CMYK、RGB和灰度文件，支持不带Alpha通道的Lab、索引颜色和位图文件。另外，它还支持LZW压缩。
- BMP（*.bmp）格式：用于选择当前图层的混合模式，使其与下面的图像进行混合。
- JPEG（*.jpg）格式：JPEG是一种有损压缩格式，支持真彩色，生成的文件较小，也是常用的图像格式之一。JPEG格式支持CMYK、RGB和灰度的颜色模式，但不支持Alpha通道。在生成JPEG格式的文件时，可以通过设置压缩的类型，产生不同大小和质量的文件。压缩越大，图像文件就越小，相对的图像质量就越差。
- GIF（*.gif）格式：GIF格式的文件是8位图像文件，最多为256色，不支持Alpha通道。GIF格式的文件较小，常用于网络传输，在网页上见到的图片大多是GIF和JPEG格式的。GIF格式与JPEG格式相比，其优势在于GIF格式的文件可以保存动画效果。
- PNG（*.png）格式：PNG格式主要用于替代GIF格式文件。GIF格式文件虽小，但在图像的颜色和质量上较差。PNG格式可以使用无损压缩方式压缩文件，它支持24位图像，产生的透明背景没有锯齿边缘，所以可以产生质量较好的图像效果。
- EPS（*.eps）格式：EPS可以包含矢量和位图图形，最大的优点在于可以在排版软件中以低分辨率预览，而在打印时以高分辨率输出。不支持Alpha通道，可以支持裁切路径，支持Photoshop所有的颜色模式，可用来存储矢量图和位图。在存储位图时，还可以将图像的白色像素设置为透明的效果，它在位图模式下也支持透明。

- PCX（*.pcx）格式：PCX格式与BMP格式一样支持1~24bit的图像，并可以用RLE的压缩方式保存文件。PCX格式还可以支持RGB、索引颜色、灰度和位图的颜色模式，但不支持Alpha通道。
- PDF（*.pdf）格式：PDF格式是Adobe公司开发的用于Windows、MAC OS、UNIX和DOS系统的一种电子出版软件的文档格式，适用于不同平台。该格式文件可以存储多页信息，其中包含图形和文件的查找和导航功能。因此，使用该软件不需要排版或图像软件即可获得图文混排的版面。由于该格式支持超文本链接，因此是网络下载经常使用的文件格式。
- PICT（*.pct）格式：PICT格式广泛用于Macintosh图形和页面排版程序中，是作为应用程序间传递文件的中间文件格式。PICT格式支持带一个Alpha通道的RGB文件和不带Alpha通道的索引文件、灰度、位图文件。PICT格式对于压缩具有大面积单色的图像非常有效。

1.2 初识Photoshop CS5

小白发现，目前很多公司都使用CS5版本的Photoshop软件，但自己之前接触的Photoshop版本较低，所以熟悉Photoshop CS5的工作界面很有必要。

本节主要熟悉Photoshop CS5的工作界面，包括打开文件、认识Photoshop CS5工作界面、关闭文件等。

1.2.1 打开文件

在Photoshop中处理图像或进行设计时，打开文件是很常用的操作，下面将讲解打开文件的方法，其具体操作如下。

STEP 1 选择【开始】/【所有程序】/【Adobe Photoshop CS5】菜单命令，启动Photoshop CS5，如图1-7所示。

STEP 2 选择【文件】/【打开】菜单命令或按【Ctrl+O】组合键，打开“打开”对话框，在“查找范围”下拉列表框中找到要打开文件所在位置，选择要打开的图像文件，如图1-8所示。

STEP 3 单击打开(O)按钮即可打开选择的文件。

双击桌面上的Photoshop CS5快捷方式图标，或双击保存在任意磁盘中的后缀名为“.psd”的文件，都可以启动Photoshop CS5。

图1-7 选择命令

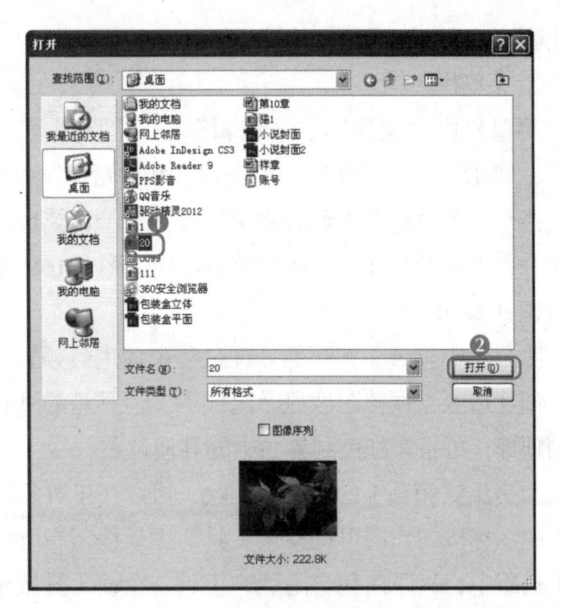

图1-8 打开"打开"对话框

1.2.2 认识Photoshop CS5工作界面

启动Photoshop CS5后，将打开如图1-9所示的工作界面，其主要由标题栏、菜单栏、工具箱、工具属性栏、面板组、图像窗口和状态栏组成，下面进行具体讲解。

图1-9 工作界面

1. 标题栏

标题栏左侧显示了Photoshop CS5的程序图标Ps和一些基本模式设置，如缩放级别、排列文档、屏幕模式等，右侧的3个按钮分别用于对图像窗口进行最小化（▭）、最大化/还原（）和关闭（）操作。

2. 菜单栏

菜单栏由“文件”、“编辑”、“图像”、“图层”、“选择”、“滤镜”、“分析”、“3D”、“视图”、“窗口”和“帮助”11个菜单项组成，每个菜单项下内置了多个菜单命令。菜单命令右侧标有▸符号，表示该菜单命令下还包含子菜单，若某些命令呈灰色显示时，表示没有激活，或当前不可用。图1-10所示为“文件”菜单。

3. 工具箱

工具箱中集合了在图像处理过程中使用最频繁的工具，使用它们可以绘制图像、修饰图像、创建选区、调整图像显示比例等。工具箱的默认位置在工作界面左侧，将鼠标移动到工具箱顶部，可将其拖曳到界面中的其他位置。

单击工具箱顶部的折叠按钮，可以将工具箱中的工具以双列方式排列。单击工具箱中对应的图标按钮，即可选择该工具。工具按钮右下角有黑色小三角行形，表示该工具位于一个工具组中，其下还包含隐藏的工具，在该工具按钮上按住鼠标左键不放或单击鼠标右键，即可显示该工具组中隐藏的工具，如图1-11所示。

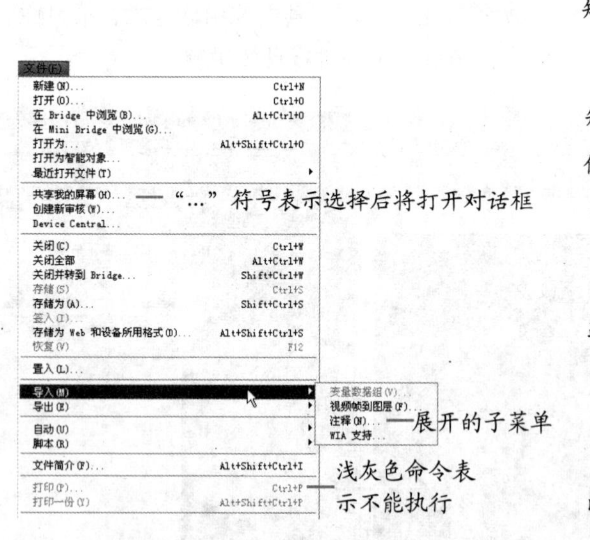

图1-10 “文件”菜单

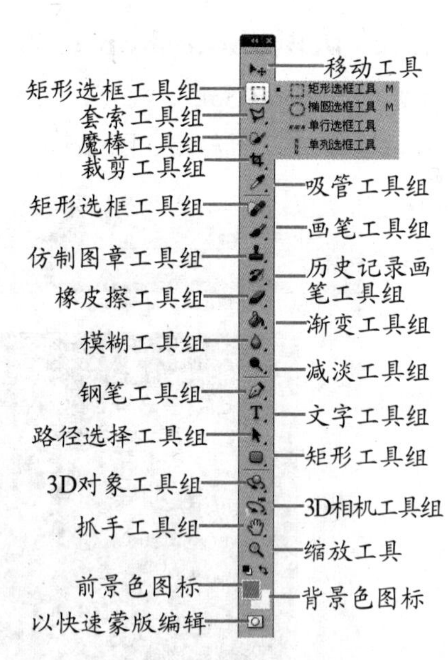

图1-11 工具箱列表

4. 工具属性栏

工具属性栏用于对当前所选工具进行参数设置。属性栏默认位于菜单栏的下方，当用户选中工具箱中的某个工具时，工具属性栏将变成相应工具的属性设置，用户可以方便地利用它来设置该工具的各种属性。图1-12所示为画笔工具的属性栏。

拖动这里可调整工具属性栏的位置

模式: 正常 不透明度: 100% 流量: 100%

图1-12 “画笔工具”的工具属性栏

5. 面板组

Photoshop CS5中的面板默认显示在工作界面的右侧，是工作界面中非常重要的一个组成部分，用于进行选择颜色、编辑图层、新建通道、编辑路径、撤销编辑等操作。

选择【窗口】/【工作区】/【基本功能（默认）】菜单命令，将得到如图1-13所示的面板组合。单击面板右上方的灰色箭头◀◀，可以将面板改为只有面板名称的缩略图，如图1-14所示，再次单击灰色箭头▶▶可以展开的面板组。当需要显示某个单独的面板时，单击该面板名称即可，如图1-15所示。

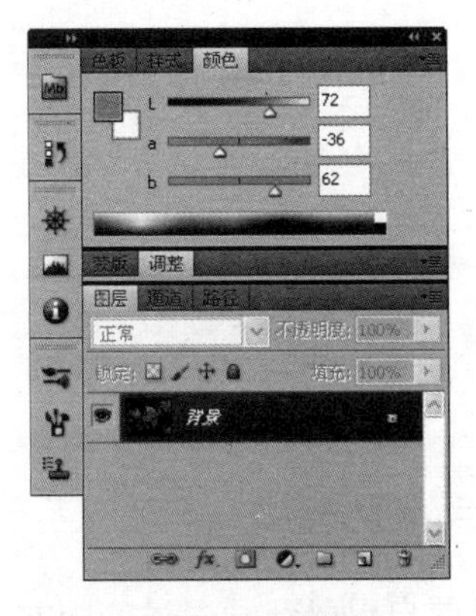

图1-13 面板组

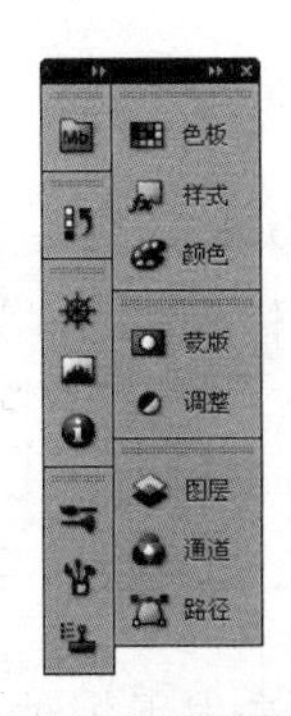

图1-14 面板组缩略图

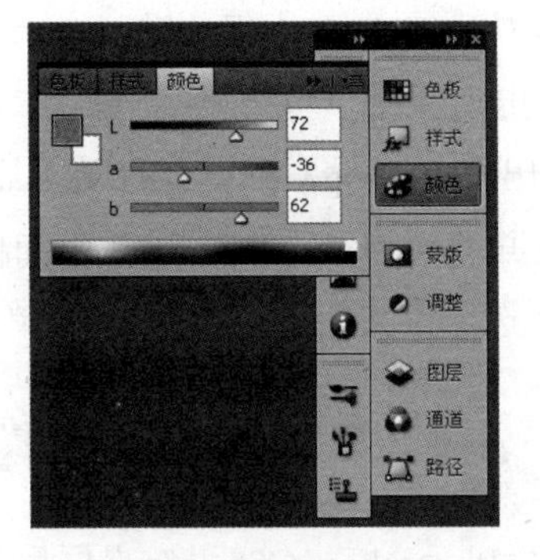

图1-15 显示面板

将鼠标移动到面板组的顶部标题栏处，按住鼠标左键不放，将其拖曳到窗口中间释放，可移动面板组的位置，选择“窗口”菜单命令，在打开的子菜单中选择对应的菜单命令，还可以设置面板组中显示的对象。另外，在面板组的选项卡上按住鼠标左键不放拖曳，可将当前面板拖离该组。

6. 图像窗口

图像窗口是对图像进行浏览和编辑操作的主要场所，所有的图像处理操作都是在图像窗口中进行的。图像窗口的上方是标题栏，标题栏中可以显示当前文件的名称、格式、显示比例、色彩模式、所属通道和图层状态。如果该文件未被存储过，则标题栏以“未命名”并加上连续的数字作为文件的名称。进行图像的各种编辑都是在此区域中进行。另外，Photoshop CS5中，当打开多个图像文件时，可以选项卡的方式排列显示，便于切换查看和使用。

7. 状态栏

状态栏位于图像窗口的底部，最左端显示当前图像窗口的显示比例，在其中输入数值并按“Enter”键后可改变图像的显示比例，中间显示了当前图像文件的大小。

用户根据需要设置工具箱、面板组后，可选择【窗口】/【工作区】/【存储工作区】菜单命令，打开“存储工作区”对话框，输入名称后单击 确定 按钮，以存储设置的工作界面。

1.2.3 关闭文件和退出软件

图像编辑完成后，可关闭文件，然后退出软件，以节约计算机资源。

1. 关闭文件

关闭文件主要有以下几种方法。

- 单击图像窗口右侧的“关闭”按钮。
- 选择【文件】/【关闭】菜单命令可关闭当前图像文件，选择【文件】/【关闭全部】菜单命令将关闭所有打开的图像文件。
- 按【Ctrl+W】组合键。
- 按【Ctrl+F4】组合键。

2. 退出软件

退出Photoshop CS5主要有以下几种方法。

- 单击Photoshop CS5工作界面标题栏右侧的“关闭” 按钮。
- 选择【文件】/【退出】菜单命令。

1.3 制作“夜空”图像

熟悉Photoshop CS5工作界面后，小白发现相对于以前自己已经学习过的版本，只是增加了一些新功能，为了能通过面试，小白决定先熟悉基本操作，练习制作一个“夜空”图像（如图1-16所示），为面试做准备。下面将具体讲解其制作方法。

效果所在位置 **光盘:\效果文件\第1章\夜空.psd**

图1-16 “夜空”最终效果

1.3.1 新建“夜空”图像文件

新建图像文件的操作是使用Photoshop CS5进行平面设计的第一步，因此要在一个空白图像中制作图像，必须先新建图像文件。

STEP 1 选择【文件】/【新建】菜单命令或按【Ctrl+N】组合键，打开“新建”对话框。

STEP 2 在打开的对话框的“名称”文本框中输入“夜空”名称，在“宽度”和“高度”数值框中分别输入800和600，在其后的下拉列表框中选择“像素”选项，用于设置图像文件的尺寸。

STEP 3 在“分辨率”数值框中输入72，设置图像分辨率的大小。

STEP 4 在“颜色模式”下拉列表框中选择“RGB颜色”选项，设置图像的色彩模式，在“背景内容”下拉列表中选择“白色”选项，在其中的下拉列表框中选择“8位”选项，设置图像文件的背景颜色，如图1-17所示。

STEP 5 单击 确定 按钮，即可新建一个图像文件，如图1-18所示。

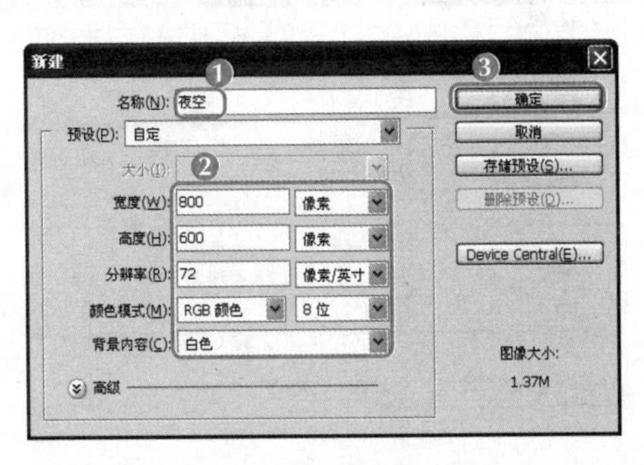

图1-17 设置“新建”对话框

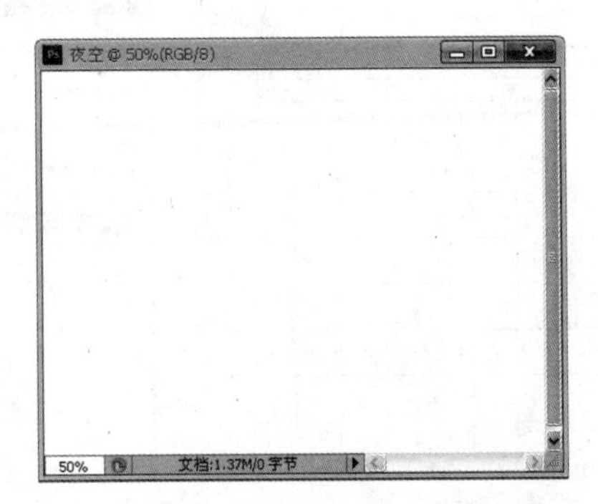

图1-18 新建的图像文件

1.3.2 设置标尺、网格和参考线

Photoshop CS5中提供了多个辅助用户处理图像的工具，大多在“视图”菜单中。这些工具对图像不起任何编辑作用，仅用于测量或定位图像，使图像处理更精确，并可提高工作效率。下面将进行具体讲解。

1. 设置标尺

标尺一般用于辅助用户确定图像中的位置，当不需要使用标尺的时，可以将标尺隐藏。

STEP 1 选择【视图】/【标尺】菜单命令，或按【Ctrl+R】组合键即可显示标尺，如图1-19所示。

STEP 2 在标尺上单击鼠标右键，在弹出的快捷菜单中选择“像素”命令即可将标尺单位设置为像素，如图1-20所示。

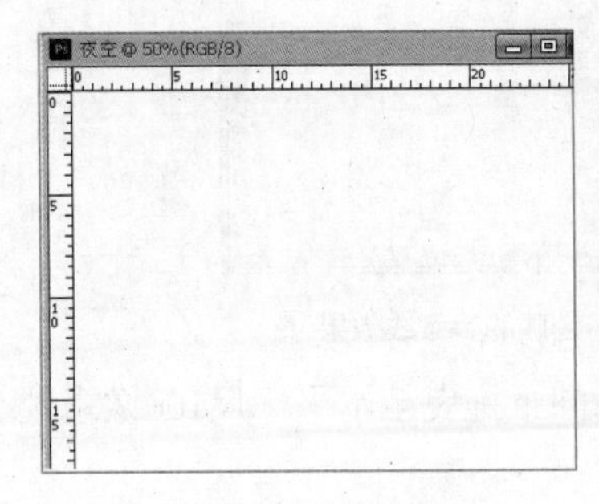

图1-19 显示标尺

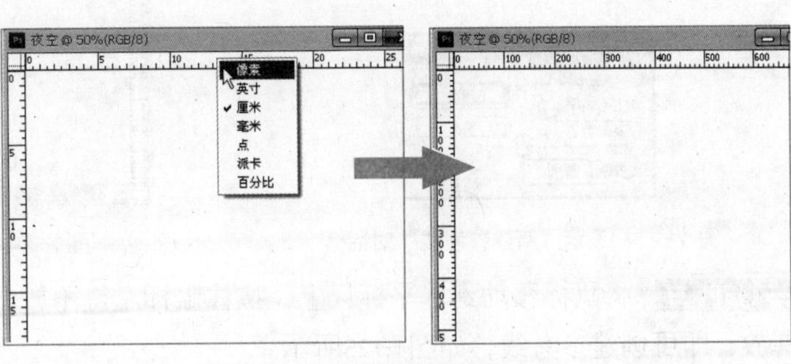

图1-20 设置标尺单位

STEP 3 再次选择【视图】/【标尺】菜单命令，或按【Ctrl+R】组合键可隐藏标尺。

2. 设置网格

网格主要用于辅助用户设计图像，使图像更加的精确。

STEP 1 选择【视图】/【显示】/【网格】菜单命令按【Ctrl+'】组合键，可以在图像窗口中显示或隐藏网格线，如图1-21所示。

STEP 2 按【Ctrl+K】组合键打开“首选项”对话框，单击“参考线、网格和切片”选项卡，在右侧“网格”栏下可以设置网格的颜色、样式、网格间距和子网格数量，如图1-22所示。

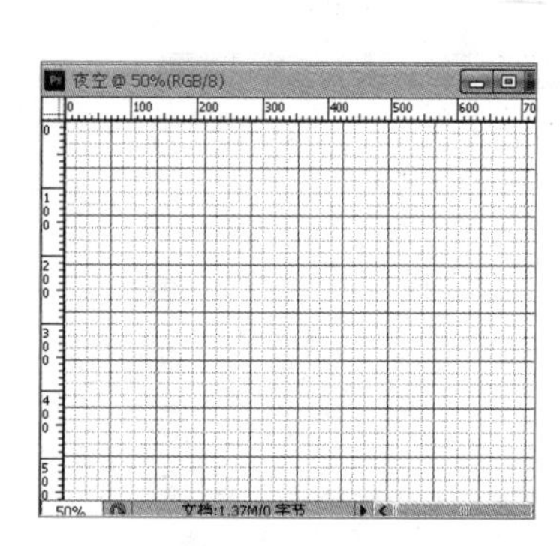

图 1-21　显示网格线效果

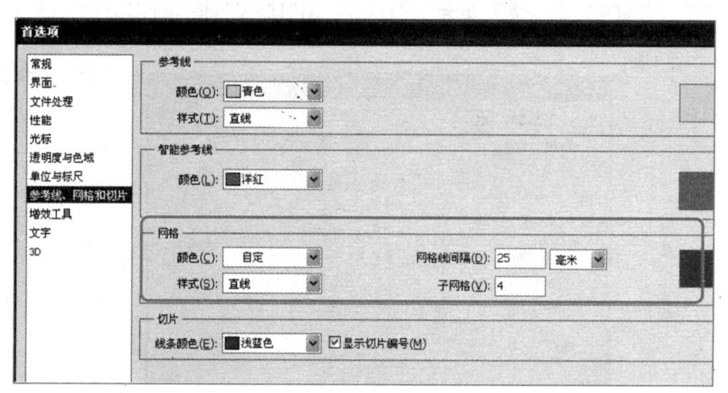

图1-22　设置网格线

3. 设置参考线

参考线是浮动在图像上的直线，只用于给设计者提供参考位置，不会被打印出来。

STEP 1 选择【视图】/【新建参考线】菜单命令，打开“新建参考线”对话框，在“取向”栏中单击选中“垂直”单选项，设置参考线方向，在“位置”文本框中输入“4厘米”，设置参考线位置，如图1-23所示。

STEP 2 单击 确定 按钮，即可新建一条垂直标尺为4厘米的参考线，效果如图1-24所示。

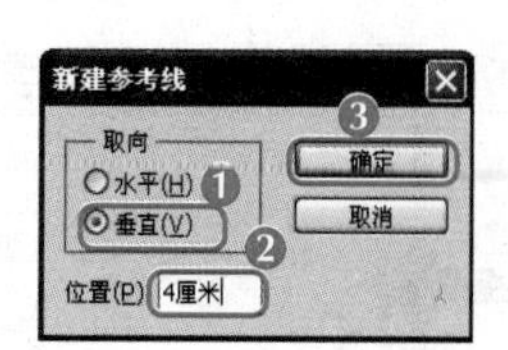

图 1-23　设置“新建参考线”对话框

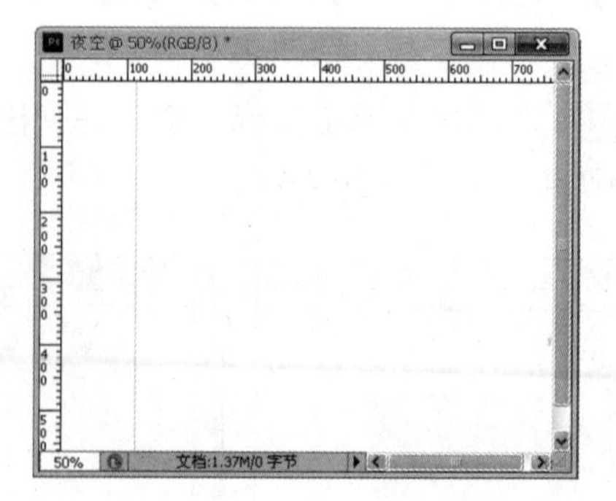

图1-24　创建的参考线效果

STEP 3 将鼠标移动到水平标尺上，按住鼠标左键不放，向下拖曳至水平标尺100像素处释放，即可创建参考线，如图1-25所示。

STEP 4 选择【视图】/【显示】/【参考线】菜单命令，即可将参考线隐藏，效果如图

1-26所示。

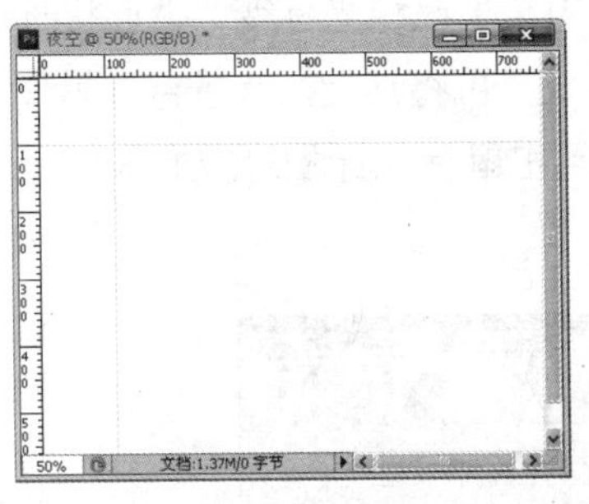

图 1-25　创建水平参考线

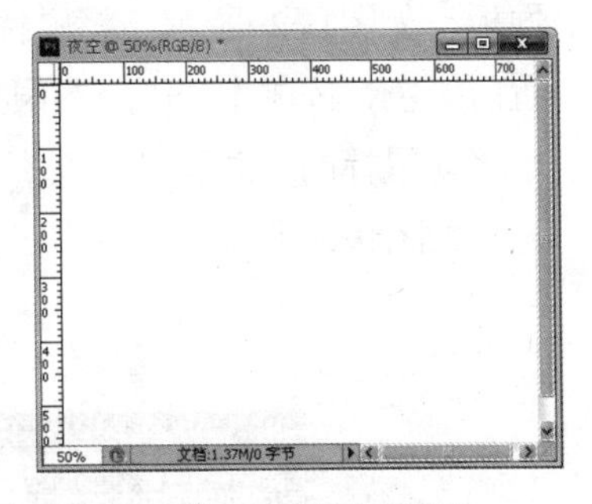

图1-26　隐藏参考线

知识提示

若要显示参考线，选择【视图】/【显示】/【参考线】菜单命令即可。若要清除参考线，可选择【视图】/【清除参考线】菜单命令。

1.3.3 设置绘图颜色

Photoshop CS5中的绘图颜色一般是通过前景色和背景色来表达的，下面分别讲解设置前景色和背景色以及填充前景色和背景色的方法。

1. 设置前景色和背景色

前景色用于显示当前绘图工具的颜色，背景色用于显示图像的底色，相当于画布本身颜色。可以通过拾色器、吸管工具和“色板”控制面板对其进行设置。下面具体进行讲解。

- 通过拾色器设置：单击工具箱中的“设置前景色”图标，打开“拾色器（前景色）”对话框，在对话框右侧的RGB颜色数值框中输入色值，或直接利用鼠标在色彩区域中单击选择需要的颜色，都可设置前景色，如图1-27所示。用相同的方法可设置背景色。
- 通过吸管工具设置：打开任意一幅图像，选择工具箱中的吸管工具，在其工具属性栏的“取样大小”下拉列表框中选择颜色取样方式，然后将鼠标光标移动到图像所需颜色周围并单击，如图1-28所示，取样的颜色会成为新的前景色；按住【Ctrl】键不放的同时在图像上单击可取样新的背景色。

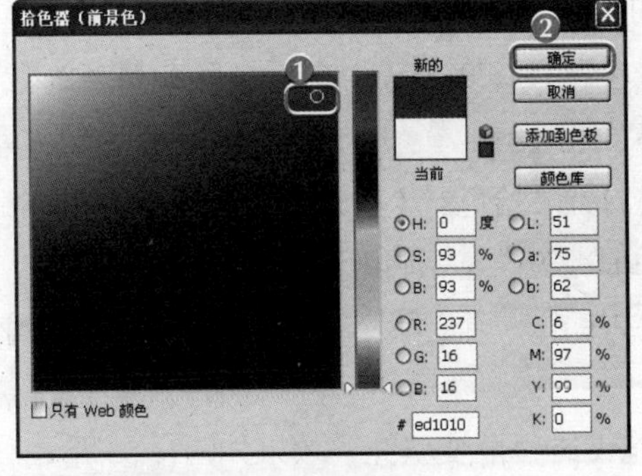

图 1-27　“拾色器”对话框

图1-28　吸取颜色

● 通过“色板”控制面板设置：选择【窗口】/【色板】菜单命令，打开“色板”控制面板，如图1-29所示。将鼠标光标移至色块中，当鼠标光标变为形状时单击可设置前景色，按住【Ctrl】键不放单击所需的色块，可将其设为背景色。另外，在图像中移动鼠标的同时，“信息”面板中也将显示出鼠标光标相对应的像素点的色彩信息，如图1-30所示。

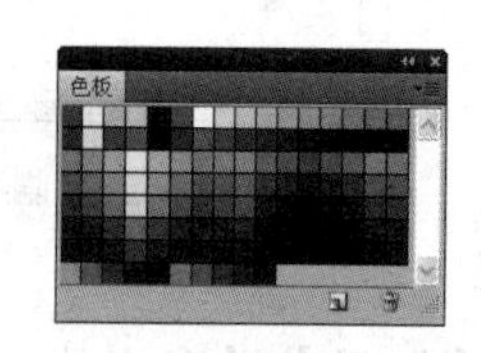

图 1-29 “色板”面板

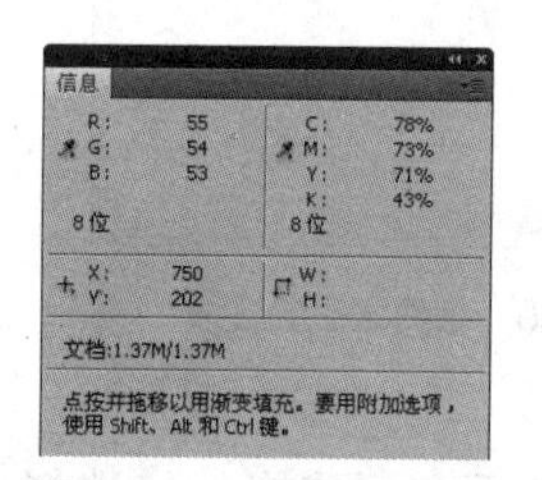

图 1-30 “信息”面板

2. 填充前景色和背景色

填充前景色和背景色的方法很简单，选择【编辑】/【填充】菜单命令，打开“填充”对话框，在“使用”下拉列表框中选择从前景色或背景色进行填充，如图1-31所示。也可以按【Ctrl+Delete】组合键以前景色填充图像，或按【Alt+Delete】组合键以背景色填充图像。

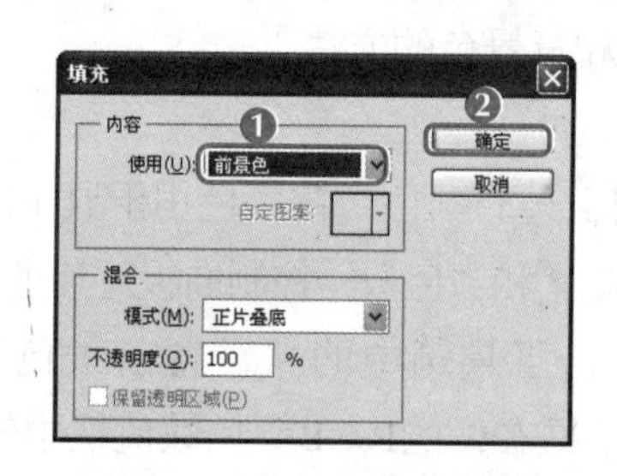

图 1-31 “填充”对话框

1.3.4 了解图层的作用——填充“夜空”图像

在Photoshop CS5中，新建一个图像文件后，系统会自动生成一个图层，用户可以通过各种工具在图层上进行绘图处理。

图层是图像的载体，没有图层，就没有图像。一个图像通常都是由若干个图层组成，用户可以在不影响其他图层图像的情况下，单独对每一个图层中的图像进行编辑、添加图层样式或更改图层的顺序和属性操作，从而改变图像的合成效果。其具体操作如下。

STEP 1 在工具箱中单击“默认前景色和背景色”按钮，设置前景色和背景色为默认效果。

STEP 2 单击工具箱中的“设置背景色”图标，打开“拾色器（前景色）”对话框，在对话框右侧的“R”、“G”、“B”数值框中分别输入色值“201”，如图1-32所示。

STEP 3 单击 确定 按钮，然后在工具箱中单击“渐变填充”按钮，在工具属性栏中单击“对称渐变”按钮。

STEP 4 将鼠标指针移动到图像中，从上向下拖曳进行渐变填充，效果如图1-33所示。

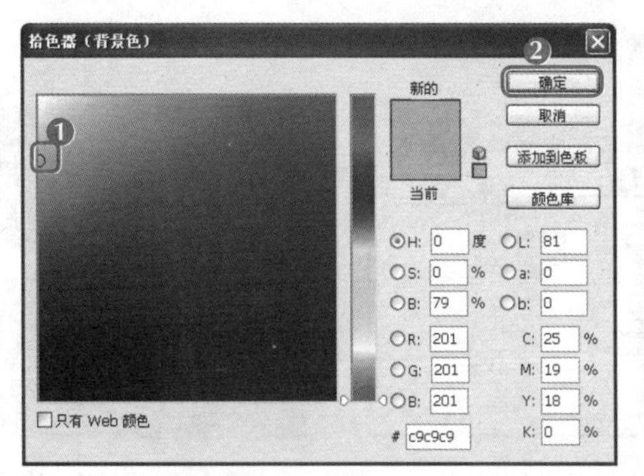

图1-32 设置背景色

图1-33 渐变填充图像

STEP 5 在图层面板中单击“新建”按钮，新建一个图层，如图1-34所示。

STEP 6 在工具箱中单击“椭圆工具”按钮，然后在图像中拖曳鼠标绘制椭圆选区，效果如图1-35所示。

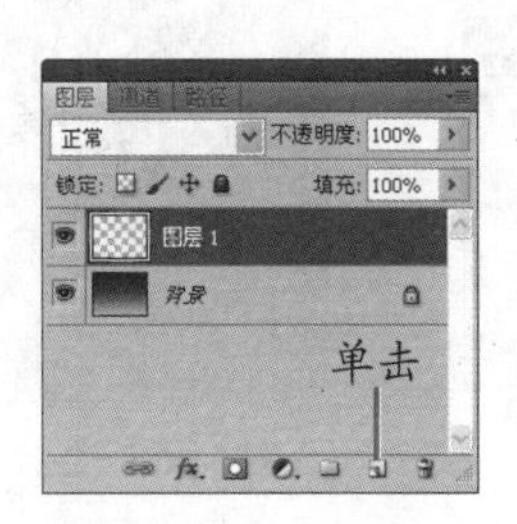

图1-34 新建图层

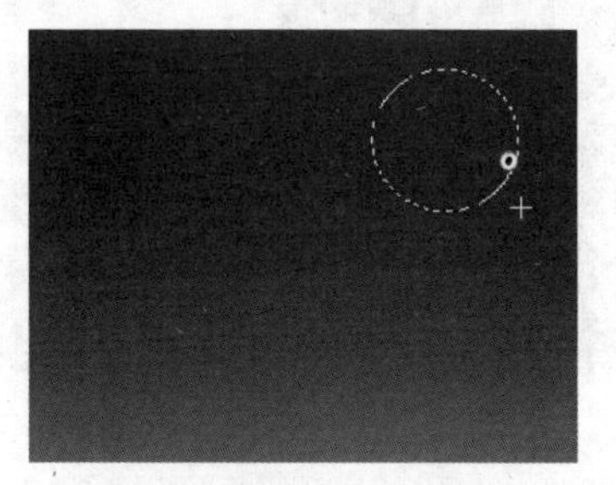

图 1-35 绘制椭圆选区

STEP 7 在工具属性栏中单击“从选区中减去”按钮，然后在图像中的椭圆上绘制选区，得到月亮选区效果，如图1-36所示。

STEP 8 在工具箱中单击“默认前景色和背景色”按钮，然后按【Ctrl+Delete】组合键，此时将以背景色填充选区，按【Ctrl+D】组合键取消选区，效果如图1-37所示。

图 1-36 绘制月亮选区

图 1-37 填充背景色

STEP 9 在图层面板中单击“新建”按钮，新建一个图层，然后在工具箱中选择“多边形套索工具”按钮，在图像中绘制星星图像，效果如图1-38所示。

STEP 10 选择【编辑】/【填充】菜单命令，或按【Shift+F5】组合键打开“填充”对话框，在“使用”下拉列表中选择“白色”选项，其他保持默认设置，如图1-39所示。

STEP 11 单击 确定 按钮，为选区填充白色，效果如图1-40所示。

图 1-38　绘制“星星”图像

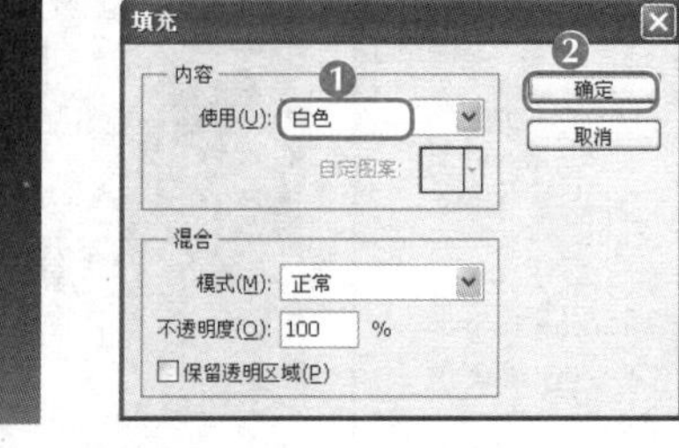

图 1-39　设置填充颜色

图 1-40　填充颜色效果

STEP 12 按【Ctrl+J】组合键，复制并新建图层，然后按【Ctrl+T】组合键自由变换图像，效果如图1-41所示。

STEP 13 利用相同的方法绘制其他星星图像，效果如图1-42所示。

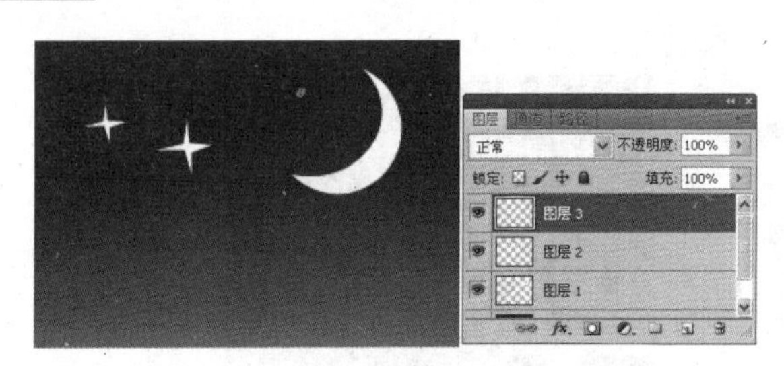

图 1-41　复制图层并进行自由变换

图 1-42　绘制其他星星图像

图层的顺序不同，最后的效果也不相同，将鼠标指针移动到图层上，拖曳鼠标，在图层面板中会出现一条黑线，黑线移动到的位置就是释放鼠标后图层所在的位置。单击图层前面的 按钮显示或隐藏图层。

1.3.5　撤销与重做操作的应用

在编辑图像时，常有操作失误的情况，使用还原图像即可轻松回到原始状态，并且还可以通过该功能制作一些特殊效果。下面将进行具体的讲解。

1. 使用撤销命令还原图像

编辑图像时，若发现有操作不当或操作失误后应立即撤销失误操作，然后再重新进行设置。可以通过下面几种方法来撤销误操作。

- 按【Ctrl+Z】组合键可以撤销最近一次进行的操作，再次按【Ctrl+Z】组合键又可以重做被撤销的操作；每按一次【Alt+Ctrl+Z】组合键可以向前撤销一步操作；每按一次【Shift+Ctrl+Z】组合键可以向后重做一步操作。
- 选择【编辑】/【还原】菜单命令可以撤销最近一次进行的操作；撤销后选择【编辑】/【重做】菜单命令又可恢复该步操作；每选择一次【编辑】/【后退一步】菜单命令可以向前撤销一步操作；每选择一次【编辑】/【前进一步】菜单命令可以向后重做一步操作。

2. 使用"历史记录"面板还原图像

如果在Photoshop中对图像上进行了误操作，还可以使用"历史记录"面板来恢复图像在某个阶段操作时的效果。

使用"历史记录"面板可以很方便地使图像恢复到一个指定的状态，用户只需要单击"历史记录"面板中的操作步骤，即可回到该步骤状态。其具体操作如下。

STEP 1 在面板组中单击"历史记录"按钮，打开"历史记录"面板，在其中可以看到之前对图像进行的操作，如图1-43所示。

STEP 2 在其中单击"通过拷贝的图层"记录就可以将图像恢复到拷贝图层前，在这之后所做的操作（自由变换、移动等）将被撤销。选择还原操作后的"历史记录"面板如图1-44所示，可以看到"通过拷贝的图层"记录后的操作都变成了灰色，表示这些操作都已被撤销，如果用户没有做新的操作，可以单击这些状态来重做一步或多步操作。

图1-43 设置"明度"图层混合模式

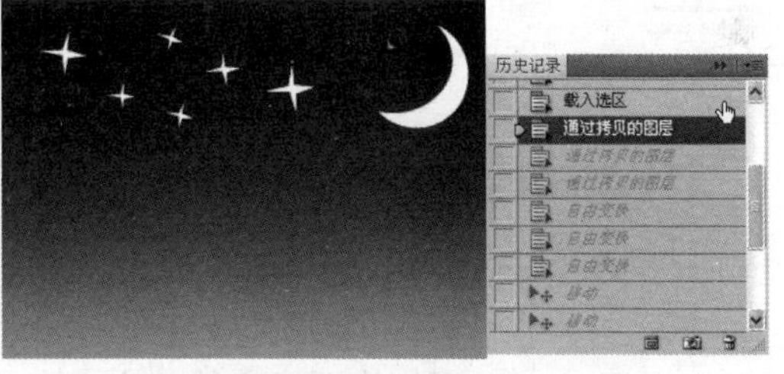

图1-44 设置"柔光"图层混合模式

1.3.6 保存"夜空"图像

选择【文件】/【存储为】菜单命令，打开"存储为"对话框，在"保存在"下拉列表中可设置图像文件的存储路径，在"文件名"文本框中可输入其文件名，在"格式"下拉列表框中可设置图像文件的存储类型，如图1-45所示，单击保存(S)按钮即可保存图像文件。

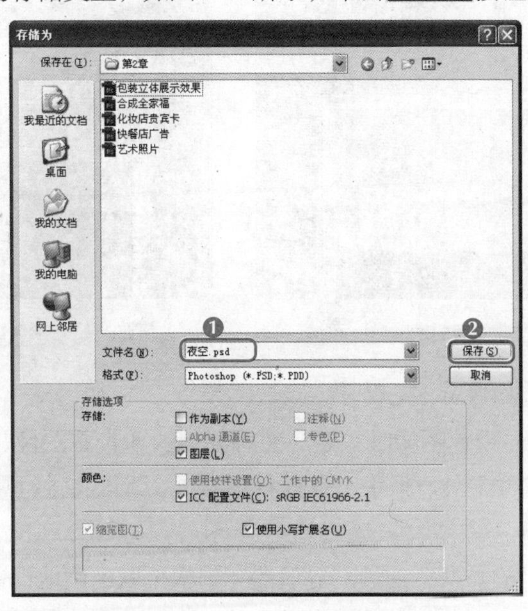

图1-45 "存储为"对话框

如果是对已存在的文件进行编辑，需要再次存储时，只需按【Ctrl+S】组合键或选择【文件】/【存储】菜单命令即可。

1.4 查看和调整“风景”图像大小

通过前面的学习，小白觉得，要通过面试，仅熟悉Photoshop CS5的基本设置还不够，为了能提高工作效率，还需要熟悉快速查看和调整图像大小的方法。下面将具体讲解其操作方法。

效果所在位置　光盘:\效果文件\第1章\课堂案例2\风景.jpg

1.4.1 切换图像文件

Photoshop CS5窗口图像文件以选项卡的方式进行排列，也可将其以单一窗口的方式排列，转换方法是将鼠标指针移动到图像选项卡上，按住鼠标左键，向下拖曳即可将图像切换到窗口排列方式，而切换图像文件的方法主要有两种，具体如下。

- 在图像区域的选项卡上单击，即可切换到对应的图像文件，或在图像区域中单击对应的图像窗口也可完成图像的切换，如图1-46所示。
- 选择【窗口】菜单命令，在打开的菜单底部选择需要切换到的图像文件对应的菜单命令即可完成切换，如图1-47所示。

图1-46　选项卡切换图像

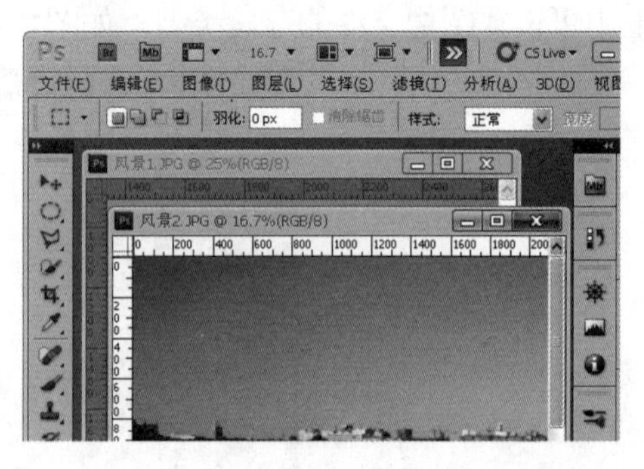

图1-47　图像窗口切换图像

1.4.2 查看图像的显示效果

使用Photoshop CS5设计图像时，还应熟悉如何快速查看图像，提高工作效率，其中包括使用导航器、使用缩放工具、抓手工具查看等操作。下面将进行具体讲解。

1. 使用导航器查看

导航器位于面板组的左侧，通过“导航器”面板可以精确地设置图像的缩放比例，其具体操作如下。

STEP 1 选择【文件】/【打开】菜单命令，打开“风景.jpg”素材文件。

STEP 2 在面板组中单击“导航器”图标，打开“导航器”面板，其中显示当前图像的预览效果，按住鼠标左键左右拖曳“导航器”面板底部滑动条上的滑块，可实现图像缩小与放大显示，如图1-48所示。

STEP 3 当图像放大超过100%时，“导航器”面板中的图像预览区中便会显示一个红色的矩形线框，表示当前视图中只能观察到矩形线框内的图像。将鼠标指针移动到预览区，此时光标变成状，这时按住左键不放并拖曳，可调整图像的显示区域，如图1-49所示。

图1-48 左右拖动滑块后图像显示缩小与放大效果

图1-49 新建的图像文件

2. 使用缩放工具查看

在工具箱中选择缩放工具可放大和缩小图像，也可使图像呈100%显示。其具体操作如下。

STEP 1 在工具箱中单击缩放工具，在图像上拖曳鼠标选择需要放大的图像区域，如图1-50所示。

STEP 2 释放鼠标，得到放大图像局部后的效果，如图1-51所示，也可直接使用缩放工具单击放大图像。

STEP 3 按住【Alt】键，当鼠标指针变为形状时，单击要缩小的图像区域的中心，每单击一次，视图便缩小到上一个预设百分比，如图1-52所示。当文件到达最大缩小级别时，鼠标指针显示为形状。

图1-50 拖曳鼠标

图1-51 放大图像

图1-52 缩小图像

多学一招

在工具箱中选择了缩放工具后，可在工具属性栏中单击[实际像素]按钮将图像以实际像素大小显示，单击[适合屏幕]按钮，图像将以最适合屏幕大小的方式显示，单击显示[填充屏幕]按钮，图像将填充满整个屏幕，单击[打印尺寸]按钮，图像将以打印最清晰的方式显示。

3. 使用抓手工具查看

使用工具箱中的抓手工具可以在图像窗口中移动图像，其具体操作如下。

STEP 1 使用缩放工具放大图像，如图1-53所示。

STEP 2 在工具箱中选择抓手工具，在放大的图像窗口中按住鼠标左键拖曳，可以随意查看图像，如图1-54所示。

图1-53　放大图像

图1-54　移动图像

知识提示

图像的显示比例与图像实际尺寸是有区别的，图像的显示比例是指图像上的像素与屏幕的比例关系，而不是与实际尺寸的比例。改变图像的显示比例是为了操作方便，与图像本身的分辨率及尺寸无关。

1.4.3　调整图像

新建或是打开图像之后，需要对图像进行一些基本操作。下面主要介绍图像大小和图像画布尺寸的调整以及裁切图像尺寸的操作。

1. 调整图像大小

图像的大小由宽度、长度和分辨率决定，在新建文件时，“新建”对话框右侧会显示当前新建文件的大小。图像文件完成创建后，如果需要改变其大小，选择【图像】/【图像大小】菜单命令，打开“图像大小”对话框，如图1-55所示，在其中进行设置即可。

“图像大小”对话框中各项含义如下。

- “像素大小”/“文档大小”栏：通过在数值框中输入数值来改变图像大小。
- “分辨率”数值框：在数值框中重设分辨率来改变图像大小。
- “缩放样式”复选框：选中该复选框，可以保证图像中的各种样式（如图层样式等）按比例进行缩放。当选中“约束比例”复选框后，该选项才能被激活。

- “约束比例”复选框：选中该复选框，在“宽度”和“高度”数值框后面将出现“链接”标志，表示改变其中一项设置时，另一项也将按相同比例改变。
- “重定图像像素”复选框：选中该复选框可以改变像素的大小。

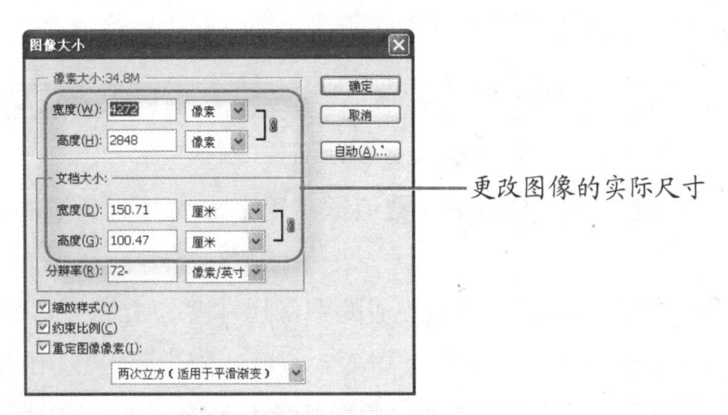

图1-55 “图像大小”对话框

2. 调整图像画布尺寸

通过“画布大小”命令可以精确地设置图像的画布尺寸，其具体操作如下。

STEP 1 选择【图像】/【画布大小】菜单命令，打开“画布大小”对话框，显示当前画布的宽为150厘米，高为100.47厘米，默认“定位”位置为中央，表示增加或减少画布时图像中心的位置，增加或者减少的部分会由中心向外进行扩展，如图1-56所示。

STEP 2 改变画布的宽度为100厘米，其余设置不变，得到调整画布后的图像如图1-57所示。

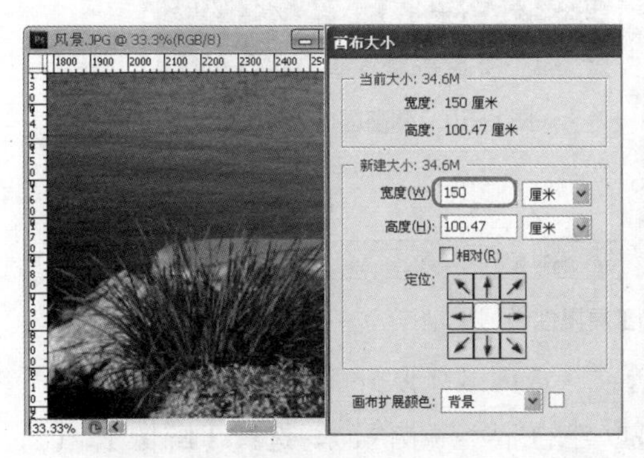

图1-56 原图像

图1-57 改变画布大小后的图像效果

“画布大小”对话框中各项含义如下。

- “当前大小”栏：显示当前图像画布的实际大小。
- “新建大小”栏：设置调整后图像的宽度和高度，默认为当前大小。如果设定的宽度和高度大于图像的尺寸，Photoshop则会在原图像的基础上增加画布面积。反之，则减小画布面积。
- “相对”复选框：若选中该复选框，则“新建大小”栏中的“宽度”和“高度”表示在原画布的基础上增加或是减少的尺寸（而非调整后的画布尺寸），正值表示增大尺寸，负值表示减小尺寸。

3. 裁切图像

使用工具箱中的裁剪工具可以对图像的大小进行裁剪，通过裁剪工具，可方便、快捷地获得需要的图像尺寸。需要注意的是，裁剪工具的属性栏在执行裁剪操作时的前后显示状态不同。选择裁剪工具 ，其属性栏如图1-58所示，属性栏中的各选项含义如下。

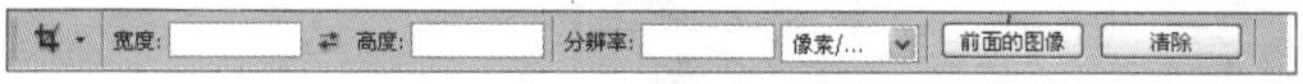

图1-58　裁剪工具属性栏

- **“宽度”、“高度”和“分辨率”数值框**：用于输入裁剪图像的宽度、高度以及分辨率值。
- **前面的图像按钮**：单击该按钮后裁剪完成的图像尺寸会与未裁剪的图像保持一致。
- **清除按钮**：清除上次操作中设置高度、宽度、分辨率等数值的操作。

在工具栏中单击“裁剪工具”按钮，将鼠标光标移到图像窗口中，按住鼠标拖曳选框，框选要保留的图像区域，如图1-59所示。在保留区域四周有一个节点，拖曳节点可调整裁剪区域的大小，如图1-60所示。

图1-59　框选图像区域

图1-60　调整区域大小

此时，裁剪工具属性栏将发生改变，如图1-61所示，各选项含义如下。

图1-61　变换后的工具属性栏

- **“裁剪区域”栏**：单击选中“删除”单选项，裁剪区域以外的部分将被完全删除。若单击选中“隐藏”单选项，则裁剪区域以外的部分将被隐藏，选择【图像】/【显示全部】菜单命令，则可取消隐藏。另外，在“背景”图层中，“裁剪区域”栏不能被激活。
- **屏蔽颜色**：用于设置被裁剪部分的显示颜色，用户可以根据个人需要进行颜色的设置。
- **“不透明度”数值框**：用于设置裁剪区域的颜色阴影的不透明度，其数值范围为1~100。
- **“透视”复选框**：单击选中该复选框可改变裁剪区域的形状。
- **按钮**：单击该按钮可以取消当前裁剪操作。
- **按钮**：单击该按钮或按【Enter】键可以对图像进行裁剪。

1.5 实训——制作寸照效果

1.5.1 实训目标

本实训的目标是将一张照片制作为一寸照片效果，首先要了解寸照的相关尺寸，然后再使用裁剪工具修改即可。本实训的前后对比效果如图1-62所示。

素材所在位置 光盘:\素材文件\第1章\课堂实训\鸟.jpg
效果所在位置 光盘:\效果文件\第1章\小鸟.psd

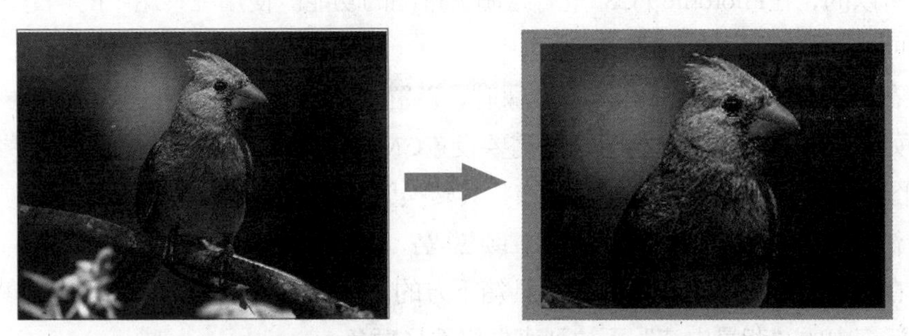

图1-62 建筑效果图的后期处理前后对比效果

1.5.2 专业背景

照片的尺寸都是以英寸为单位的，为了方便中国人使用，可将其换算成厘米。目前通用标准照片尺寸大小是有较严格规定的，现在国际通用的照片尺寸如下。

- 1英寸证件照的尺寸应为3.6厘米×2.7厘米。
- 2英寸证件照的尺寸应是3.5厘米×5.3厘米。
- 5英寸（最常见的照片大小）照片的尺寸应为12.7厘米×8.9厘米。
- 6英寸（国际上比较通用的照片大小）照片的尺寸是15.2厘米×10.2厘米。
- 7英寸（放大）照片的尺寸是17.8厘米×12.7厘米。
- 12英寸照片的尺寸是30.5厘米×25.4厘米。

1.5.3 操作思路

熟悉了各尺寸的照片尺寸后，便可开始制作寸照效果了，其操作思路如图1-63所示。

①打开素材文件 ②设置裁剪区域 ③裁剪后的效果

图1-63 寸照的操作思路

【步骤提示】

STEP 1 打开“鸟.jpg”素材文件，在工具箱中选择裁剪工具。

STEP 2 在工具属性栏中对应的文本框中输入一寸照片对应的尺寸和像素。

STEP 3 在图像区域拖动鼠标创建裁剪区域，然后拖曳创建的区域到合适位置释放鼠标。

STEP 4 单击✔按钮完成寸照制作。

1.6 疑难解析

问：Photoshop CS5中除了处理位图外，还可以绘制矢量图吗？

答：可以的，在Photoshop CS5里有绘制矢量图的功能。使用工具箱中的钢笔工具组和形状工具组可以直接绘制出矢量图。

问：在Photoshop中设计和处理图像时，设置哪一种色彩模式较好？

答：如果是用于印刷的设计稿，则需要设置CMYK模式来设计图像，如果已经是其他色彩模式的图像，在输出印刷之前，就应该将其转换为CMYK模式。

问：新建图像时可以设置图像的背景颜色吗？

答：在新建图像之前，可以先在工具箱下方的前景色拾色器中设置好所需的颜色，然后在新建对话框中的“背景内容”下拉列表框中选择颜色。

问：为什么有时候使用鼠标在图像上边缘和左边缘拖动，不能将参考线拖动出来，要怎样才能解决呢？

答：在没有显示标尺的情况下，选择【视图】/【新建参考线】菜单命令，在打开的对话框中设置参数即可完成。如果要手动拖出参考线，首先要显示标尺。选择【视图】/【标尺】菜单命令，或按【Ctrl+R】组合键将标尺显示出来，然后使用鼠标在图像上边缘和左边缘拖动，即可得到参考线。

问：打开图像文件时，为什么有的文件要很长的时间才能打开？

答：这是因为被打开的文件太大了，一般情况下，创建的文件只有几十KB或几百KB，而有的文件（如建筑效果图、园林效果图等）可能有几百MB，所以计算机在打开这类文件时要花费比较长的时间。

问：当操作较多后，在运用还原命令时，为什么有些操作不能还原呢？

答：这是因为系统历史记录的条数设置得太少，默认情况下，Photoshop CS5的历史记录最多保留20条，选择【编辑】/【首选项】/【性能】菜单命令，在打开的对话框中即可更改历史记录状态的数量。需要注意的是，设置的历史记录数量越多，在处理图像时，运行速度就越慢。

1.7 习题

本章主要介绍了Photoshop CS5的基础操作，包括图像处理的基本概念、Photoshop CS5

的工作界面、辅助工具的使用、图像文件的基本操作、填充图像的操作、查看图像和调整图像大小的操作等。对于本章的内容，读者应认真学习和掌握，为后面设计和处理图像打下坚实的基础。

素材所在位置 光盘:\素材文件\第1章\习题\风景.jpg、天空.jpg、金鱼.jpg…
效果所在位置 光盘:\效果文件\第1章\风景.psd、天空.psd、金鱼.jpg

（1）调整Photoshop CS5工作界面中工具箱的显示方式，以及控制面板的组合方式等，调整Photoshop CS5的工作界面。

要求：对“颜色”控制面板组进行拆分，将拆分后的“颜色”控制面板合并到“导航器”控制面板组中；将“色板”控制面板合并到“历史记录”控制面板组中；将“样式”控制面板合并到“图层”控制面板组中，完成后对其保存。

（2）打开提供的“风景”图像，根据所学知识，更改图像的色彩模式为CMYK模式，效果如图1-64所示。

（3）打开“天空.jpg”图像文件，按【Ctrl+R】组合键显示标尺，然后使用鼠标拖曳出参考线，使用移动工具双击该参考线，打开“首选项”对话框，在其中改变参考线的颜色，效果如图1-65所示。

图1-64 修改色彩模式

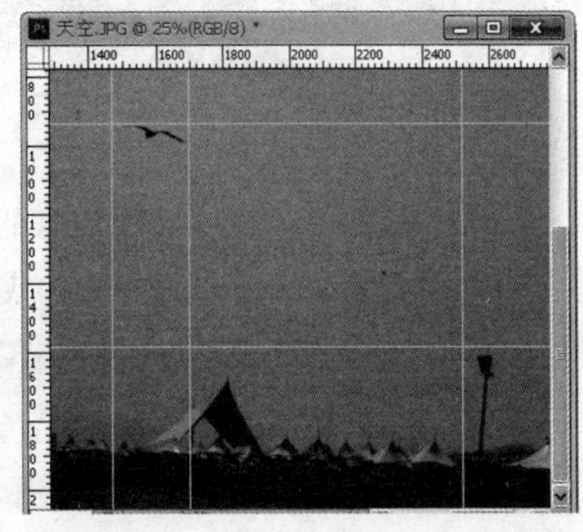

图1-65 创建并修改参考线后的效果

（4）打开一幅“金鱼.jpg”图像文件，如图1-66所示，使用拾色器、吸管工具和渐变工具等，将其填充为一条彩色的金鱼，如图1-67所示。

图1-66 金鱼素材

图1-67 填充后的效果

课后拓展知识

Adobe Bridge是Photoshop CS5的文件浏览器，它能够单独运行且完全独立。使用Adobe Bridge软件，可查看和管理所有的图像文件，包括PSD、AI、PDF文件格式等。下面简单介绍文件浏览器的使用方法。

选择【文件】/【在Bridge中浏览】菜单命令，或按【Alt+Ctrl+O】组合键，启动Adobe Bridge，如图1-68所示。若同时打开Adobe Bridge和Adobe Photoshop CS5进行操作，将会占用更多系统资源，因此一般打开集成在Photoshop CS5中的Mini Bridge，如图1-69所示。

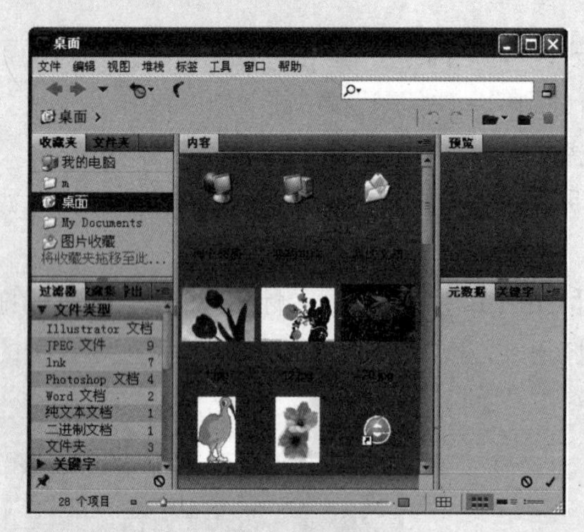

图1-68 "Adobe Bridge"窗口

图1-69 "Mini Bridge"窗口

- 单击按钮，可进行快速导航，如快速找到近期浏览过的文件夹、我的电脑、图片收藏、桌面等路径中的图片，或将不同文件夹放置的最近使用过的文件整理在一起。
- 单击按钮，可显示文件路径，或打开导航区窗口、预览区窗口等来简化窗口显示，在需要时再调出来，节省窗口占用面积。
- 单击"内容"窗格右侧的按钮，可进行文件筛选，如要求将设置为2星和5星的文件列出来。
- 单击"内容"窗格右侧的按钮，可对文件进行整理排列，可将队形打乱再次排列，如要筛选出名称连续的文件，可以按文件名称进行排序。
- 单击"预览"按钮，可快速而有目的地缩放图像，在节约资源的前提下提高预览效率。用户可设置多种预览方案，如审阅模式，就可方便地看到当前图像和前后几张的效果对比，并能通过拖移、单击相应按钮等进行切换。
- 最右下角的"视图"按钮，可以用来设置文件的显示方式，如将较大图片显示的缩览图方式转化为列表形式。

相对于Adobe Bridge，Mini Bridge的功能较少，如显示元数据就需要转入Adobe Bridge中进行，对照片进行评级需进入审阅模式等。但Mini Bridge有效节约了系统资源，使计算机速度更快。如果需要Adobe Bridge，可单击右上角的按钮快速切换。

第2章 创建和调整图像选区

情景导入

接到面试通知，小白来到设计公司进行面试，面试考官老张看了小白的作品，觉得小白比较有潜力，于是给小白出了两道考题。

知识技能目标

- 熟练掌握选框工具、套索工具、魔棒工具和“色彩范围”命令的基本操作。
- 熟练掌握选区的调整、变换、复制、移动、羽化、描边、存储和载入操作。

- 提高选区工具的使用技能，能够在设计中合理地运用选区工具绘制和调整选区，以达到理想的效果。
- 掌握照片合成作品和产品包装立体展示效果作品的制作。

课堂案例展示

合成“员工全家福”

包装立体展示效果

2.1 合成“员工全家福”照片

老张给小白出的第一道考题是根据提供的素材，为公司的宣传网站设计一幅员工全家福。要完成该任务，需要先将照片收集起来，然后通过创建选区的方法复制到背景图片中，最后合成员工全家福照片的效果，涉及的知识点主要有选框工具、套索工具组、魔棒工具组和“色彩范围”命令的使用。本例完成后的参考效果如图2-1所示，下面具体讲解其制作方法。

素材所在位置　光盘:\素材文件\第2章\课堂案例1\素材1.jpg、素材2.jpg、素材3.jpg、素材4.jpg、背景.jpg

效果所在位置　光盘:\效果文件\第2章\员工全家福.psd

图2-1　“员工全家福”最终效果

2.1.1 使用套索工具组选取图像

套索工具组主要用于创建不规则的选区，包括套索工具、多边形套索工具和磁性套索工具。下面使用套索工具选取素材中的花朵部分，并将其粘贴到背景图像中，其具体操作如下。

STEP 1 选择【文件】/【打开】菜单命令，打开“打开”对话框，在其中选择“背景.jpg”文件，单击 打开(O) 按钮，打开“背景.jpg”文件。

STEP 2 打开“素材3”文件，在工具箱中的“套索工具”按钮上单击鼠标右键，在弹出的套索工具组列表中单击“磁性套索工具”按钮。

STEP 3 在花朵图像边缘单击鼠标创建节点，按住鼠标左键不放沿图像的轮廓移动鼠标光标，系统自动捕捉图像中对比度较大的图像边界并自动产生节点，如图2-2所示。

STEP 4 当到达起始点时单击鼠标即可完成选区的创建，如图2-3所示。

图 2-2　创建节点

图 2-3　选取图像

STEP 5 按【Ctrl+C】组合键复制选取的图像，再切换到“背景.jpg”图像中，按【Ctrl+V】组合键粘贴到背景图像中，然后拖曳图片调整位置，效果如图2-4所示。

STEP 6 按【Ctrl+D】组合键取消选区，在工具箱中的选择“套索工具”按钮，在图像中按住鼠标左键沿着第一朵花边缘拖曳鼠标绘制选区，如图2-5所示。

STEP 7 将绘制的选区图像复制到背景图像中，并调整到合适位置，效果如图2-6所示。

图 2-4　将选区图像复制到背景中

图 2-5　利用套索工具创建选区

图 2-6　将选区复制到背景中

知识提示

在使用磁性套索工具创建选区过程中，可能由于鼠标没有移动好而造成生成了一些多余的节点，按【Backspace】键或【Delete】键来删除最近创建的磁性节点，然后再从删除节点处继续绘制选区。

2.1.2 使用魔棒工具组选取图像

魔棒工具组主要用于快速选取图像中颜色相似的不规则区域，包括魔棒工具和快速选择工具，下面使用魔棒工具选择素材中的图像，并将其粘贴到背景图像文件中，其具体操作如下。

STEP 1 打开“素材1.jpg”文件，在工具箱中的“魔棒工具”按钮上单击鼠标右键，在弹出的魔棒工具组列表中单击“魔棒工具”按钮。

STEP 2 在图像中不需要选取的图像位置上单击创建选区，如图2-7所示。

STEP 3 在工具属性栏中单击“加选”按钮，然后继续在图像中单击创建选区，效果如图2-8所示。

STEP 4 选择【选择】/【反向】菜单命令，反选选区，效果如图2-9所示。

图 2-7　选取不需要的图像

图 2-8　加选图像

图 2-9　反选图像

STEP 5 按【Ctrl+C】组合键复制，再切换到“背景”图像中，按【Ctrl+V】组合键，将选取的图像粘贴到背景图像中。

STEP 6 按【Ctrl+D】组合键取消选区，然后按【Ctrl+T】组合键进入变换状态，将鼠标指针移动到图像四周的控制点上，当其变为双向箭头时，按住【Shift】键的同时拖曳鼠标调整图像大小，如图2-10所示。

STEP 7 选择图像，将其移动到合适的位置，按【Enter】键确认设置并退出变换状态，效果如图2-11所示。

图 2-10　进入变换状态

图 2-11　调整图像大小

2.1.3 使用“色彩范围”命令选取图像

“色彩范围”命令是从整幅图像中选取与指定颜色相似的像素，它比魔棒工具选取的区域更广。下面使用“色彩范围”命令选取图中不容易创建选区的部分，其具体操作如下。

STEP 1 打开“素材2.jpg”文件，选择【选择】/【色彩范围】菜单命令，打开“色彩范围”对话框，在“颜色容差”文本框中输入“200”，或拖曳其下的滑块到最右侧。

STEP 2 将鼠标移动到图像中，鼠标指针变为吸管形状，在需要选取的蒲公英图像上单击拾取颜色，如图2-12所示。

STEP 13 返回“色彩范围”对话框，在其中单击“添加到取样”按钮，然后继续在图像上单击拾取颜色，直到需要选取的图像在“色彩范围”对话框的预览区域呈高亮显示，如图2-13所示。

图 2-12　拾取颜色

图 2-13　继续拾取颜色

STEP 4 单击[确定]按钮，图像将根据拾取的颜色值来创建选区，如图2-14所示。

STEP 5 按【Ctrl+C】组合键复制，再切换到“背景”图像中，按【Ctrl+V】组合键将选取的图像粘贴到背景图像中，然后拖动图片调整到合适位置，效果如图2-15所示。

图2-14 创建的选区

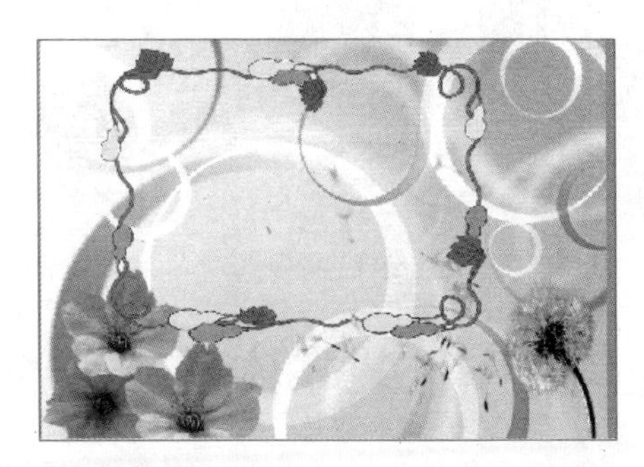

图2-15 复制选区到背景图像中

2.1.4 使用选框工具组选取图像

除了前面介绍的选取图像的方法外，在选取一些规则的图像区域时，可使用选框工具组来快速创建出需要的选区，选框工具组主要包括矩形选框工具、椭圆选框工具、单行选框工具和单列相框工具。下面使用矩形和椭圆选框工具来创建选区，其具体操作如下。

STEP 1 打开“素材4”文件，在工具箱中单击“矩形选框工具”按钮，然后在素材中拖曳鼠标创建选区，如图2-16所示。

STEP 2 将创建的选区复制到“背景”图像文件中，并调整位置，效果如图2-17所示。

图2-16 创建选区

图2-17 复制选区图像

STEP 3 利用相同的方法在其他人物头像上创建选区，然后将其复制到“背景”图像文件中，并调整好位置，效果如图2-18所示。

STEP 4 打开“素材5”文件，在工具箱中的“矩形选框工具”按钮上单击鼠标右键，在弹出的选框工具组列表中单击“椭圆选框工具”按钮，然后在图像中按住鼠标左键拖曳鼠标创建选区，如图2-19所示。

STEP 5 将创建的选区图像复制到“背景”文件中，并调整到合适的位置即可，效果如图2-20所示。

STEP 6 按【Ctrl+S】组合键，打开“另存为”对话框，在其中设置文件保存位置和文件名称，然后单击[保存(S)]按钮，至此，完成本例的操作。

图 2-18　复制选取的图像

图 2-19　创建椭圆选区

图 2-20　复制选取的图像

2.2　制作包装立体展示效果

老张给小白出的第二道考题是将制作好的包装平面图处理成立体展示效果，要完成该任务，除了将用到创建选区外，还会涉及选区的调整、变换、复制、移动等，小白略作思考便开始动手制作了。本例的参考效果如图2-21所示，下面将具体讲解其制作方法。

素材所在位置　光盘:\素材文件\第2章\课堂案例2\平面包装图.psd
效果所在位置　光盘:\效果文件\第2章\包装立面图.psd

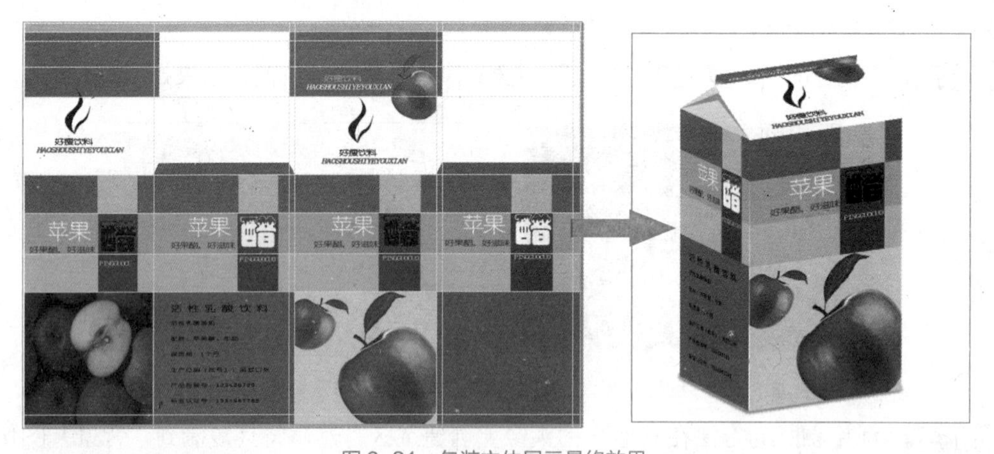

图 2-21　包装立体展示最终效果

行业提示

进行包装立体效果设计时需要注意以下两个方面。

①商标是企业、机构、商品和各项设施的象征形象，在包装设计中商标是包装上必不可少的部分。

②进行立体包装设计时最好先创建参考线，这样在设计时可帮助增强立体效果设计。

2.2.1　复制和移动选区内的图像

在图像上创建选区后，还可以将选区中的图像复制或移动到其他图像文件中进行编辑，达到需要的效果。下面在包装平面图中创建选区，然后将其复制并进行变换，其具体操作如下。

STEP 1 新建一个图像文档，设置宽度、高度、分辨率、颜色模式和背景内容分别为110毫米、80毫米、300像素/英寸、RGB颜色和白色，并将其以“包装立体展示.psd”命名进行保存。

STEP 2 选择【视图】/【标尺】菜单命令，在窗口中显示出标尺，将鼠标指针移动到水平标尺上，按住鼠标左键向下拖曳，创建一条水平参考线，如图2-22所示。

STEP 3 将鼠标指针移动到垂直标尺上，按住鼠标左键不放，向右拖曳，创建垂直参考线，如图2-23所示。

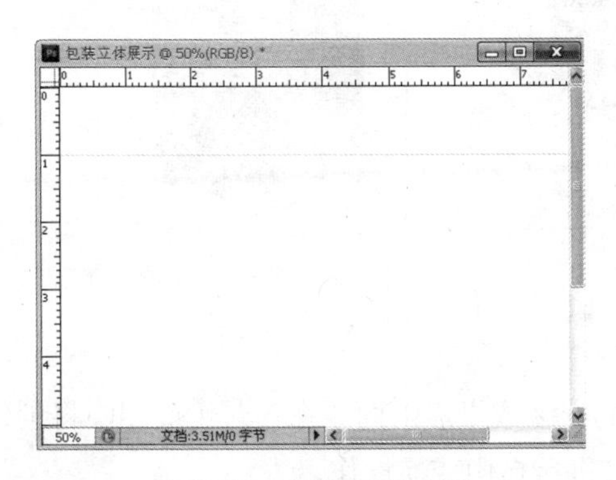

图2-22 创建水平参考线

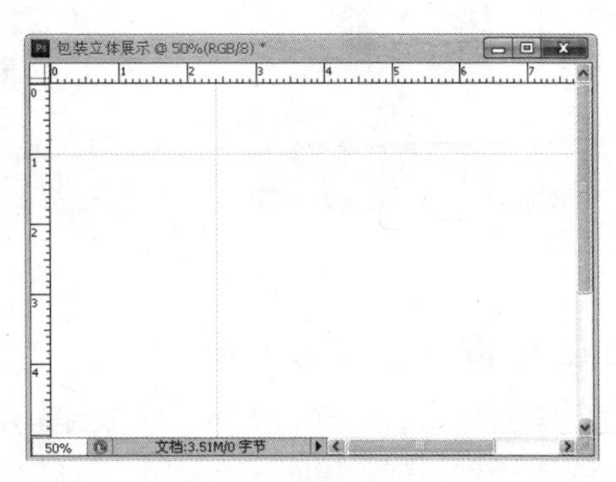

图2-23 创建垂直参考线

STEP 4 用同样的方法分别创建其他参考线，效果如图2-24所示。

STEP 5 打开“包装盒平面.psd”文件，在工具箱中单击“矩形选框工具”按钮，在图像中沿参考线绘制出包装盒封面所在的区域，按【Ctrl+C】组合键复制选区内图像，如图2-25所示。

图 2-24 创建多条参考线

图 2-25 创建矩形选区

STEP 6 切换到新建图像中，按【Ctrl+V】组合键粘贴选区图像，并生成“图层1”，如图2-26所示。

STEP 7 按【Ctrl+T】组合键进入变换状态，按住【Ctrl】键的同时分别拖曳各个变换控制点，将图像进行透视变换至如图2-27所示效果，再按【Enter】键确认变换。

多学一招

在选区上单击鼠标右键，在弹出的快捷菜单中选择【变换选区】命令，可对选区进行自由变换，选择【自由变换】命令，则可对选区内图像进行变换。

图2-26　复制选区内的图像

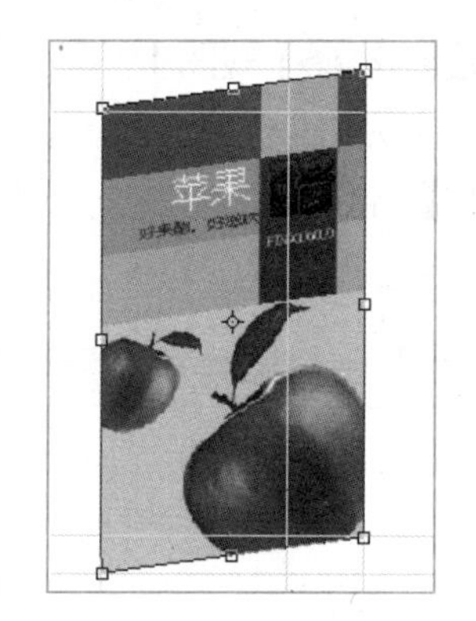

图2-27　变换选区内图像

2.2.2　调整和变换选区

通过对选区进行调整和变换可以得到需要的选区效果。下面要在包装平面图中将创建的选区中的图像复制到立体展示图像中，然后对其进行自由变换操作。

STEP 1　切换到包装盒平面图像中，将鼠标指针移动到选区内，当其变为⊳形状时按住鼠标左键不放，向左拖曳到需要选择的图像上，如图2-28所示。

STEP 2　按【Ctrl+C】组合键复制选区内图像，然后切换到新建图像窗口中按【Ctrl+V】组合键粘贴，生成“图层2”，如图2-29所示。

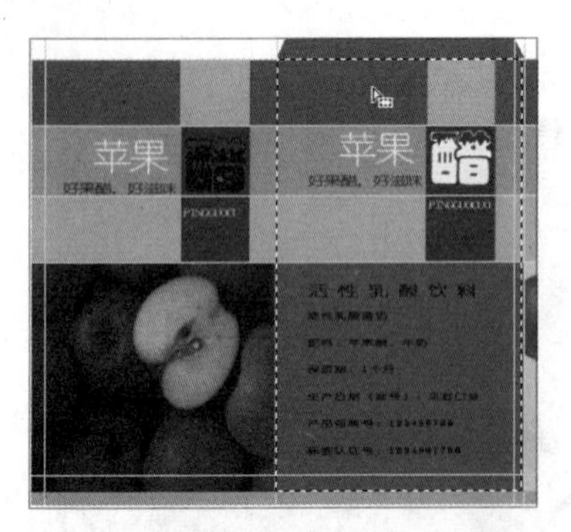

图 2-28　移动选区

图 2-29　复制选区中的图像

STEP 3　在图像区域创建两条参考线，然后按【Ctrl+T】组合键进入自由变换状态，将鼠标指针移动到图像四周的控制点上，当其变为双向箭头后按住【Shift】键的同时拖曳鼠标，调整图像大小，如图2-30所示。

STEP 4　在图像上单击鼠标右键，在弹出的快捷菜单中选择“扭曲”命令，然后拖动各个节点，将图像进行透视变换，再按【Enter】键确认变换，效果如图2-31所示。

图2-30　变化选区内图像的大小

图2-31　扭曲选区内的图像

STEP 5 在图像窗口中创建多条参考线，如图2-32所示。

STEP 6 切换到包装盒平面图像窗口中，利用矩形选框工具将包装盒的上方图像复制到新建图像窗口中，生成“图层3”，如图2-33所示。

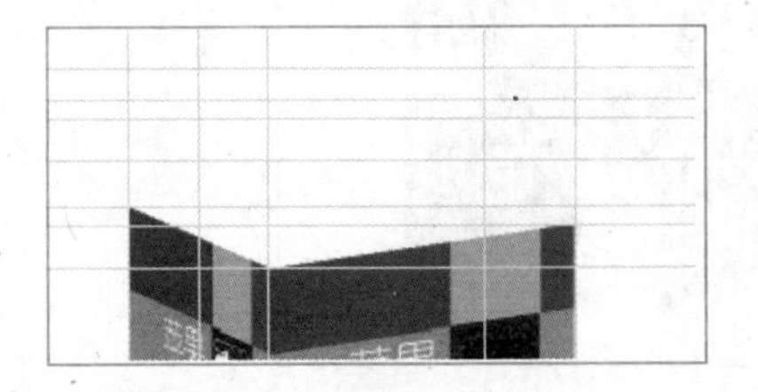

图2-32　创建参考线

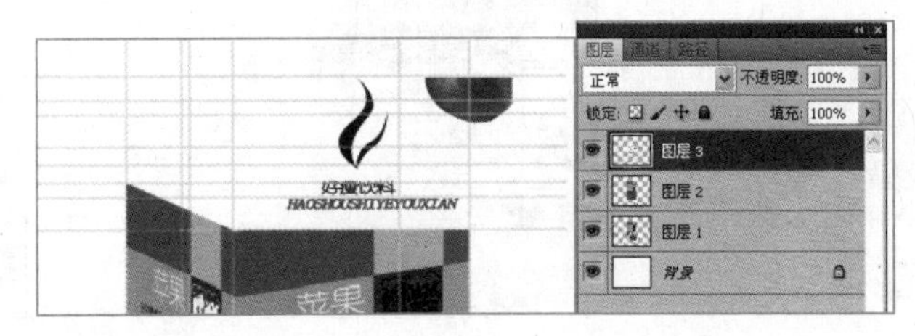

图2-33　扭曲选区内的图像

STEP 7 按【Ctrl+T】组合键进入自由变换状态，然后按住【Ctrl】键不放进行透视变换，效果如图2-34所示。

STEP 8 按【Enter】键确认变换，然后切换到包装盒平面图像中，将鼠标指针移动到选区上，当其变为▹形状时按住鼠标左键不放拖曳选择选区，如图2-35所示。

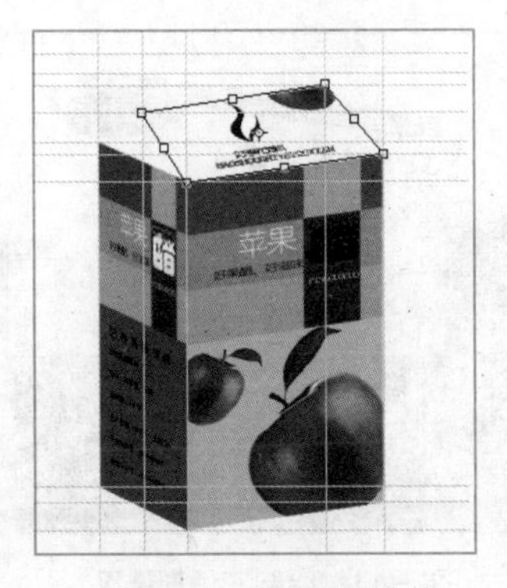

图2-34　进行透视变换

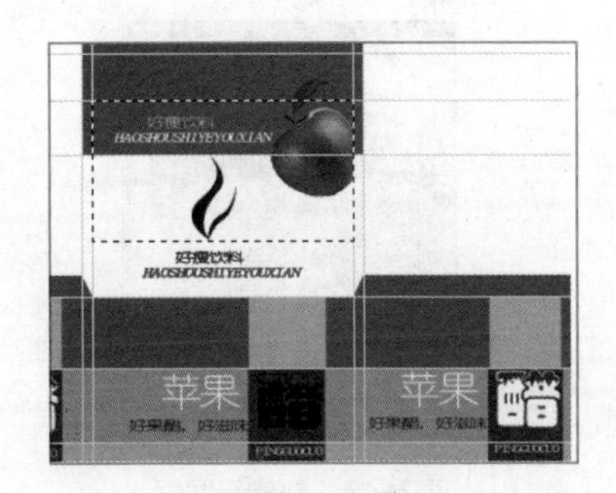

图2-35　移动选区

STEP 9 在选区上单击鼠标右键，在弹出的快捷菜单中选择“变换选区”命令，选区进入变换状态，然后调整选区的大小到合适的图像位置，如图2-36所示。

STEP 10 单击工具栏中的“确认”按钮✓确认变换，如图2-37所示。

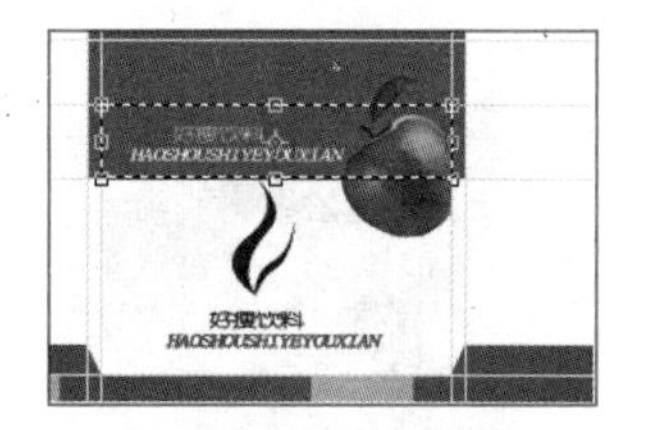

图2-36 变换选区大小

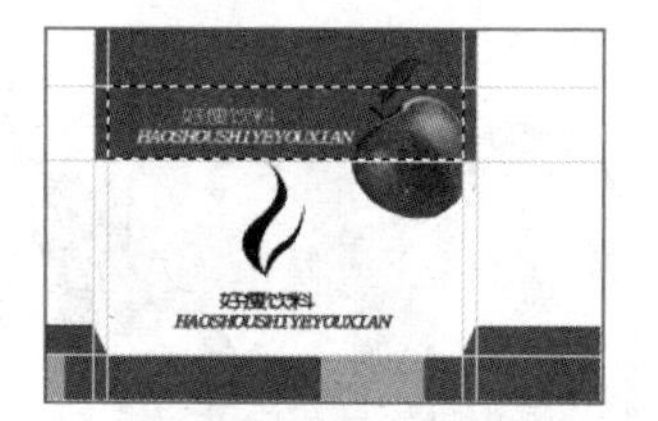

图2-37 确认变换

STEP 11 将选区中的图像复制到新建的图像文件中，生成“图层4”，如图2-38所示。

STEP 12 利用步骤7的方法对复制的图像进行透视变换，完成后的效果如图2-39所示。

图2-38 复制选区中的图像

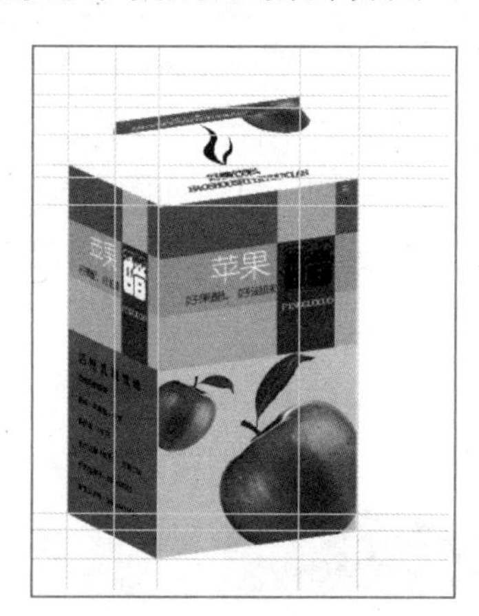

图2-39 透视变换图像

STEP 13 在工具箱中设置前景色为灰色（R:224、G:224、B:224），在图层面板中单击“新建图层”按钮新建“图层5”，如图2-40所示。

STEP 14 拖曳鼠标创建一条水平参考线和一条垂直参考线，然后使用多边形套索工具绘制三角形选区，如图2-41所示。

图2-40 创建新图层

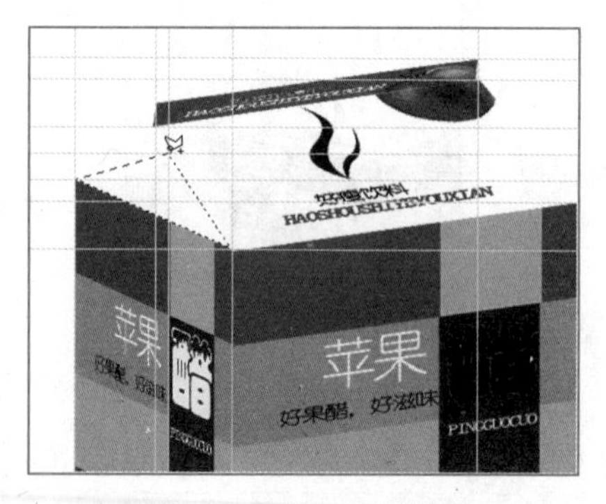

图2-41 绘制三角形选区

STEP 15 按【Alt+Delete】组合键为选区填充前景色，然后按【Ctrl+D】组合键取消选区，效果如图2-42所示。

STEP 16 利用相同的方法绘制另一个选区并填充前景色，如图2-43所示。

图 2-42 使用前景色填充选区

图 2-43 绘制另一选区并填充

2.2.3 羽化和描边选区

有时为了达到特殊效果，在创建选区时往往会对选区进行羽化或描边。羽化效果可以在选区和背景之间建立一条模糊的过渡边缘，使选区产生“晕开”的效果；描边则是沿着选区边缘填充设置的颜色。下面在图像中创建一个多边形选区，然后对其进行羽化和描边，制作出阴影效果。

STEP 1 在工具箱中单击“多边形套索工具”按钮，在工具栏中的“羽化”文本框中输入“2 px”，然后在图像中创建选区，效果如图2-44所示。

STEP 2 设置前景色为灰色（R:170、G:169、B:169），按【Alt+Delete】组合键为创建的选区填充前景色，如图2-45所示。

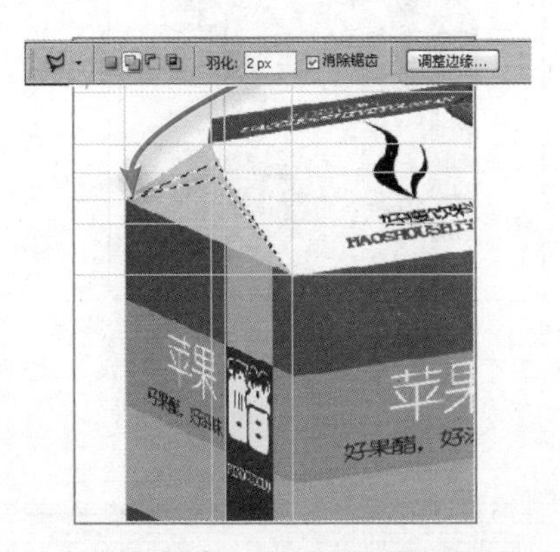

图2-44 创建多边形选区

图2-45 填充选区

选择【选择】/【修改】/【羽化】菜单命令，或在选区上单击鼠标右键，在弹出的快捷菜单中选择【羽化】命令，打开“羽化”对话框，在其中也可以设置选区的羽化值。

STEP 3 按【Ctrl+D】组合键取消选区，完成包装盒的制作，效果如图2-46所示。

STEP 4 在“图层”面板中选择“背景”图层，然后单击右下侧的“新建”按钮，新建“图层6”，利用多边形套索工具在包装盒的底部绘制一个多边形选区，如图2-47所示。

图 2-46　取消选区

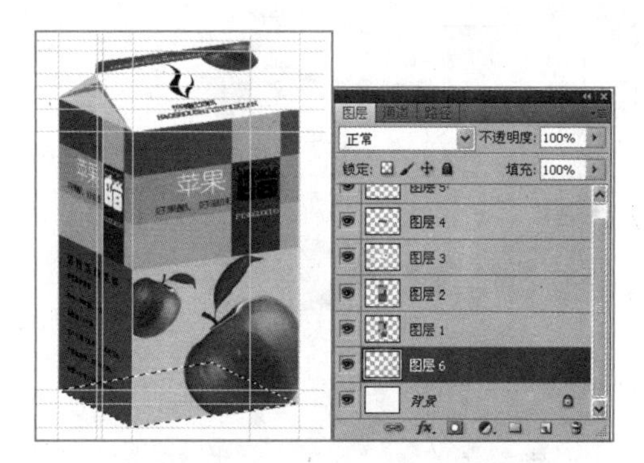

图 2-47　绘制多边形选区

STEP 5 选择【编辑】/【描边】菜单命令，打开“描边”对话框，在“宽度”文本框中输入“5px”，在“颜色”栏设置颜色为灰色（R:224、G:224、B:224），在“位置”栏中单击选中“居外”单选项，在“模式”下拉列表框中选择“正片叠底”选项，如图2-48所示。

STEP 6 单击 确定 按钮确认设置，然后按【Ctrl+D】组合键取消选区，完成包装盒立体展示效果的制作，效果如图2-49所示，最后将其以“包装立体展示.psd”为名进行保存。

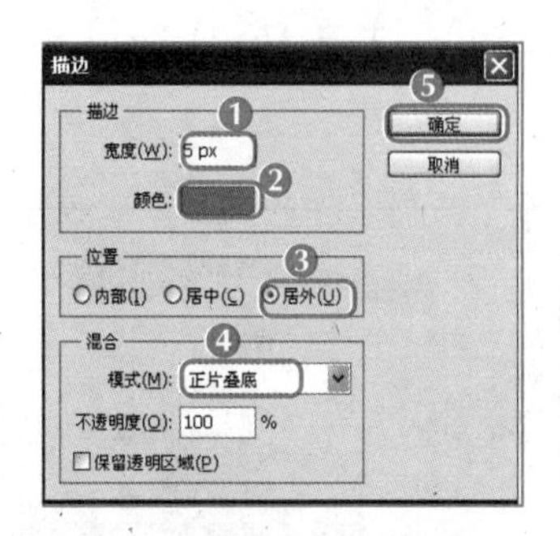

图2-48　设置“描边”对话框

图2-49　完成效果

2.3 实训——制作贵宾卡

2.3.1 实训目标

本实训的目标是根据客户提供的素材图片，制作贵宾卡的效果，要求突出店名和VIP字样，贵宾卡成品尺寸为86mm×54mm，分辨率为72像素/英寸，色彩模式为RGB模式，且制作材料是特殊金属，局部烫金。本实训的前后对比效果如图2-50所示。

素材所在位置 光盘:\素材文件\第2章\课堂实训\人物.jpg
效果所在位置 光盘:\效果文件\第2章\化妆店贵宾卡.psd

图 2-50　贵宾卡所用素材和效果

2.3.2 专业背景

贵宾卡又称VIP卡，有金属贵宾卡和非金属贵宾卡之分，在前期设计时，应主动与客户沟通确认卡片的材质、内容（正面、背面的文字和图片）和印刷工艺（如编号烫金）等，其主要设计流程及参考设计要求介绍如下。

（1）使用Photoshop制作稿件时，可以将卡片外框规格设置比成品尺寸大一些，如89mm × 57mm等，卡片的圆角为12°。

（2）注意卡片上文字的大小，小凸码字可以设为13号左右的字体，大凸码字可以设为16号字体，若凸码字需要烫金、烫银，可在后期告诉印制厂商。文字与卡的边距必须有一定距离，一般为5mm。如果要制作磁条卡，其磁条宽度为12.6mm。同时凸码字设计的位置不要压到背面的磁卡，否则磁条将无法刷卡。

（3）条码卡需根据客户提供的条码型号留出空位。

（4）色彩模式应为CMYK，若使用线条，则线条的粗细不得低于0.076mm，否则印刷将无法呈现。

（5）完成设计后可将制作的作品以电子稿的形式发送给客户，客户确认后即可送到制卡厂，同时要着重说明卡的数量、起始编码以及图案或文字是否需要烫金或烫银等要求，最后将样品送给客户查看即可。要注意印刷出的成品与电脑显示的或打印出来的彩稿会有一定色差。

2.3.3 操作思路

完成本实训首先应利用圆角矩形工具绘制贵宾卡的形状，然后利用素材制作贵宾卡的图案，最后添加上文字即可，其操作思路如图 2-51 所示。

①选取并变换图形

②制作装饰图像

③添加文本

图 2-51　贵宾卡设计操作思路

【步骤提示】

STEP 1 新建一个宽度为9厘米，高度为5.4厘米，分辨率为72像素/分辨率，颜色模式为RGB模式的图像文件，并将其保存为“化妆店贵宾卡.psd”。

STEP 2 在工具箱中选择圆角矩形工具，设置工具栏属性，然后设置前景色（“色板”面板中第一行第4个色块），并将其填充到图像中。

STEP 3 打开“人物.jpg”图像文件，在工具箱中选择魔棒工具，在图像中创建选区，然后反选图像。

STEP 4 在工具箱中选择移动工具，将两个图像窗口并排在Photoshop窗口中，拖曳人物选区到贵宾卡图像中。

STEP 5 将素材拖动到图像区域，然后自由变换图像，最后对图像进行水平翻转。

STEP 6 在工具箱选择椭圆选框工具，按住【Shift】键在图像中创建一个正圆选区，在工具属性栏中单击“从选区中减去”按钮，然后在正圆选区中创建月亮形状的选区。

STEP 7 在英文输入状态下按【D】键复位前景色和背景色，然后在工具箱中选择油漆桶工具，将选区填充为前景色，然后对选区进行羽化设置，羽化值为2px。

STEP 8 按【Ctrl+T】组合键使选区进入变换状态，旋转图像，完成后按【Enter】键确认应用。

STEP 9 利用相同的方法创建其他的选区图像，然后移动并调整选区的大小。

STEP 10 在工具箱中选择横排文字工具，在图像窗口中输入“靓颜美妆”、“VIP”、“尊贵”和“NO：123456789”文本。

STEP 11 设置文本格式依次为“幼圆、17点、暗黄”，“华文琥珀、17点、暗黄”，“幼圆、7点、黑色”和“微软雅黑、7点、暗黄”。

STEP 12 完成后按【Enter】键确认应用，保存图像文件即可。

2.4 疑难解析

问：Photoshop的选框工具组中，单行选框工具和单列选框工具有什么用？

答：单行和单列选框工具可以在图像上创建一个像素的水平方向或垂直方向选区，只需在工具箱中选择对应的工具，然后在图像上单击即可，常用来绘制表格、制作信笺纸等。

问：快速选择工具比魔棒工具创建选区更加快捷吗？

答：创建的选区不同，其使用的工具也不相同。魔棒工具主要用于快速选取具有相似颜色的图像，而快速选择工具则主要是在具有强烈颜色反差的图像中快速绘制选区。

问：在使用“色彩范围”菜单命令创建选区时，“色彩范围”对话框内的预览窗口太小，很难正确汲取颜色，有什么方法可以解决这一难题吗？

答：在狭小的预览框中的确很难用吸管工具汲取颜色，这时可在图像编辑区汲取颜色，如果图像编辑区内的图像显示太小，可先将图像放大，然后再汲取颜色。

问：如何使用存储和载入选区功能呢，有什么作用？

答：对于创建好的选区，可以将所绘制的选区存储起来，以便于在需要多次使用时通过载入选区的方法将选区载入图像窗口中，还可以将存储的选区与当前窗口中的选区进行运算，以得到新的选区。其使用方法是创建选区后，选择【选择】/【存储选区】菜单命令，打开“存储选区”对话框，在其中的“名称”文本框中输入选区名称，并设置其他对应参数，然后单击 确定 按钮。当要载入选区时，可直接选择【选择】/【载入选区】菜单命令，打开“载入选区”对话框，在其中进行设置即可，若要对选区进行运算生成新的选区，可在“载入选区”对话框的“操作”栏中进行设置，然后单击 确定 按钮即可，如图2-52所示。

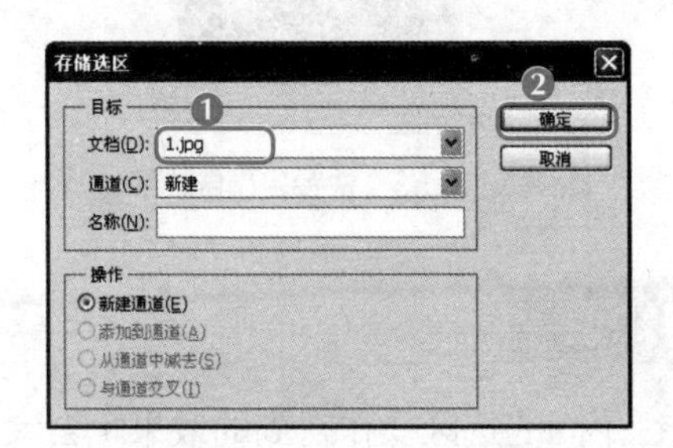

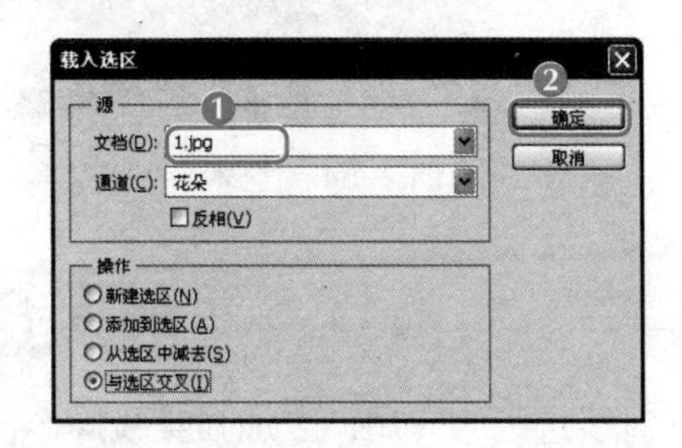

图2-52 存储选区和载入选区

2.5 习题

本章主要介绍了选区的基本操作，包括创建选区的各种工具，调整选区、变换选区、移动、复制和变换选区内的图像，以及羽化和描边选区等操作。对于本章的内容，读者应认真学习和掌握，为后面设计和处理图像打下良好的基础。

素材所在位置 光盘:\素材文件\第2章\习题\小女孩.jpg、菜.jpg、花.jpg、快餐店广告.jpg、水果.jpg

效果所在位置 光盘:\效果文件\第2章\梅花.jpg、艺术照片.psd、快餐店广告.psd

（1）绘制如图 2-53 所示的梅花效果。绘制时使用多边形套索工具勾勒出梅花树杆和树枝的选区，填充为黑色以得到梅花的树杆和树枝，使用椭圆选框工具创建梅花花瓣选区，通过对选区进行变换操作，以得到花瓣的最终形状，使用“描边”功能对花瓣选区进行处理，最后将图像存储为“梅花 .jpg”文件。

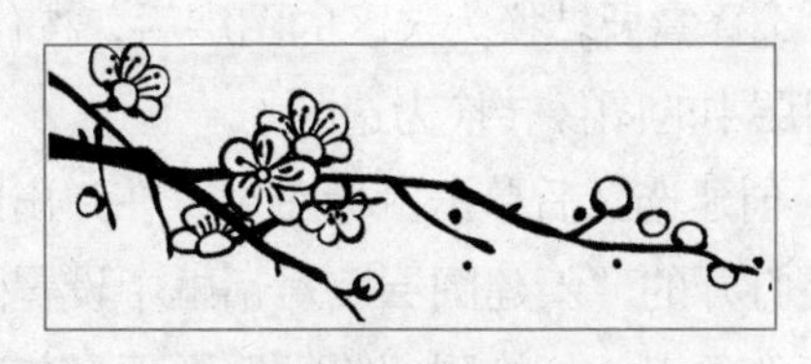

图 2-53 梅花效果

（2）打开提供的“花 .jpg”图像和“小女孩 .jpg”图像，将其制作成如图 2-54 所示的艺术照片效果。

（3）运用提供的“快餐店广告 .jpg”和“菜 .jpg”图像素材，制作出如图 2-55 所示的快餐店广告效果。

图 2-54 “艺术照片”效果

图 2-55 快餐店广告效果

课后拓展知识

对于选区的应用，应加强实践操作，进行不同的选区操作得到的效果也会大不相同。在Photoshop 中，与选区相应的操作还涉及图层和路径的相关操作等。下面简单介绍选区与图层和路径之间的关系和转换方法。

1. 选区与图层和路径之间的关系

- 选区：使用选框工具在图像中根据几何形状或像素颜色来进行选择，并生成的区域就是选区，作用是用于指定操作对象的。
- 图层：图层可以用于保存选区中的图像，即将现有的选区在图层中的填充颜色或将选区内的图像复制到新的图层中，根据填充或新建的图层得到的图像轮廓与选区轮廓完全相同。
- 路径：路径通常用来处理选区。路径上的节点可以随意编辑，一般将选区转换为路径或直接创建路径，进行进一步调整，然后再转换成选区。

2. 选区与图层和路径之间的转换

- 将选区创建为图层：创建选区后单击鼠标右键，在弹出的快捷菜单中选择“新建图层”菜单命令，在打开的对话框中设置图层的相关信息；或按【Ctrl+C】组合键复制选区中的图像，然后按【Ctrl+V】组合键粘贴选区图像；或按【Ctrl+J】组合键快速根据选区创建图层。
- 将图层转换为选区：选择需要转换为选区的图层后，按住【Ctrl】键的同时，单击图层缩略图即可将图层中的图像转换为选区。
- 将选区转换为路径：创建选区后单击鼠标右键，在弹出的快捷菜单中选择“新建图层”菜单命令，在打开的“新建图层”对话框中设置图层名称；或在“图层”面板中单击“路径”选项卡，切换到“路径”面板，单击下方的“从选区生成工作路径”按钮可将选区转换为路径，单击“将路径作为选区载入”按钮又可将路径转换为选区。

PART 3

第3章 绘制图像

情景导入

小白得到了设计师助理的职位，正式上班后，老张把小白带到办公位置上，并告诉小白，接下来将由自己带领小白熟悉工作业务。

知识技能目标

- 掌握画笔工具和铅笔工具绘制图像的方法。
- 熟练掌握各种颜色填充工具的使用方法。
- 熟悉历史记录画笔工具和历史记录艺术笔工具的使用方法。

- 加强对各种绘图工具的使用技能。
- 掌握“水墨画”图像作品、“相机展示”和“艺术照”作品的制作。

课堂案例展示

绘制水墨画

相机展示效果

艺术照效果

3.1 绘制水墨画

小白来到自己的办公位置上，启动Photoshop CS5并观看公司之前设计的作品，从中不难发现，许多作品都运用了画笔工具绘制图像，以达到需要的效果。稍作思考后，小白决定绘制一幅水墨画来练习画笔工具和铅笔工具的使用。

要绘制好水墨画，需要先设置好画笔的样式，然后新建图层，在其中反复调整画笔大小进行绘制，最后使用铅笔工具绘制花朵，将其定义为画笔预设，在图像中继续绘制其他部分。本例完成后的参考效果如图3-1所示，下面具体讲解其制作方法。

效果所在位置　**光盘:\效果文件\第3章\水墨画.psd**

图3-1　“水墨画”最终效果

水墨画在现代平面设计中的应用。

①水墨画是中国独特的艺术形式，代表了中华民族的文明与文化，其包含的视觉、文化、社会等诸多元素在现代平面设计中被广泛运用。

②水墨画运用于平面设计的领域越来越广泛，如海报领域、VI领域、网页设计领域、电视宣传领域等都有许多优秀作品展现。

③不仅水墨画被用于作品中，水墨元素也在一些设计作品中被用来体现作品的幽美意境。

3.1.1 使用铅笔工具绘制石头图像

铅笔工具位于工具箱中的画笔工具组中，使用铅笔工具可以绘制出硬边的直线或曲线。下面主要通过铅笔工具来绘制石头图形，其具体操作如下。

STEP 1　新建一个800像素×600像素、分辨率为300像素/英寸的“水墨画”图像文件，然后新建“图层1”。

STEP 2　在工具箱中单击“铅笔工具”按钮，在面板组中单击按钮，打开“画笔”面板，在其中选择“柔边椭圆 11”笔刷，其他保持默认设置，如图3-2所示。

STEP 3 在图像区域拖曳鼠标绘制石头的大致形状，效果如图3-3所示。

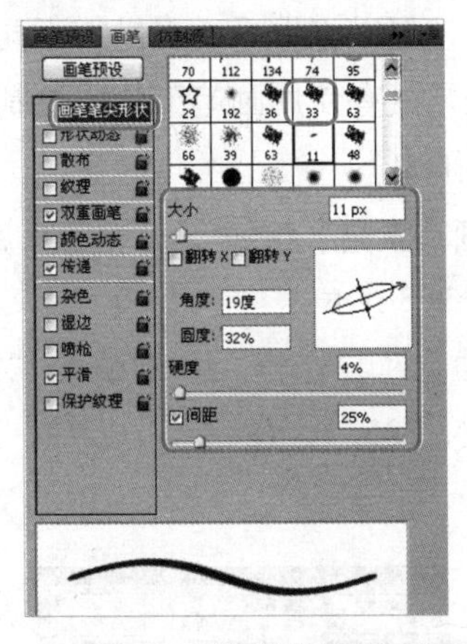
图3-2 “画笔”面板

图3-3 绘制石头轮廓

多学一招

在使用铅笔工具进行绘制的过程中，可在工具属性栏中单击按钮，在打开的面板中设置，改变画笔直径大小，也可在英文输入状态下直接按【[】键来减小直径，按【]】键来增大直径。

STEP 4 在工具属性栏中“不透明度”下拉列表框中输入“45%”，然后在图像中拖曳鼠标绘制石头的明暗效果，如图3-4所示。

STEP 5 在工具属性栏中单击选中“自动抹除”复选框，然后在石头的轮廓边缘拖曳鼠标、涂抹出石头被风化的效果，如图3-5所示。

图3-4 绘制明暗效果

图3-5 擦出风化效果

STEP 6 按住【Ctrl】键的同时，在“图层1”的缩略图上单击，创建选区，然后按【Ctrl+J】组合键创建新的图层，如图3-6所示。

STEP 7 选择“图层1”，按【Ctrl+T】组合键进入变换状态，对图像进行自由变换，效果如图3-7所示。

图3-6 新建图层

图3-7 变换图层

3.1.2 使用画笔工具绘制石头图像

画笔工具不仅可用来绘制边缘较柔和的线条，还可以根据系统提供的不同画笔样式来绘制不同的图像效果。而使用铅笔工具所绘制的图像则没有使用画笔工具所绘制的图像柔和。下面主要通过画笔工具来绘制梅花枝干，其具体操作如下。

STEP 1 新建“图层3”，在工具箱中单击“画笔工具”按钮，在工具属性栏中单击按钮，在打开的面板中选择“柔角 21”笔刷，如图3-8所示。

STEP 2 在“画笔”面板中单击选中“形状动态”复选框，在右侧的“控制”下拉列表中选择“渐隐”选项，并在其后的文本框中输入“25”，在“最小直径”文本框中输入“35%”，其他保存默认设置，如图3-9所示。

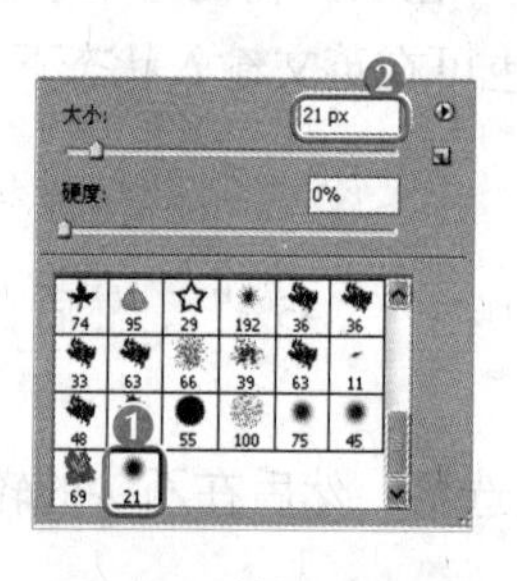

图3-8 选择画笔样式

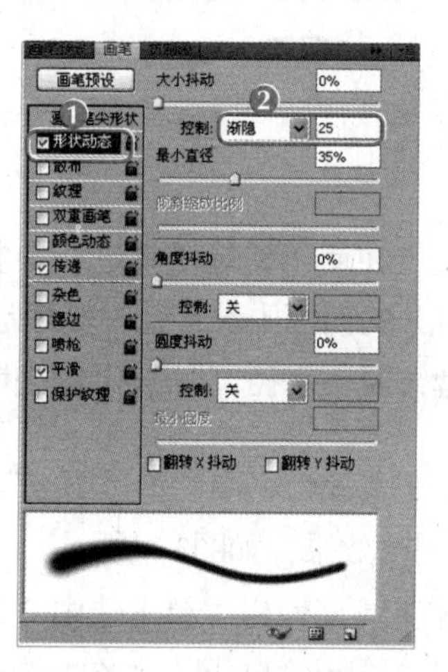

图3-9 设置画笔形状动态

STEP 3 单击选中“双重画笔”复选框，在右侧的下拉列表框中选择“滴溅 24”，在“大小”文本框中输入“20px”，“间距”文本框中输入“28%”，“散布”文本框中输入“43%”，如图3-10所示。

STEP 4 在图像区域拖动鼠标绘制梅花的枝干，效果如图3-11所示。

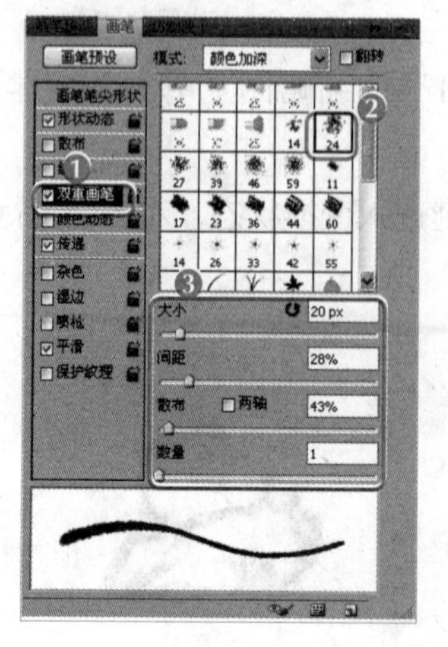

图3-10 设置“双重画笔”选项

图3-11 绘制梅花枝干

STEP 5 新建“图层4”，调整画笔的大小，继续在图像中绘制一些枝干和细节，从而突出枝条之间的层次感，如图3-12所示。

STEP 6 在工具属性栏中设置画笔的不透明度为45%，然后设置前景色为灰色（R:105、G:108、B:102），使用不同直径的画笔在细小的枝条上进行涂抹，以突出枝条明暗层次，效果如图3-13所示。

图3-12 绘制其他枝干

图3-13 绘制明暗层次效果

3.1.3 定义预设画笔

有时，Photoshop中自带的画笔并不能满足设计的需要，此时，用户可根据需要自定义画笔样式。下面将通过定义梅花花朵画笔样式来进行讲解，其具体操作如下。

STEP 1 新建“图层5”，在工具箱中单击“画笔工具”按钮，在工具属性栏中设置画笔笔刷为“粗边圆形钢笔 100”，设置前景色为红色（R:248、G:173、B:173），在图像区域单击绘制花瓣，效果如图3-14所示。

STEP 2 设置前景色为黄色（R:247、G:219、B:108），将画笔的笔刷设置为“16px”，然后在花朵图像中拖曳鼠标绘制花蕊，效果如图3-15所示。

图3-14 绘制花瓣

图3-15 绘制花蕊

STEP 3 按住【Ctrl】键的同时，在图层缩略图上单击鼠标右键创建花朵选区，然后选择【编辑】/【定义画笔预设】菜单命令，打开“画笔名称”对话框，在其中的文本框中输入“梅花”，如图3-16所示。

STEP 4 单击 确定 按钮，确认设置。

STEP 5 新建“图层6”，在工具属性栏中选择定义好的“梅花”笔刷，设置前景色为红色（R:248、G:173、B:173），在枝干周围单击绘制花朵，效果如图3-17所示。

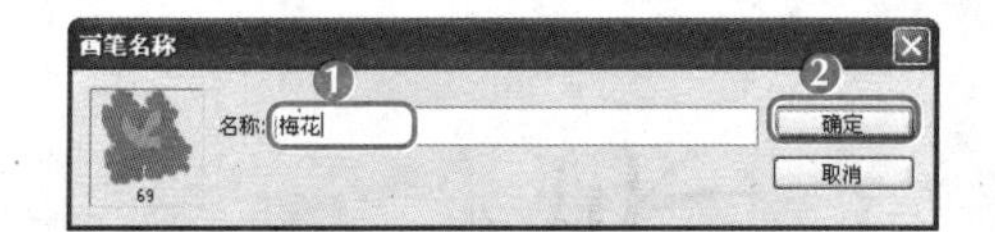

图3-16 设置“画笔名称”对话框

图3-17 绘制花朵

STEP 6 选择“图层5”，在其上单击鼠标右键，在弹出的快捷菜单中选择“删除图层”命令，完成水墨画图像的绘制，效果如图3-18所示。

STEP 7 按【Ctrl+S】组合键打开“存储为”对话框，在其中设置保存位置等，保存图像即可。

图3-18 水墨画最终效果

知识提示

在画笔设置面板中单击按钮，可在打开的菜单中选择相应的命令执行相关操作，如载入画笔操作等；在“画笔”调板中单击按钮，可在打开的菜单中选择相应命令进行其相关的设置。

3.2 制作相机展示效果

老张看了小白绘制的水墨梅花，很欣赏他细心工作的态度，于是让小白针对一款相机制作一个展示效果，用于放在该商品画册中。小白听了老张交代的任务后，非常开心，终于可以接触到平面设计方面的工作了。一番思考后，小白决定通过渐变工具、橡皮擦工具和吸管工具来完成相机的展示设计。本例的参考效果如图3-19所示，下面将具体讲解其制作方法。

素材所在位置 光盘:\素材文件\第3章\课堂案例2\相机.jpg

效果所在位置 光盘:\效果文件\第3章\相机展示.psd

图3-19 相机展示最终效果

3.2.1 使用渐变工具

渐变指的是两种或多种颜色之间的过渡效果，在Photoshop CS5中包括线性、径向、角度、对称和菱形5种渐变方式。下面使用渐变工具填充背景，然后绘制泡泡图像。

STEP 1 新建一个600像素×600像素的图像文件，在工具箱中单击“渐变工具”按钮，设置前景色和背景色为默认颜色，在工具属性栏中单击“线性渐变”按钮，对背景进行线性渐变填充，效果如图3-20所示。

STEP 2 在“图层”面板中单击“新建图层”按钮，新建“图层1”。在工具箱中单击“椭圆选框工具”按钮，在图像区域按住【Shift】键的同时绘制椭圆选区，如图3-21所示。

图3-20 渐变填充背景

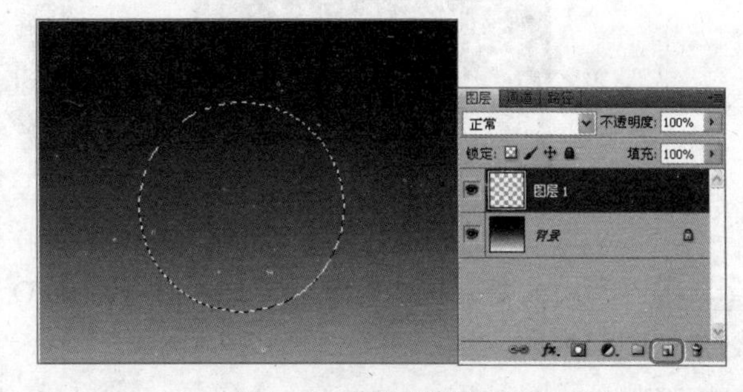

图3-21 绘制椭圆选区

STEP 3 在工具箱中单击“渐变工具”按钮，在工具属性栏中单击“渐变编辑器”下拉列表框，打开“渐变编辑器”对话框，单击左下角的色块，在“色标”栏中设置颜色为“白色”（R:255、G:255、B:255），用相同的方法将右下角的色块的色标设置为相同的颜色，如图3-22所示。

STEP 4 单击左上角的色块，在“色标”栏中设置不透明度为“0%”，用相同的方法设置右上角色块的不透明度为“100%”。

STEP 5 在渐变编辑条的上方，当鼠标指针变为抓手形状时单击鼠标，新建一个色标，然后在“色标”栏中设置不透明度为0%，如图3-23所示。

STEP 6 单击确定按钮应用设置，然后在工具属性栏中单击“径向渐变”按钮，再将鼠标指针移动到选区上，由中心向边缘拖曳进行径向渐变填充，效果如图3-24所示。

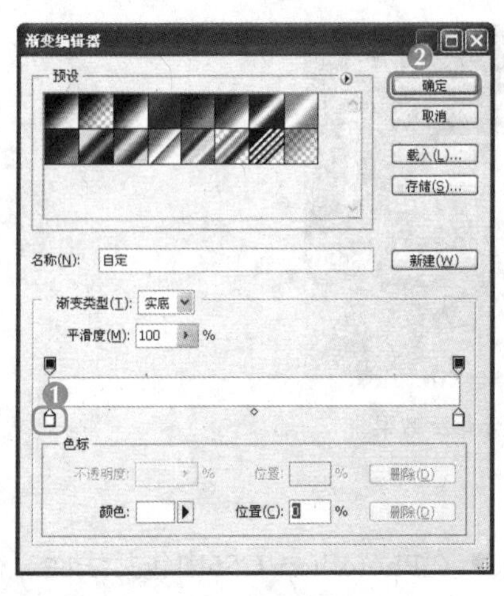

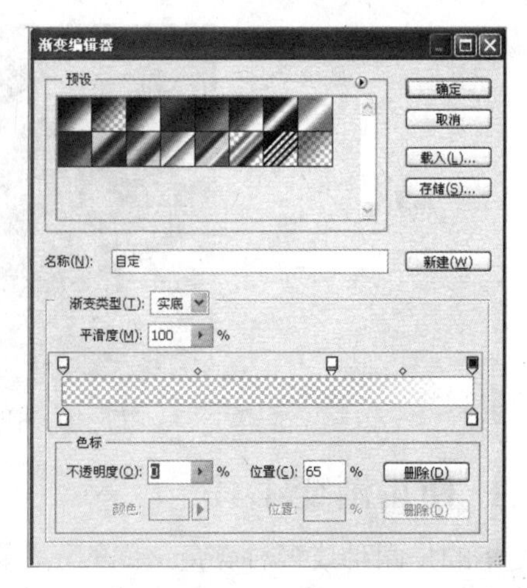

图3-22　设置渐变颜色　　　图3-23　设置透明度

STEP 7　按【Ctrl+D】组合键取消选区，在工具箱中单击“椭圆选框工具”按钮，然后在图像中绘制一个椭圆选区，在工具属性栏中单击“从选区中减去”按钮，继续在图像中绘制椭圆选区，得到效果如图3-25所示的月牙形状选区。

图3-24　渐变填充选区　　　图3-25　绘制月牙形状选区

STEP 8　利用渐变工具填充选区，然后按【Ctrl+D】组合键取消选区，得到透明泡泡图像，效果如图3-26所示。

STEP 9　选择“图层1”，按住鼠标左键不放，将其拖曳到“图层”面板右下角的“新建”按钮上创建“图层1 副本”，然后移动图像位置，并利用【Ctrl+T】组合键对图像进行自由变换，如图3-27所示。

图3-26　填充泡泡高亮区

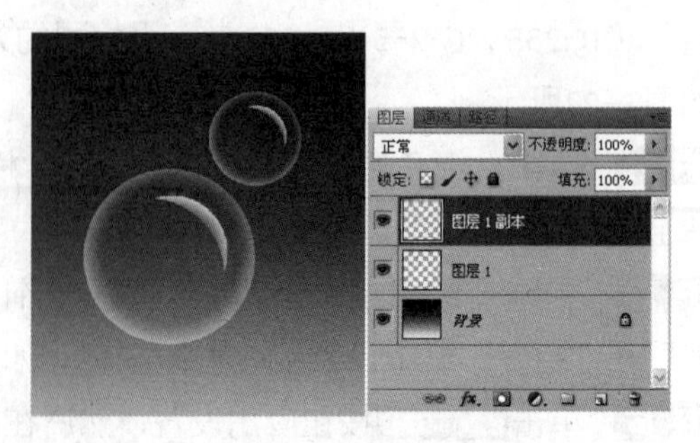

图3-27　复制图像并进行变换

STEP 10　利用相同的方法，多复制几个泡泡图像，并进行自由变换，然后移动到合适的位置，效果如图3-28所示。

图 3-28　完成背景制作效果

知识提示

在渐变填充泡泡时，为了能体现透明效果，往往会反复填充多次，因此在制作时，一定要耐心地调整填充效果。

3.2.2 使用橡皮擦工具

Photoshop CS5提供的图像擦除工具包括橡皮擦工具、背景橡皮擦工具和魔术橡皮擦工具，主要用于实现不同的擦除功能。

下面通过橡皮擦的擦除功能来制作倒影效果，其具体操作如下。

STEP 1 打开“相机.jpg”素材文件，在工具箱中单击“魔棒工具”按钮，然后在图像背景中单击创建选区。

STEP 2 选择【选择】/【反向】菜单命令反选选区，然后将其复制到“相机展示.psd”图像文件中，如图3-29所示。

STEP 4 将“相机”所在的图层再复制一层，在其上单击鼠标右键，在弹出的快捷菜单中选择“垂直翻转”命令，将其向下移动到如图3-30所示的位置。

图 3-29　复制相机图像

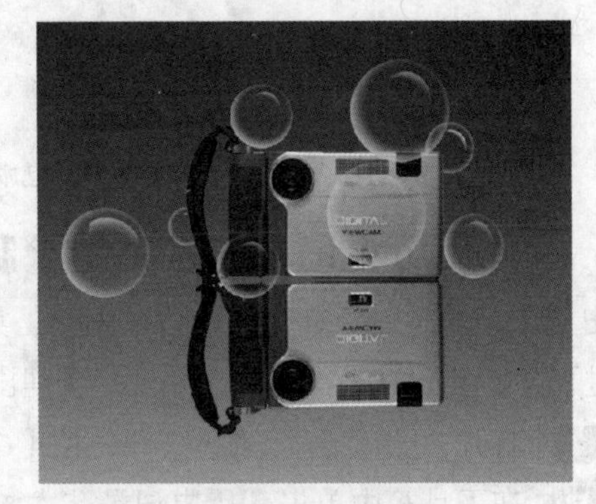

图 3-30　垂直翻转图像

STEP 4 在工具箱中单击“橡皮擦工具”按钮，然后按设置画笔大小为100，在下面的相机图像上拖动鼠标擦出阴影效果，如图3-31所示，完成相机展示效果制作。

图 3-31　擦出的阴影效果

3.3　制作艺术照

小白快速制作完相机的展示效果，让老张非常赞赏，让小白继续对一张照片做艺术化处理，小白想利用历史记录画笔工具来完成本任务，制作速度比较快，而且效果也不错。本例的参考效果如图3-32所示，下面将具体讲解其制作方法。

素材所在位置　**光盘:\素材文件\第3章\课堂案例3\照片.jpg**
效果所在位置　**光盘:\效果文件\第3章\艺术照.psd**

图3-32　艺术照最终效果

3.3.1　使用历史记录艺术画笔绘制图像

历史记录艺术画笔工具在历史记录画笔工具组中，使用该工具可以对图像进行恢复，在恢复的过程中，会同时进行艺术化处理，创建出独特的艺术效果。其具体操作如下。

STEP 1　打开“照片.jpg”素材文件，按【Ctrl+J】组合键复制图层，如图3-33所示。

STEP 2　在工具箱中单击“历史记录艺术画笔工具”按钮，单击属性栏中画笔旁边的下拉按钮，选择“喷溅 59 像素”画笔，设置样式为“绷紧中”，如图3-34所示。

STEP 3　为了使笔刷效果更自然，单击工具属性栏中的“切换画笔面板”按钮，打开“画笔”面板，单击选中“湿边”和“杂色”复选框，如图3-35所示。

图3-33 复制图层

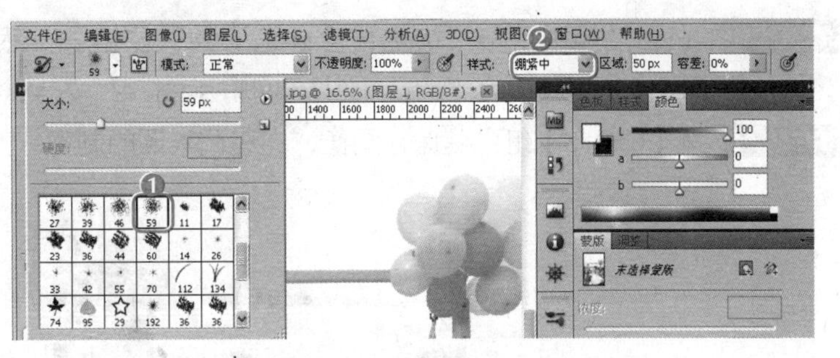

图3-34 设置画笔样式

STEP 4 在图像中的向日葵背景上进行涂抹，多次涂抹后得到水彩涂抹效果，如图3-36所示。

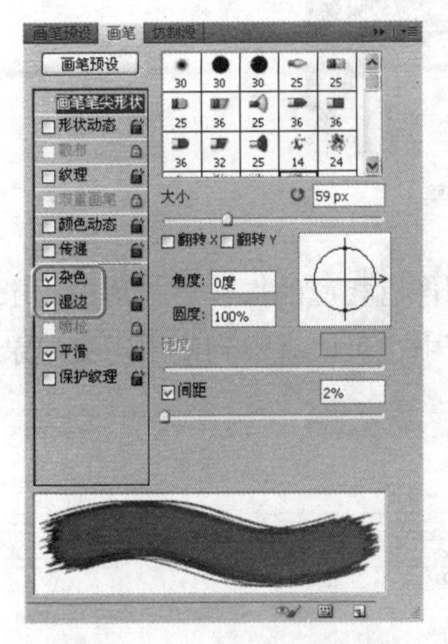

图3-35 设置画笔效果

图3-36 涂抹图像

3.3.2 使用历史记录画笔绘制图像

历史记录画笔工具能够依照“历史记录”面板中的快照和某个状态，将图像的局部或全部还原到以前的状态。选择该工具，其属性栏与画笔工具类似，其具体操作如下。

STEP 1 选择图层1，按【Ctrl+J】组合键复制图层，如图3-37所示。

STEP 2 按【Ctrl+Shift+U】组合键快速去色，如图3-38所示。

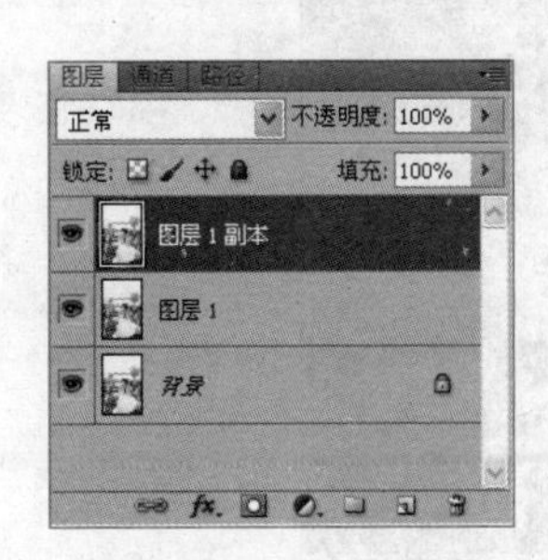

图3-37 复制图层

图3-38 对图像执行去色命令

STEP 3 在工具箱中单击“历史记录画笔工具”按钮，然后在图像中的人物区域涂抹，即可恢复图像在复制前的效果，如图3-39所示。

STEP 4 按【Ctrl+S】组合键保存图像，完成艺术照的制作。

图3-39 最终效果

知识提示

要使用历史记录画笔，必须是对图像有相应的操作后，历史记录画笔才能被激活。另外，在“历史记录”面板中也可以观察到使用历史记录画笔前后，面板组画笔源的位置变化。

3.4 实训——制作风景插画

3.4.1 实训目标

本实训的目标是为儿童书籍绘制一幅卡通风景插画，要求注意突出插画主题为秋季，运用的色彩要符合季节。本实训的参考效果如图3-40所示。

效果所在位置 光盘:\效果文件\第3章\卡通风景插画.psd

图3-40 卡通风景插画效果

3.4.2 专业背景

插画就是平常所看的报纸、杂志、各种刊物或儿童图画书里，在文字间所加插的图画。在现代设计领域中，插画设计可以说是最具表现意味，并带有自由表现的个性，要创作出优秀的插画作品，必须对事物有较深刻的理解。插画的创作表现可以是具象，也可以是抽象，其创作的自由度极高，依照用途可以分为书刊插画、广告插画、科学插画等。在设计领域，插画主要通过一些手绘或软件绘制完成，如使用Photoshop软件和数位板结合完成插画的绘制。

在绘制插画之前，可首先在纸稿上涂出大致结构，再根据需要绘制细节，然后在从网上或书上找一些相关的参考图片，观察秋季的特点，最后进行色彩选择。在构图时，要注意远景和近景的区分，远景较小且稍微有些模糊，而近景则是眼前所见景色，清晰且细致。

画的类别多种多样，而插画中个人的主观情感体现较明显，因此，在绘制时，首先要想好绘制的插画类别，然后再进行构图。

3.4.3 操作思路

本实训插话的制作重点是要突出秋季的季节性。本实训制作的风景插画，主要用于书籍的配图，因此，大小上没有特殊要求。另外，以秋季的风景作为主要绘制对象，绘制时要把握好色彩的设置。在制作时刻使用渐变工具和套索工具绘制出天空和草地的图像，并使用画笔工具绘制云彩。使用套索工具、加深工具绘制树木，再使用移动工具绘制多个树木，并变换各自的大小、形状等。使用画笔工具绘制树枝，再设置画笔样式绘制树叶和草图像，完成制作，其操作思路如图3-41所示。

图3-41 卡通风景插画的操作思路

【步骤提示】

STEP 1 新建一个空白图像文件，然后使用橙色（R:253、G:132、B:40）到黄色（R:253、G:240、B:178）的线性渐变填充。

STEP 2 使用套索工具在图像下方绘制选区，然后新建图层，使用黄色（R:247、G:198、B:6）到黄色（R:248、G:232、B:131）的线性渐变填充。

STEP 3 使用相同的方法新建图层并绘制选区，然后填充颜色。

STEP 4 在工具箱中选择画笔工具，设置前景色为白色，画笔为柔角100像素，不透明度为50%，在图像中绘制出云的形状。

STEP 5 新建图层，使用画笔工具绘制出树的形状，树干颜色为棕色（R:123、G:95、B:11），树叶颜色为黄色。，

STEP 6 多复制几个树的图层，并对其进行自由变换，调整大小与位置。

STEP 7 使用画笔工具绘制树枝，填充颜色为棕色（R:160、G:58、B:8），继续选择“散步枫叶”画笔，颜色为红色，并不断调整其画笔直径在树枝周围绘制。

STEP 8 继续使用画笔在图像中绘制草图像，完成制作。

3.5 疑难解析

问：选择画笔工具后，可以在属性栏中设置画笔参数，但为什么还要使用“画笔”面板设置绘图工具呢？

答：因为在画笔工具属性栏中只能进行一些基本设置，而“画笔”面板则能设置更详细的参数，如形状动态、颜色动态等。

问：为什么别人的电脑上有很多画笔笔刷样式，而Photoshop CS5中默认的样式则很少呢？

答：如果Photoshop CS5中默认的画笔样式不能满足用户日常设计的需要，那么可以在工具箱中选择画笔工具，然后在属性栏中单击画笔样式旁的下拉按钮，在打开的面板中单击按钮，或在面板组中单击“画笔预设”按钮，打开“画笔预设”面板，在其中单击按钮，在打开的菜单中选择对应的命令，如图3-42所示。在打开的提示对话框中单击 追加(A) 按钮，即可将Photoshop CS5自带的画笔笔刷载入到画笔样式中；若单击 确定 按钮，则会替换原有的默认画笔，如图3-43所示。

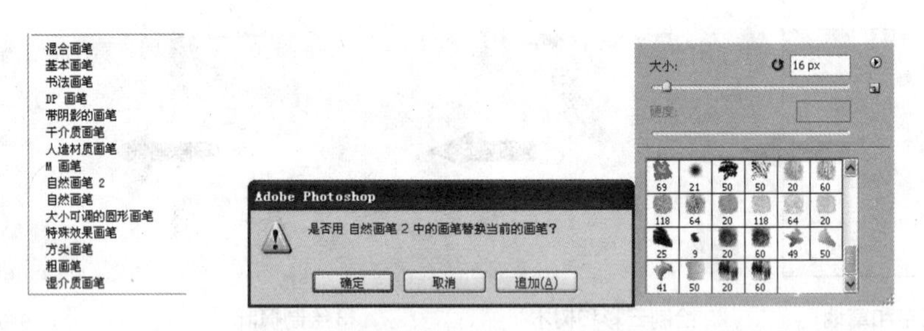

图3-42　画笔命令　　　图3-43　载入自带的画笔笔刷

问：若是Photoshop CS5自带的画笔也不能满足需要，应该怎么办呢？

答：用户可以自定义预设画笔样式，另外，也可以从网上下载画笔样式，然后将其载入到Photoshop中，具体方法是在打开的画笔面板中单击按钮，或在面板组中单击“画笔预设”按钮，打开“画笔预设”面板，在其中单击按钮，在打开的菜单中选择“载入画笔”命令，打开“载入”对话框，在其中找到从网上下载的画笔笔刷所在的位置，并将需要载入到Photoshop中的笔刷选中，然后单击 载入(L) 按钮，如图3-44所示。载入的画笔笔刷将在画笔样式中显示，单击选择画笔后，在图像区域单击即可绘制出需要的图像效果，如图3-45所示。

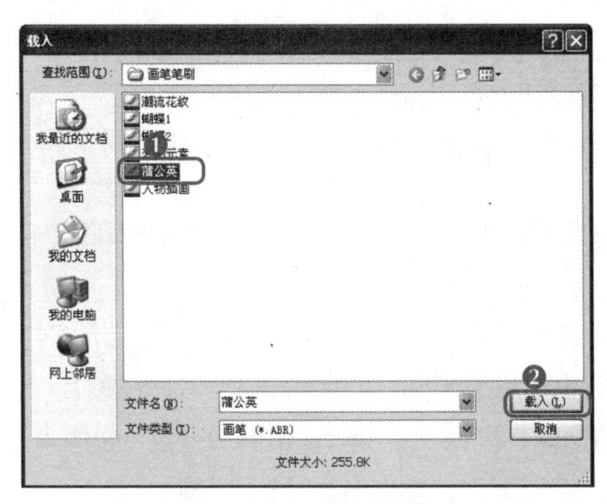

图3-44　画笔笔刷样式

图3-45　载入的笔刷效果

问：画笔笔刷样式可以在网上下载载入，那渐变样式也可以？

答：若Photoshop CS5自带的渐变样式不能满足需要，为了提高工作效率，用户也可在网上下载一些常用的渐变样式，载入到Photoshop中，其方法与载入画笔的方法相同，如图3-46所示。

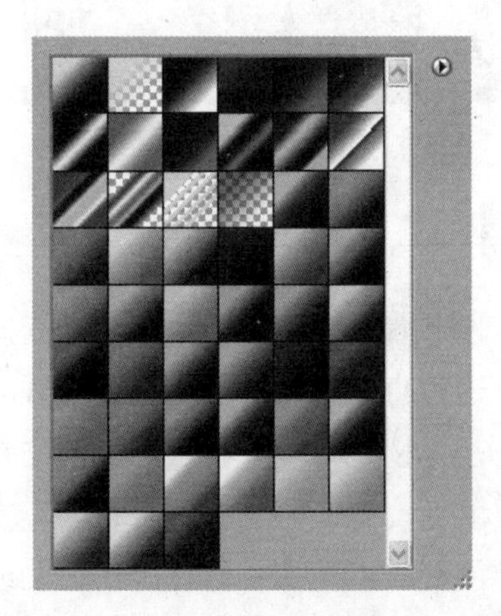

图3-46　载入的渐变样式

问：在Photoshop CS5中，除了使用填充的方法为图像添加颜色外，还有其他快速的方法吗？

答：有，可以使用油漆桶工具快速为图像添加颜色，其具体方法是在图像区域选择需要添加颜色的图像，然后在工具箱中单击"油漆桶工具"按钮，将鼠标指针移动到选区中单击即可填充前景色。

3.6 习题

本章主要介绍了绘制图像时需要用到的一些工具，包括画笔工具、铅笔工具、渐变工具、油漆桶工具、吸管工具、历史记录画笔工具、历史记录艺术画笔工具等。对于本章的内容，读者应认真学习和掌握，为后面设计和处理图像打下良好的基础。

素材所在位置 光盘:\素材文件\第3章\习题\苹果.jpg
效果所在位置 光盘:\效果文件\第3章\梅花.psd、油画.psd、插画.psd

（1）根据前面学校的画笔工具和铅笔工具绘制一幅水墨梅花图像，参考效果如图3-47所示。

（2）根据提供的“苹果.jpg”图像，制作如图3-48所示的“油画”图像效果，制作时首先在“历史记录”面板中创建快照，然后通过历史记录艺术画笔对图像进行特殊处理。

（3）利用本章所学知识，绘制儿童图书的插画，要求文件大小为1000像素×900像素，分辨率为300像素/英寸，色彩模式为RGB模式，保留图层，参考效果如图3-49所示。

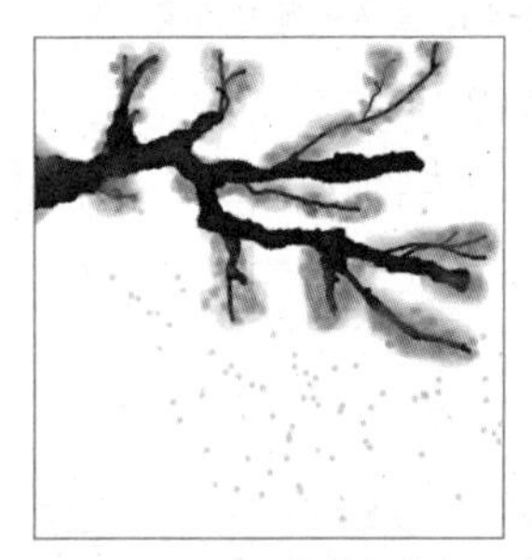

图3-47　梅花图像

图3-48　油画效果

图3-49　插画图像效果

课后拓展知识

在Photoshop软件当中，标尺工具可用来非常精准地测量图像和修正图像。当选择标尺工具后，在图像中绘制一条直线后，会在属性栏显示这条直线的详细信息，如直线的坐标、宽、高、长度、角度等，如图3-50所示。这些都是以水平线为参考的。有了这些数值，就可以判断一些角度不正的图像的偏斜角度，方便精确校正。

使用注释工具则可以在图像中的任意区域添加文字注释，主要用于标记制作说明或其他有用信息。使用方法是在工具箱中选择注释工具，然后在图像中需要的位置单击创建注释，在工具属性栏中设置作者名称，注释颜色等，双击注释图标，可打开“注释”面板，如图3-51所示，在其中输入需要说明的文本即可。若要删除注释，可在注释图标上单击鼠标右键，在弹出的快捷菜单中选择“删除注释”命令或“删除所有注释”命令，即可清除当前注释或所有注释。

也可以将其他PDF文件中包含的注释导入当前图像文件中，选择【文件】/【导入】/【注释】菜单命令，在打开的“载入”对话框中选择PDF文件，然后单击 载入(L) 按钮即可。

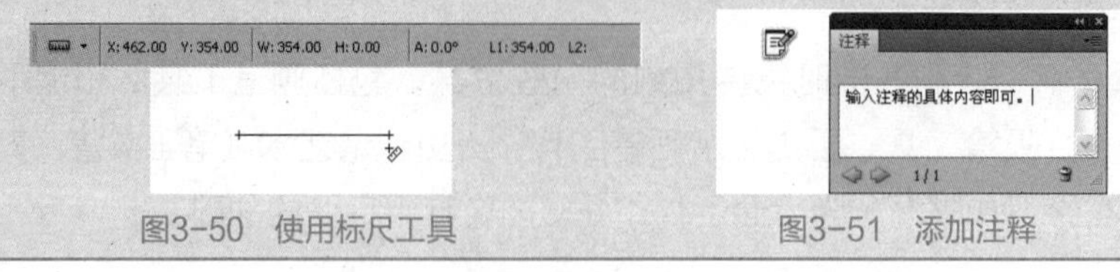

图3-50　使用标尺工具　　图3-51　添加注释

PART 4

第4章 修饰图像

情景导入

小白对图像处理很有自己的见解，于是老张对小白说："你的进步非常快，那么接下来就和我一起来完成作品的制作，帮忙对图像进行简单修饰"。

知识技能目标

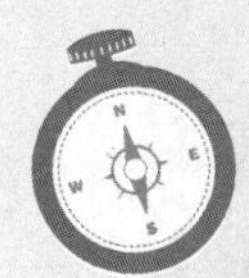

- 掌握污点修复画笔工具组各个工具的使用。
- 掌握图案图章工具组中各个工具的使用方法。
- 熟练掌握模糊工具组中各个工具的使用方法。

- 加强对各种修饰图像工具的熟练程度，提高工作效率。
- 掌握"去除照片中多余图像"图像作品和"处理风景照片色调"作品的制作方法。

课堂案例展示

去除照片中多余的图像

处理风景照片色调

4.1 去除照片中多余的图像

通过对小白工作的观察，老张认为小白对工作的态度非常积极。他告诉小白，进行平面设计过程中，常常会用到大量的素材，而这些素材则是通过平常的积累得到的，如将一些照片进行处理，得到需要的素材效果，然后用于设计。

老张让小白对一张照片进行处理，主要是去除照片中多余的图像，得到理想的图像效果。要去除多余的图像，需要使用污点修复画笔工具组来对图像中多余的图像进行涂抹去除，然后可使用图案图章工具来修饰图像。本例完成后的参考效果如图4-1所示，下面具体讲解其制作方法。

素材所在位置　光盘：\素材文件\第4章\课堂案例1\照片.jpg
效果所在位置　光盘：\效果文件\第4章\去除多余图像.psd

图4-1　“去除照片中多余图像”最终效果

4.1.1 使用污点修复画笔工具

污点修复画笔工具 可以快速移去图像中的污点和其他不理想的部分，然后使用画笔周围的像素进行填充。下面使用污点修复画笔工具来去除图像中地板上多余的落叶，其具体操作如下。

STEP 1 打开“照片.jpg”素材文件，如图4-2所示。

STEP 2 在工具箱中单击“污点修复画笔工具”按钮，在工具属性栏中单击按钮，在打开的面板中设置画笔大小，然后在图像中的落叶部分单击，如图4-3所示。

多学一招

污点修复画笔工具的工具属性栏中，“类型”栏主要用于设置修复图像区域过程中采用的修复类型，单击选中“近似匹配”单选项后，将使用要修复区域周围的像素来修复图像；单击选中“创建纹理”单选项后，将使用被修复图像区域中的像素来创建修复纹理，并使纹理与周围纹理相协调；单击选中“内容识别”单选项，可使用画笔周围的像素来进行修复。

图4-2 素材图像

图4-3 使用污点修复画笔工具单击

STEP 3 继续使用污点修复画笔工具在落叶上单击涂抹，效果如图4-4所示。

STEP 4 按【[】键或【]】键调整画笔大小，然后继续在地板上的白色图像上单击，效果如图4-5所示。

图4-4 去除落叶后的效果

图4-5 去除白色灰尘后效果

4.1.2 使用修复画笔工具

修复画笔工具与污点修复工具稍有区别，可用于校正瑕疵，使它们消失在周围的图像中。下面主要通过修复画笔工具来去除图像中多余的人物图像，其具体操作如下。

STEP 1 按【Ctrl+J】组合键快速复制背景图层，然后在工具箱中单击“快速选择工具”按钮，在图像的人物部分单击创建选区，如图4-6所示。

STEP 2 在工具箱中单击“修复画笔工具”按钮，将鼠标移动到其他图像区域，按住【Alt】键的同时，单击鼠标左键取样图像，如图4-7所示。

图4-6 创建选区

图4-7 取样图像

STEP 3 在工具属性栏的“模式”下拉列表框中选择“替换”选项，然后在选区中拖曳鼠标进行涂抹，擦出相同的图像样式，效果如图4-8所示。

修复画笔工具属性栏中的“源”栏主要用于设置用于修复像素的来源。单击选中“取样”单选项，则使用当前图像中定义的像素进行修复；单击选中“图案”单选项，则可从后面的下拉菜单中选择预定义的图案对图像进行修复；单击选中“对齐”复选框，则可设置对齐像素的方式。

STEP 4 要想得到比较逼真的图像效果，就需要不断地对修复画笔工具进行取样，然后进行涂抹，效果如图4-9所示。

图4-8 擦出多余图像

图4-9 重新取样并擦出多余图像

STEP 5 按【Ctrl+D】组合键取消选区，使用相同的方法，去除图像左侧的多余人物图像效果，如图4-10所示。

STEP 6 继续在图像中取样，然后擦去图像右侧多余的图像，效果如图4-11所示。

图4-10 去除左侧多余图像

图4-11 去除右侧多余图像

4.1.3 使用修补工具

修补工具与修复画笔工具类似，也是一种相当实用的修复工具，它可以使用其他区域或图案中的图像来修复选中的区域，并将样本相似的纹理、光照和阴影与源像素进行匹配，其独特之处是需要选定区域来定位修补范围。下面通过使用修补工具来处理图像中去除图像后不协调的地方，其具体操作如下。

STEP 1 去除图像中对于的部分后发现图像中仍有一些缺陷，在工具箱中单击“修补工具”按钮，然后在工具属性栏中的“修补”栏中单击选中“目标”单选项，再在图像中单击并拖动鼠标创建选区，选中鸽子图像，效果如图4-12所示。

STEP 2 将鼠标指针移动到选区内，单击并向右拖曳复制图像，效果如图4-13所示。

也可以使用矩形选框工具、魔棒工具、快速选中工具或套索工具等工具来创建选区，然后利用修补工具拖动选区中的图像进行修补。

图4-12 创建选区

图4-13 拖曳复制图像

STEP 3 按【Ctrl+D】组合键取消选区，继续使用相同的方法，修复其他不协调的区域，完成效果如图4-14所示。

选择修补工具后，在工具属性栏中，单击选中“源”单选项，将选区拖动到需要修补的区域后，将以当前选区中的图像修补之前选中的图像；若单击选中“目标”单选项，则将以选中的图像复制到目标区域中；若单击选中“透明”复选框，则可以使修补后的图像与原图像产生透明的叠加效果，如图4-15所示。

图4-14 修复其他区域

图4-15 透明叠加效果

4.1.4 使用图案图章工具组

使用图案图章工具 ，可以将Photoshop CS5提供的图案或自定义的图案应用到图像中。下面使用图案图章工具为图像中人物的帽子添加质感，其具体操作如下。

STEP 1 在工具栏中单击“图案图章工具”按钮，在工具属性栏中的“模式”下拉列表框中选择“柔光”选项，在右侧单击“图案”下拉按钮，在打开的面板中单击按钮，在打开的菜单中选择“图案”菜单命令，如图4-16所示。

STEP 2 在打开的提示对话框中单击按钮，载入图案，如图4-17所示。

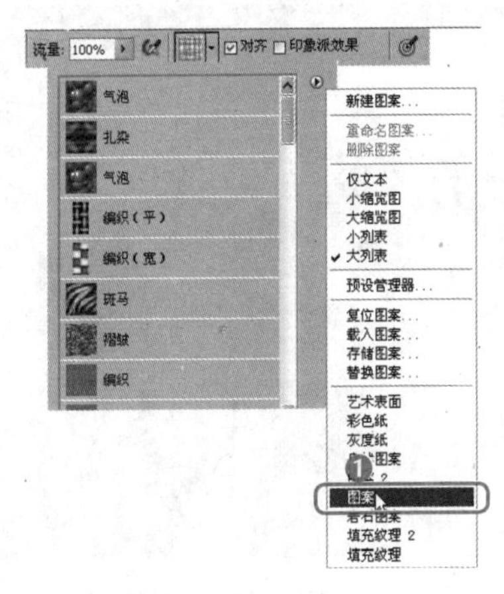

图4-16 选择“图案”命令

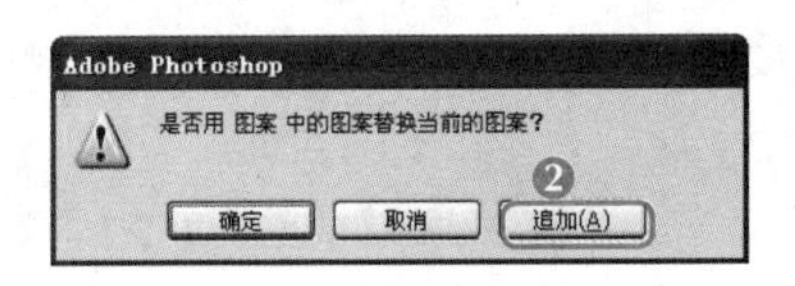

图4-17 载入图案

STEP 3 在“图案”面板中选择“纱布”选项，如图4-18所示。

STEP 4 在图像中拖曳鼠标涂抹出纹理效果，涂抹时，注意只涂抹图像的高光区域，如图4-19所示。

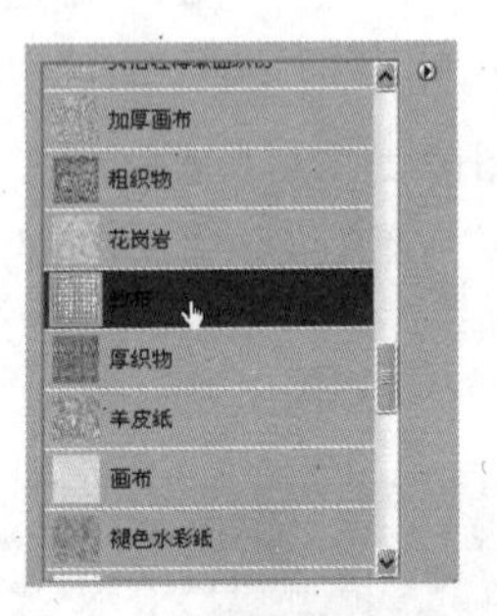

图4-18 选择“纱布”选项

图4-19 添加质感效果

知识提示

在工具属性栏中单击选中“对齐”复选框，可保持图案与原始起点连续，图4-20所示为选择“对齐”复选框前后的效果；单击选中“印象派效果”复选框，可以模拟涂抹出印象派效果的图案，需要注意的是，选择的画笔不同，得到的效果也不相同。图4-21所示为使用尖角画笔和柔角画笔绘制的效果。

图4-20 选中“对齐”复选框前后效果

图4-21 尖角画笔和柔角画笔效果

4.2 处理风景照片色调

小白从老张那里了解到，平面设计过程中的许多素材都需要自己收集，并且有的素材还不能完全满足设计需要，这时，就需要对素材进行相应的处理。

小白看老张正在为一家公司制作一本企业理念宣传画册，于是小白自告奋勇为老张处理一张风景照片的色调，并决定通过【图像】/【调整】菜单命令来对图像的色调进行调整，老张告诉小白，使用调整命令来调整图像色调，需要对图像的色彩值不断进行调整，才能得到理想的效果，这会花费大量的时间，若只是对图像的色调进行简单的调整，可使用模糊工具组和减淡工具组来完成。本例的参考效果如图4-22所示，下面将具体讲解其制作方法。

素材所在位置 光盘:\素材文件\第4章\课堂案例2\向日葵.jpg
效果所在位置 光盘:\效果文件\第4章\调整风景照色调.psd

图4-22 “调整风景照色调”最终效果

4.2.1 使用模糊工具和锐化工具

使用模糊工具可以柔化图像，减少图像细节；而锐化工具则可以增强相邻像素之间的对比，提高图像的清晰度。下面使用模糊工具和锐化工具来调整图像，其具体操作如下。

STEP 1 按【Ctrl+O】组合键，打开“向日葵.jpg”素材文件，效果如图4-23所示。

STEP 2 在工具箱中单击“模糊工具”按钮，然后在图像中拖曳鼠标创建背景模糊效果，如图4-24所示。

在工具属性栏中单击“画笔”下拉按钮▾，可在打开的面板中选择一种笔尖样式，模糊或锐化区域的大小将取决于画笔的大小。在“强度”下拉列表中可设置工具的强度，如单击选中“对所有图层取样”复选框，若当前文档中包含多个图层，则会对所有图层中的数据进行处理。

图4-23　素材图像

图4-24　模糊景深背景

STEP 3　在工具箱中单击“锐化工具”按钮，然后在图像中的前景上进行涂抹，使前景图像更加清晰，如图4-25所示。

图4-25　锐化前景效果

模糊和锐化工具适合处理小范围的图像细节，若要对图像整体进行处理，使用“模糊”和“锐化”滤镜比较快捷，具体的使用方法将在后续章节中讲解。

4.2.2　使用减淡工具和加深工具

使用减淡工具在图像中涂抹后，可以通过提高图像的曝光度来提高涂抹区域的亮度。加深工具的作用则与减淡工具相反，通过降低图像的曝光度来降低图像的亮度。下面使用减淡工具和加深工具来调整图像远景和近景效果，其具体操作如下。

STEP 1　在工具箱中单击“减淡工具”按钮，然后在图像中拖曳鼠标调整图像的色调，效果如图4-26所示。

STEP 2　在工具箱中单击“加深工具”按钮，然后在图像中拖曳鼠标调整色调，如图

4-27所示。

图4-26 减淡图像

图4-27 加深图像

4.2.3 使用涂抹工具

涂抹工具用于拾取单击鼠标起点处的颜色，并沿拖移的方向扩张颜色，从而模拟用手指在未干的画布上进行涂抹而产生的效果，其使用方法与模糊工具一样。下面使用涂抹工具来为照片中的图像添加白云效果，其具体操作如下。

STEP 1 在“图层”面板底部单击“新建”按钮新建一个图层，然后在工具箱中选择画笔工具，设置画笔笔尖为“柔角21像素”。

STEP 2 设置前景色为白色（R:255、G:255、B:255），然后在图像中的右上角拖曳鼠标绘制图像，如图4-28所示。

STEP 3 在工具箱中单击“涂抹工具”按钮，然后在绘制的图像周围涂抹出云彩的效果，如图4-29所示。

图 4-28 绘制图像

图 4-29 涂抹云彩

STEP 4 继续使用涂抹工具，在图像中涂抹细节，完成风景照色调处理，效果如图4-30所示。

图 4-30 调整细节

4.3 实训——修复老照片

4.3.1 实训目标

本实训的目标是对一张旧照片进行修复处理，需要使用到修复画笔工具组、仿制图章工具和加深工具。本实训的参考效果如图4-31所示。

素材所在位置 光盘:\素材文件\第4章\实训\老照片.jpg
效果所在位置 光盘:\效果文件\第4章\实训\老照片.jpg

图4-31 修复老照片前后效果

4.3.2 专业背景

对照片进行修复主要用于摄影中心、影楼或业余爱好者等场合。

修复照片时可对照片中所有不理想的部分进行修复，达到理想的效果，更可以通过对照片进行修复制作出特殊的效果。实际操作过程中需要清楚当前是对照片进行修复还原还是需要制作特殊的效果，若仅仅是需要还原照片，则要注意照片原有的图像元素不能去掉，经整体修改后要使照片更加清晰，而制作出特殊效果则需要整体把握图像的布局，遵循设计原则。

4.3.3 操作思路

完成本实训的老照片修复重点是还原图像，因此，不能对原有图像进行太多更改。在制作时可使用修复画笔工具组和仿制图章工具去除图像中的杂质，然后使用加深工具对图像进行加深处理，完成制作，其操作思路如图4-32所示。

①去除脸部杂色　②去除背景中的杂色　③加深颜色

图4-32 修复老照片的操作思路

【步骤提示】

STEP 1 打开提供的素材图像，在工具箱中选择污点修复画笔工具，在脸部图像中单击，修复污点。

STEP 2 在工具箱中选择修复画笔工具，将图像放大，修复背景图像中的杂色。

STEP 3 使用修补工具修复背景图像中杂色较大的区域。

STEP 4 使用仿制图章工具对背景中颜色不协调的地方进行修复。

STEP 5 在工具箱中选择加深工具，在人物图像上单击，将头发和衣服花纹的颜色加深，完成制作。

4.4 疑难解析

问：有些在网站上下载的图像会有网址、名称等信息，如果要删除这些信息该如何操作呢？

答：方法有很多种：使用仿制图章工具将干净图像取样点图像复制到要去除的网址上；使用修补工具设置取样点修复网址图像；如果网址在图像边缘上，则可以用裁切工具把不要的地方裁切掉。

问：图章工具组中还有仿制图章工具，它与图案图章工具有什么不同，是怎样使用的呢？

答：图章工具组由仿制图章工具和图案图章工具组成，可以使用颜色或图案填充图像或选区，以达到图像的复制或替换，按【S】键可以快速选择仿制图章工具，按【Shift+S】组合键可在仿制图章工具和图案图案工具之间进行切换。使用方法是打开所需的素材图像，在需要使用仿制图章工具替换图像的区域创建选区，然后在替换图案上按住【Alt】键的同时单击鼠标左键取样图案，最后在选区中拖曳鼠标涂抹即可，如图4-33所示。

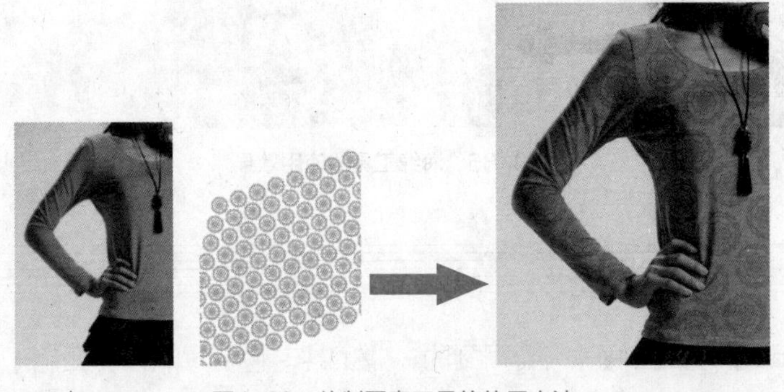

图4-33 仿制图章工具的使用方法

问：使用图案图章工具时，属性栏中的图案可以进行自定义设置吗？

答：可以。当绘制好一个图案后，选择【编辑/【定义图案】菜单命令，在打开的“图案名称”对话框中设置好名称，就可以在属性栏中的图案下拉列表框中找到该图案了。

问：在一些光线比较暗的地方拍照，相机为了补偿光线，一般会自动开启闪光灯，开启闪光灯拍出来的照片有很大的几率会出现红眼现象，有没有快速处理人物红眼的方法呢？

答：有，其方法是在Photoshop CS5中打开带有红眼效果的照片，设置前景色为黑色，然后在工具箱中单击“红眼工具”按钮，在人物左边眼睛中单击鼠标左键，消除照片中的红眼，再使用相同的方法单击右边眼睛，消除红眼前后的效果如图4-34所示。

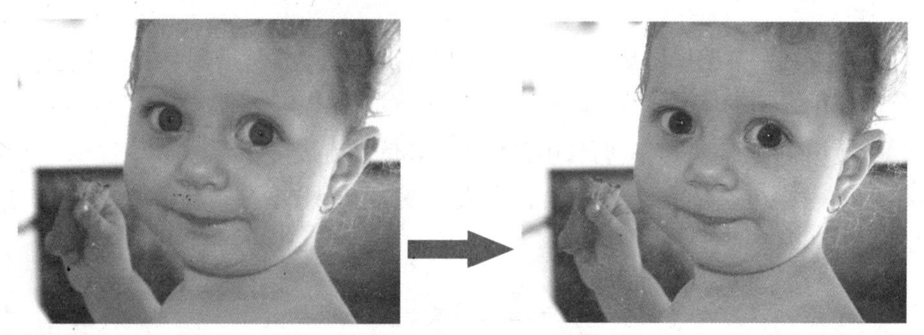

图4-34　去除红眼前后效果

问：在减淡工具组中，除了前面讲解过的工具外，还有海绵工具，它有什么作用，如何使用呢?

答：海绵工具在图像中涂抹后，可以精细地改变某一区域的色彩饱和度。选择海绵工具，在属性栏中单击画笔右侧的下拉按钮，在打开的面板中设置画笔的主直径、硬度和形状。分别设置模式为“降低饱和度”和“饱和”，按住鼠标不放，在图像中反复拖动，原图像和被涂抹后的图像效果分别如图4-35所示。

图4-35　海绵工具的使用效果

4.5 习题

本章主要介绍了修饰图像时需要用到的一些工具，包括污点修复画笔工具、修复画笔工具、修补工具、图案图章工具、模糊工具、锐化工具、涂抹工具、减淡工具和加深工具等。对于本章的内容，应重点掌握各种工具的使用方法以及使用各种工具能够达到的效果，以便于在日常设计工作中提高工作效率。

素材所在位置　光盘:\素材文件\第4章\习题\照片.jpg、人物.jpg
效果所在位置　光盘:\效果文件\第4章\鸡蛋.jpg、修饰照片.psd、去除眼镜.psd

（1）使用加深工具和减淡工具来绘制一个鸡蛋图形，参考效果如图4-36所示。

图4-36 鸡蛋参考效果

（2）根据提供的如图4-37所示的“照片.jpg”图像文件，利用仿制图章工具等，制作如图4-38所示的效果，制作时首先使用裁剪工具修正照片，使用污点修复画笔工具和仿制图章工具将照片图像中不需要的树叶和人物图像去除，使用锐化工具在照片图像中进行涂抹。使照片中的图像更加清晰，使用减淡工具和海绵工具进一步修饰照片图像，使照片颜色更加明亮鲜艳。

图4-37 去除多余图像前后对比效果

（3）去除照片中人物佩戴的眼镜，在制作过程中首先使用图案图章工具去除镜框，然后再通过修复画笔工具 修复人物皮肤图像，参考效果如图4-38所示。

图4-38 去除眼镜前后对比效果

课后拓展知识

在进行一些数码照片处理时，常需要改变某区域图像的颜色，一般可通过创建选区，然后使用填充工具填充颜色或图案，但对于特殊的图像区域，如有褶皱的衣服和有高光的头发等部分区域，则不能使用该方法来完成，此时可使用Photoshop CS5提供的颜色替换工具来快速实现这一操作。方法是设置好前景色后，在工具箱中单击“颜色替换工具”按钮，在工具属性栏中设置工具的具体参数，然后在图像中需要替换颜色处拖曳鼠标涂抹即可。图4-39所示为替换头发颜色的前后对比效果。

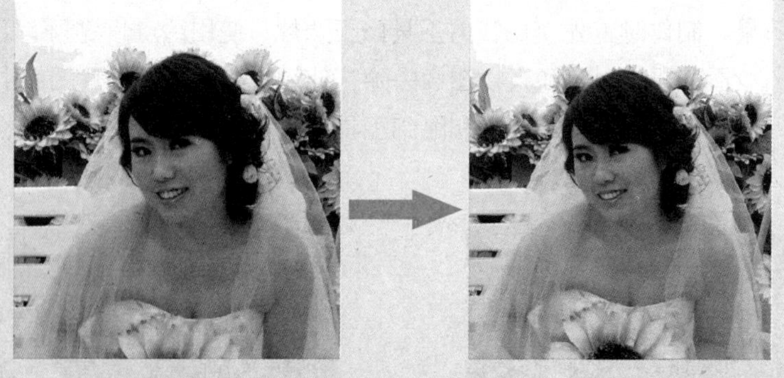

图4-39　使用颜色替换工具前后对比效果

另外，混合器画笔工具可通过模拟真实的绘画技术混合像素，混合器画笔有储槽和拾取器两个色管。储槽存储最终应用于画布的颜色，并具有较多的油彩容量；而拾取色管接收来自画布的油彩，其内容与画布颜色连续混合。

PART 5

第5章 图层的初级应用

情景导入

小白在广告公司实习了两周，图像处理方面已有了较多的经验，于是老张决定带领小白接触各种类型的设计作品。

知识技能目标

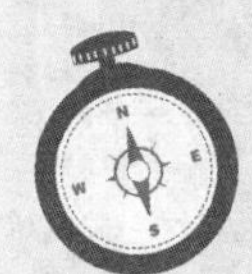

- 认识“图层”面板的作用。
- 熟练掌握图层的创建、复制、删除、调整顺序、链接、合并等基本操作。
- 熟练掌握设置图层不透明度和图层混合模式的使用。

- 加强对图层的认识和理解，能够在设计作品时合理地运用图层。
- 掌握“儿童艺术照”图像合成作品和“暗夜精灵”创意合成作品的制作。

课堂案例展示

制作儿童艺术照

合成“暗夜精灵”

5.1 制作儿童艺术照

为了提高自己Photoshop的操作能力，巩固前面学到的知识，小白决定制作一张儿童艺术照作为自己的设计作品。

要完成该任务，需要先将现有的图片调入到新的图像文件中，生成相应的图层，然后通过管理和重新组织图层中的图像来实现合成效果，涉及的知识点主要有图层的创建与编辑操作，以及图层的管理操作。本例完成后的参考效果如图5-1所示，下面具体讲解其制作方法。

素材所在位置　光盘:\素材文件\第5章\课堂案例1\照片1.jpg、照片2.jpg、照片3.jpg、照片41.jpg、照片5.jpg、照片6.jpg、…

效果所在位置　光盘:\效果文件\第5章\儿童艺术照.psd

图5-1　儿童艺术照最终效果

5.1.1 认识"图层"面板

"图层"面板是查看和管理图层的场所，因此在制作本例前，下面先熟悉一下"图层"面板的组成。打开光盘中的"白酒画册.psd"图像文件，打开"图层"面板，其中将显示该图像文档的相关图层信息，如图5-2所示。

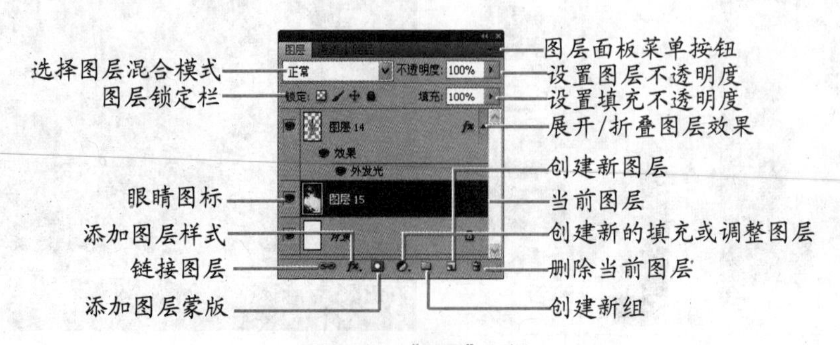

图5-2　"图层"面板

"图层"面板中各主要组成部分的作用如下。

- 选择图层混合模式：用于选择当前图层的混合模式，使其与它下面的图像进行混合。
- 设置图层不透明度：用于设置图层的不透明度，使其呈透明状态显示。
- 设置填充不透明度：用于设置图层的填充不透明度，但不会影响图层效果。
- 图层锁定栏：用于锁定当前图层的透明像素、图像像素、位置和全部属性，使其不能编辑。
- 当前图层：当前选择或正在编辑的图层，以蓝色条显示。
- 眼睛图标：单击可以隐藏或再次显示图层。当在图层左侧显示有此图标时，表示图像窗口将显示该图层的图像；单击后图标消失，隐藏图层。
- 展开/折叠图层效果：单击箭头图标，可以展开或折叠显示为图层添加的效果。
- 链接图层：将选择的多个图层链接在一起，若图层名称右侧显示图标，即表示这些前图层为链接图层。
- “删除当前图层”按钮：单击该按钮可删除当前图层。
- 图层面板菜单按钮：单击将弹出面板下拉菜单，用于管理和设置图层属性。

知识提示

图层名称的左侧以缩略图形式显示了该图层的内容，它随用户编辑而被更新，棋盘格部分表示图像的透明区域。在图层面板菜单中选择“面板选项”命令，在打开的对话框中可以设置图层缩略图的大小，如图5-3所示。

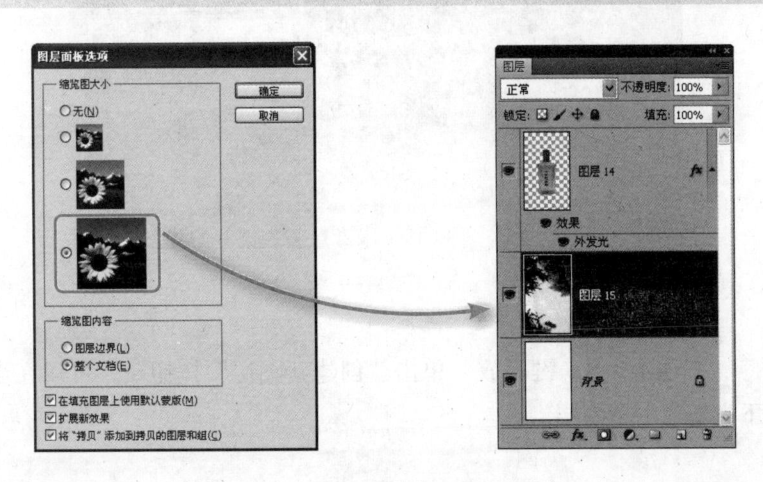

图 5-3　设置图层缩略图的显示大小

5.1.2 创建图层

在Photoshop中创建图层的方法很多，包括利用“图层”面板创建、利用菜单命令创建、通过拷贝或剪切方式创建等，下面将进行具体的讲解。

1. 在“图层”面板中创建图层

通过单击“图层”面板底部的“创建新图层”按钮可以新建空白图层，下面新建一个“儿童艺术照.psd”图像文件，然后在“图层”面板中创建图层，其具体操作如下。

STEP 1　选择【文件】/【新建】菜单命令，打开“新建”对话框，设置文件名称为

"儿童艺术照"，图像宽度为16厘米，图像高度为11厘米，分辨率为300像素/英寸，单击确定按钮新建图像。

STEP 2 新建的图像文件中默认只有一个背景图层，此时可单击图层面板右下角的"新建新图层"按钮，即可在当前图层上方新建一个图层，如图5-4所示。

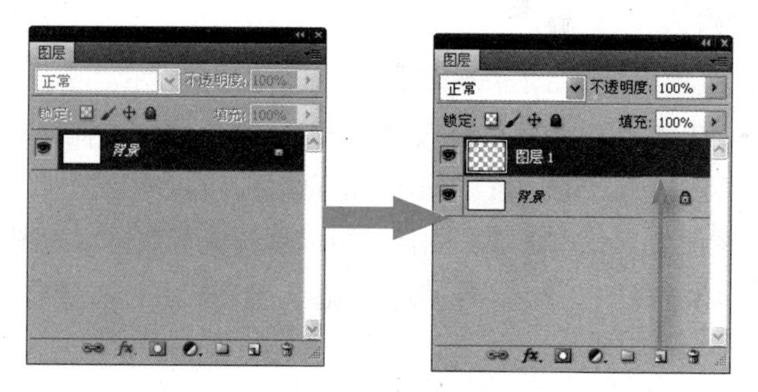

图5-4 新建"图层1"

STEP 3 新建的图层是一个透明图层，其中没有任何内容，设置前景色为茶色（R:140、G:170、B:40），背景色为浅绿色（R:232、G:241、B:189），然后在工具箱中单击"渐变工具"按钮，在图像中由上向下拖曳鼠标，对"图层1"进行渐变填充，效果如图5-5所示。

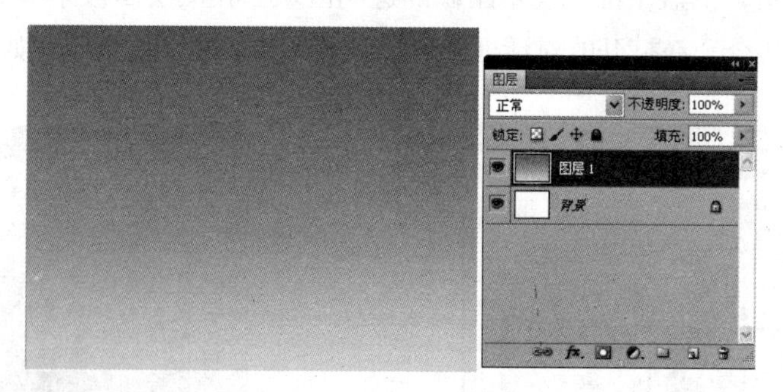

图5-5 渐变填充"图层1"

按住【Ctrl】键不放，单击"创建新图层"按钮，可以在当前图层的下方新建一个图层。

2. 利用"新建"菜单命令创建图层

如果想在创建图层时设置图层的名称和颜色等属性，或是通过复制或剪切选区内的图像到新图层中，便可通过"新建"菜单命令来创建。其具体操作如下。

STEP 1 选择【图层】/【新建】/【图层】菜单命令，或按【Ctrl+Shift+N】组合键，打开"新建图层"对话框。

STEP 2 在"名称"文本框中输入图层的名称，如"宝贝"，在"颜色"下拉列表框中选择显示颜色为红色，在"模式"下拉列表框中选择图层模式为"正常"，单击确定按钮创建图层，如图5-6所示。

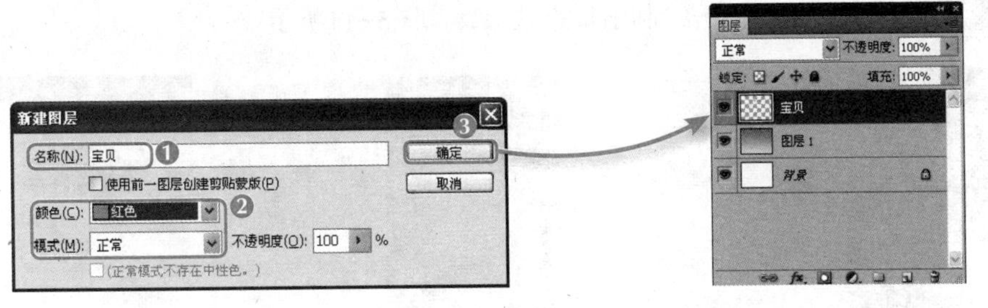

图5-6 新建“宝贝”图层

STEP 3 打开“照片1.jpg”图像，使用矩形选框工具选择人物图像，然后复制到前面新建的“宝贝”图层中，复制图像后利用自由变换工具调整图像大小，并将其移动到合适的位置，效果如图5-7所示。

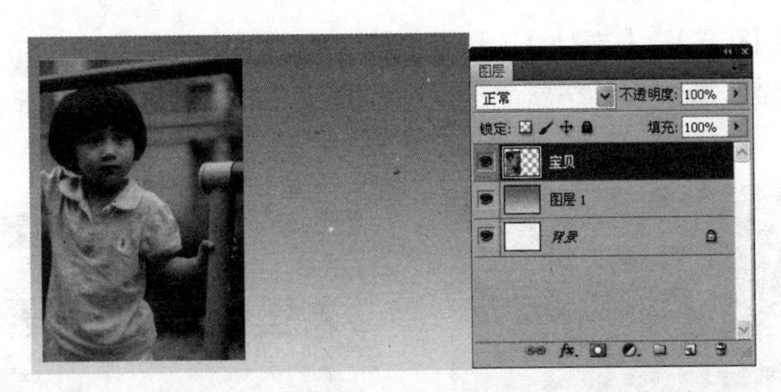

图5-7 将图像复制到“宝贝”图层中

选择【图层】/【新建】/【通过拷贝的图层】菜单命令，或按【Ctrl+J】组合键，可将选中的图像复制生成新的图层，而原图层中的内容将保持不变。

STEP 4 按住【Alt】键不放，单击“宝贝”图层缩略图，将图像载入选区，选择【编辑】/【描边】菜单命令，打开“描边”对话框，设置描边参数，如图5-8所示。

STEP 5 单击 确定 按钮为图像描边取消选区，效果如图5-9所示。

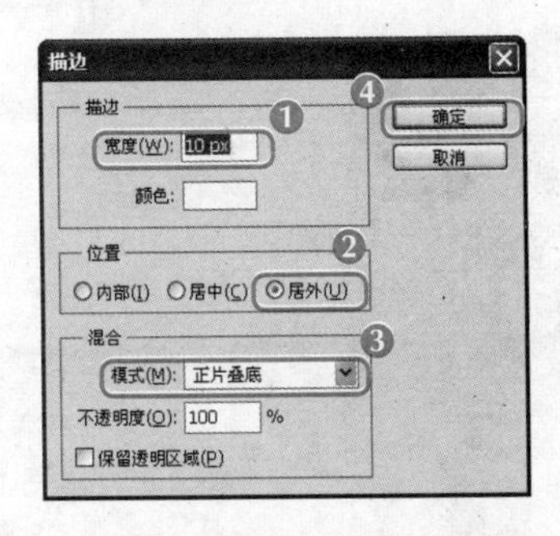

图5-8 设置“描边”对话框

图5-9 图像描边后的效果

STEP 6 单击“创建新图层”按钮，新建“图层2”，然后设置前景色为白色，选择画笔工具，设置笔尖为“柔角 75”，然后在图像周围涂抹，绘制出照片边缘效果，如图5-10所示。

STEP 7 继续在图像中单击绘制出星点效果，如图5-11所示。

图5-10 涂抹边框

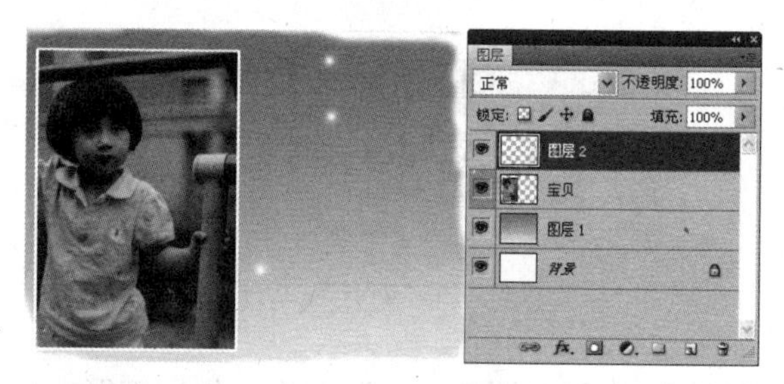

图5-11 绘制星点效果

STEP 8 打开“照片2.jpg”素材文件，在工具箱中选择矩形选框工具，在图像中创建矩形选区，对选区进行羽化，设置羽化值为“5px”，如图5-12所示。

STEP 9 选择【图层】/【新建】/【通过剪切的图层】菜单命令，或按【Ctrl+Shift+J】组合键，将选中的图像剪切到一个新的图层中，生成图层1，如图5-13所示。

图5-12 创建通过拷贝的图层

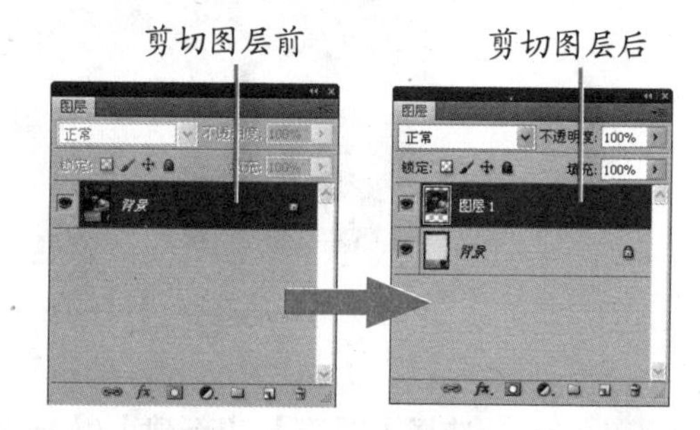

图5-13 创建通过剪切的图层

STEP 10 选择【编辑】/【描边】菜单命令，在打开的对话框中保持默认设置，单击 确定 按钮即可。

STEP 11 利用【Alt】键选区图像，然后将其复制到“儿童艺术照”图像文件中，生成“图层3”，并调整图像位置，效果如图5-14所示。

图5-14 复制图层

3. 在编辑图像过程中创建图层

除了可以先创建图层，然后通过复制图像的方式粘贴到图层中外，也可在编辑图像过程根据需要通过拖动或复制的方式快速创建带有图像的图层，其具体操作如下。

STEP 1 打开“照片3.jpg”素材文件，切换到移动工具状态下，按住鼠标左键不放，将图像拖曳至界面中的“儿童艺术照.psd”窗口标签上，此时自动切换至该窗口中，释放鼠标便可创建一个图层4，如图5-15所示。

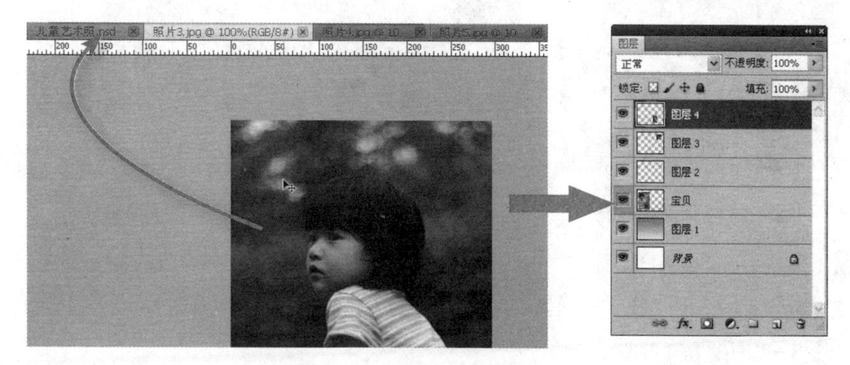

图5-15 利用窗口标签创建图层

STEP 2 通过自由变换将“图层4”中的图像缩小后移至图像右下角位置，然后在其上创建选区，并将其羽化5px，描边10px，效果如图5-16所示。

STEP 3 利用相同的方法，将“照片4.jpg”素材文件中的图像复制到“儿童艺术照.psd”图像中，并进行相同的设置，效果如图5-17所示。

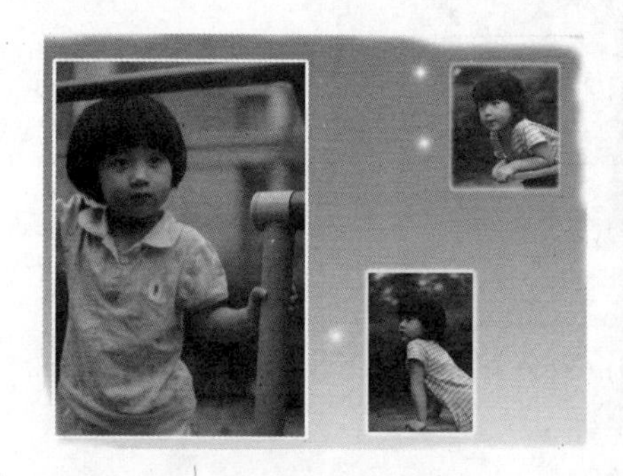

图5-16 对图像进行描边

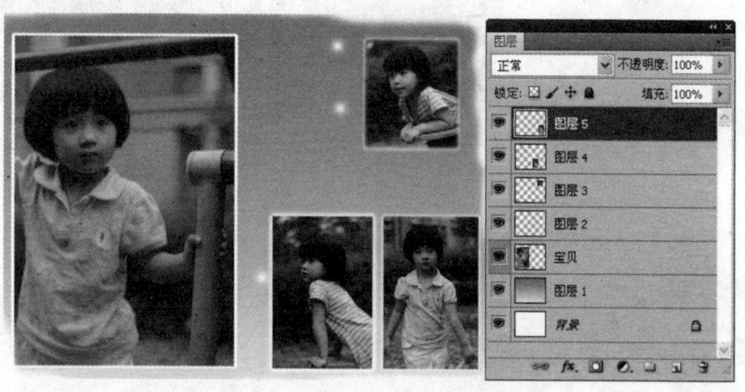

图5-17 调入其他图像素材

STEP 4 打开提供的“照片5.jpg”素材文件，用椭圆选框工具框选取图像后进行复制，再粘贴到“儿童艺术照.psd”图像中，即可生成图层6，将其进行缩小变换操作，并进行羽化描边，得到效果如图5-18所示。

STEP 5 分别打开提供的“照片6.jpg”、“照片7.jpg”，通过选取并复制图像的方式将其复制到“儿童艺术照.psd”图像中，生成相应的图层，调整好各图像的大小，并分别进行羽化和描边，效果如图5-19所示。

多学一招

如果文档没有背景图层时，可以选择一个图层，然后选择【图层】/【新建】/【图层背景】菜单命令，将其转换为背景图层。

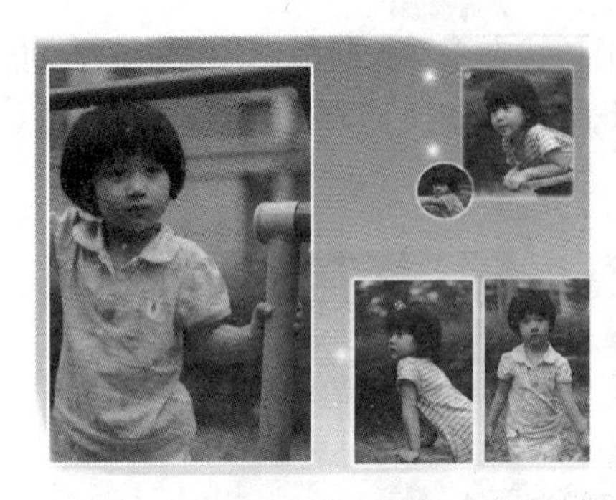

图5-18 利用快捷键复制调入图像

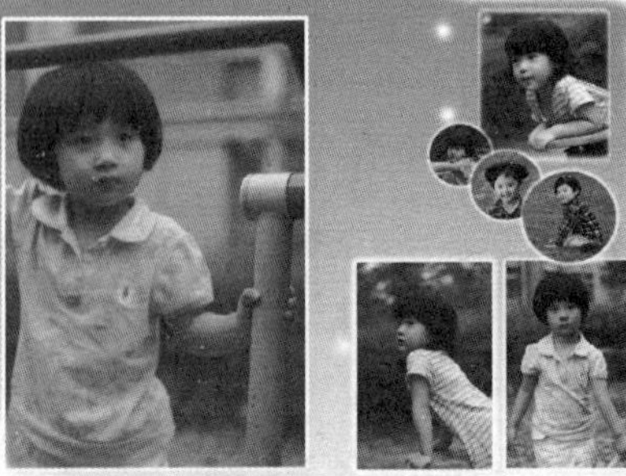

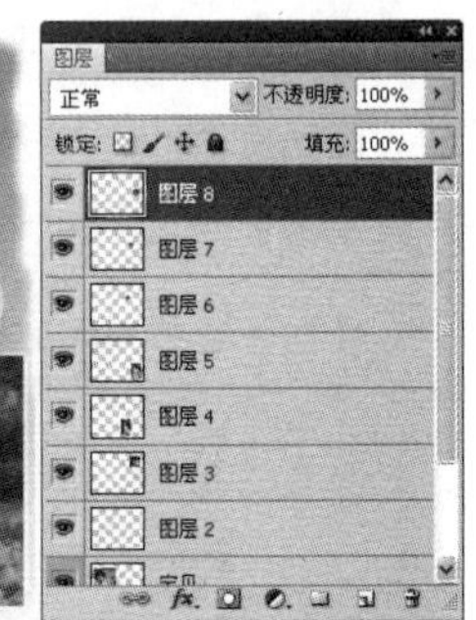

图5-19 调入其他图像素材

STEP 6 在图层面板中单击“创建新图层”按钮，在工具箱中选择画笔工具，将提供的“藤蔓.abr”画笔素材载入画笔样式中，并选中该画笔，在图像左下角单击绘制藤蔓图形，效果如图5-20所示。

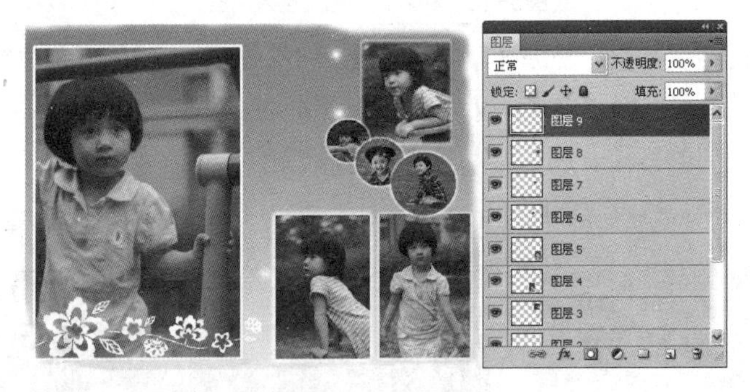

图5-20 绘制藤蔓

5.1.3 选择并修改图层名称

当图像中创建了多个图层后为了更好地编辑图像，需要先选择相应的图层，并可根据需要对图层的名称进行重命名操作。

1. 选择图层

选择图层有以下几种方法。

- 选择单个图层：在“图层”面板中单击某个图层，即可选择该图层。
- 选择多个图层：选择图层后，按住【Shift】键的同时单击最后一个图层，可同时选择多个相邻的图层；按住【Ctrl】键的同时单击要选择的图层，可以选择多个不相邻的图层，如图5-21所示。
- 选择所有图层：选择【选择】/【所有图层】菜单命令或按【Alt+Ctrl+A】组合键，可以选择面板中的所有图层，如图5-22所示。
- 取消选择图层：选择【选择】/【取消选择图层】菜单命令，可以取消选择图层。

多学一招

选择某个图层后，单击鼠标右键，在弹出的快捷菜单中选择“红色”等命令，可以修改该图层的标识颜色，以便于设计时区分不同的图层。

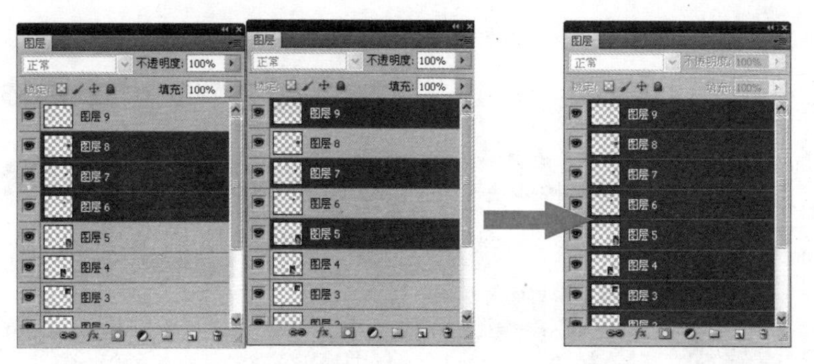

图5-21　选择连续或不相邻的图层　　图5-22　选择全部图层

2. 修改图层名称

当图层数量较多时，可以分别为各个图层设置不同的名称，以便于编辑时能够快速找到需要的图层。下面将在“儿童艺术照 .psd”图像文件中修改各个图层的名称，其具体操作如下。

STEP 1 选择渐变背景所在的图层 1，选择【图层】/【重命名图层】菜单命令或双击该图层的名称，在显示的框中输入新名称“背景色”，按【Enter】键命名，如图 5-23 所示。

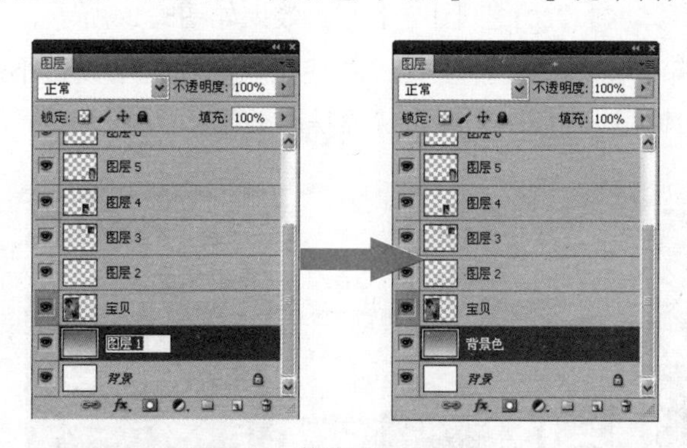

图5-23　修改图层的名称

STEP 2 用同样的方法分别对其他各个未命名图层名称进行重命名操作，名称从下往上分别为“边框”、“照片2”、“照片3”、“照片4”、“照片5”、“照片6”、“照片7”和“藤蔓”。

5.1.4 复制与删除图层

复制与删除图层将同步对图层中的图像进行复制与删除，下面分别进行讲解。

1. 复制图层

复制图层就是为一个已存在图层创建副本，下面在“儿童艺术照.psd”图像文件中创建“2013”图层，并复制“2013”图层，然后调整位置。其具体操作如下。

STEP 1 新建“图层1”，并将其重命名为“2013”，

STEP 2 在工具箱中选择画笔工具，在工具属性栏中载入提供的“2013文字.abr”画笔素材，并将其选中，然后在图像中单击绘制文字，效果如图5-24所示。

STEP 3 保持图层的选择状态，按住鼠标左键不放，拖动“2013”图层至面板底部的“创建新图层”按钮上，当鼠标指针变为形状时释放鼠标，或直接按【Ctrl+J】组合键

复制一个名为“2013 副本”的图层，效果如图5-25所示。

图5-24 绘制“2013”图像

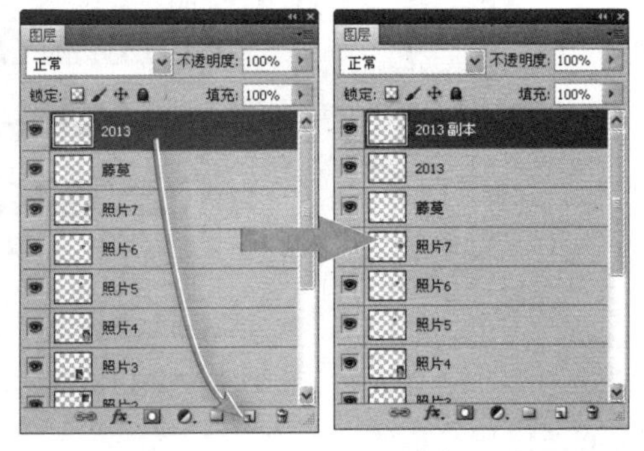

图5-25 复制图层

STEP 4 复制图层后图像窗口并未发生变化，这是因为复制的图像与原图像重叠在一起，用移动工具拖动图像，即可查看到复制的图像效果，选择“2013 副本”图层，按【Ctrl+D】组合键进入变换状态，在其上单击鼠标右键，在弹出的快捷菜单中选择“垂直翻转”命令，然后将其移动到“2013”图层下方，效果如图5-26所示。

STEP 5 在工具箱中选择橡皮擦工具，并在工具属性栏中设置不透明度为50%，流量为50%，然后在“2013 副本”图层中拖曳鼠标涂抹，效果如图5-27所示。

图5-26 调整复制的“2013”图像

图5-27 制作倒影效果

多学一招

选择图层后，再选择【图层】/【复制图层】菜单命令，将打开“复制图层”对话框，可以输入复制图层名称及设置选项，也可复制图层。

2. 删除图层

删除图层是指将图像文件中不需要或不符合要求的图层删除以便于管理和减小图像文件大小。选择要删除的图层，将其拖曳至面板底部的“删除图层”按钮上后释放鼠标，或直接按【Delete】键即可。

5.1.5 调整图层的堆叠顺序

图层的排列顺序是指图层在面板中的堆叠位置，先创建的图层位于下面，后创建的图层位于最上面，因此图层是按由下至上依次排列的。下面在“儿童艺术照.psd”图像中调整图层的顺序，其具体操作如下。

STEP 1 选择要调整顺序的“照片7”图层，按住鼠标左键不放，向下将其拖至“照片6”图层的下方释放鼠标，调整图层顺序后的面板如图5-28所示。

STEP 2 此时“照片7”中的图像将位于“照片6”中图像的后面，效果如图5-29所示。

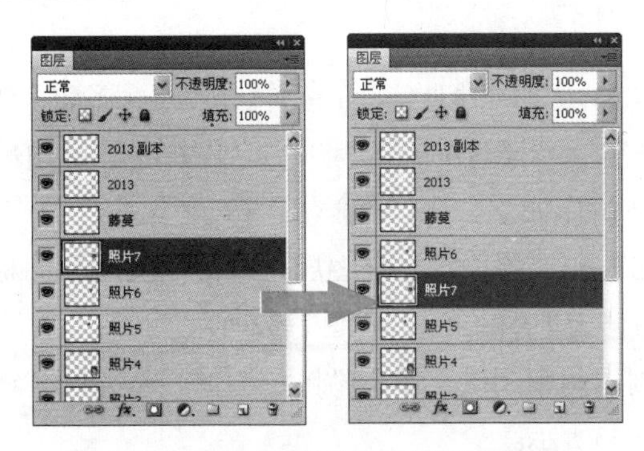

图5-28 在图层面板中调整图层顺序

图5-29 调整图层顺序后的效果

STEP 3 利用相同的方法将“2013 副本”图层移动到“照片3”图层下面，效果如图5-30所示。

图5-30 继续调整图层顺序

STEP 3 选择“图层”面板中的“照片5”图层，选择【图层】/【排列】/【置为顶层】菜单命令，调整图层排列顺序，效果如图5-31所示。

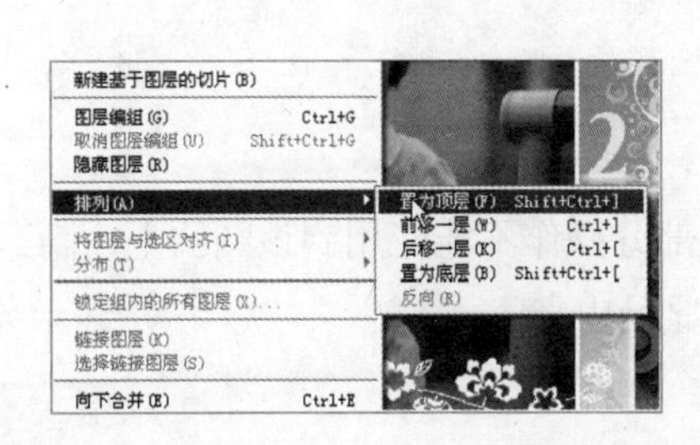

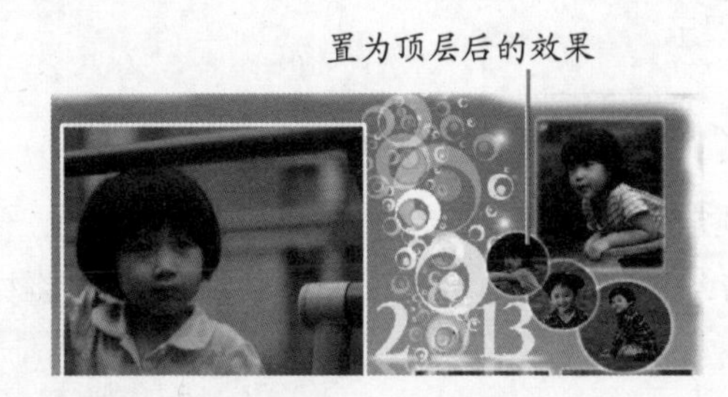

图5-31 利用菜单命令调整图层顺序

选择“图层”菜单命令后，在【图层】/【排列】子菜单中还可选择“前移一层”、“后移一层”、“置为底层”等菜单命令来调整图层的顺序。

知识提示

通过选择【图层】/【对齐】或【图层】/【分布】菜单下的命令可以进行图像对齐与分布操作。对齐图层指将多个图层中的图像按某一个图像作为参照物进行对齐移动操作；分布图层指将多个图层中的图像按某种方式在水平或垂直方向上进行等距分布，即每两个图像在水平或垂直方向上的距离相等。

5.1.6 链接图层

图层的链接是指将多个图层链接成一组，这样可以同时对链接的多个图层进行移动、变换、复制、对齐与分布等操作。下面将“照片5”、“照片6”和“照片7”图层链接，再将“2013”和“2013 副本”两个图层链接。其具体操作如下。

STEP 1 选择要链接的“照片5”、“照片6”和“照片7”3个图层，单击“图层”面板下方的“链接图层”按钮，被链接的图层右侧出现图标，如图5-32所示。

STEP 2 选择要链接的“2013”和“2013 副本两个图层，单击“图层”面板下方的“链接图层”按钮，将选择的图层链接，如图5-33所示。

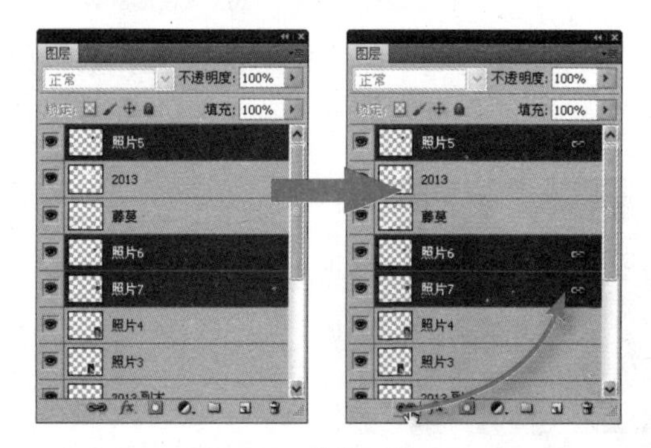

图5-32 链接照片图层

图5-33 链接“藤蔓”相关图层

知识提示

链接图层后，再次单击“链接图层”按钮，可以取消图层的链接。

5.1.7 锁定、显示与隐藏图层

锁定图层是指对指定的图层进行某种限制，使部分操作不能应用到该图层上；隐藏图层是指暂时隐藏该图层中图像的显示，需要时再将其显示出来。

1. 锁定图层

选择要锁定的图层后，在图层锁定栏中单击相应的锁定按钮即可锁定图层，包括以下4种锁定方式。

- 锁定透明像素：选择图层后，在锁定栏中单击“透明像素”按钮，图层中右侧会显示图标，表示该图层中的透明区域不能被编辑，但有像素存在的区域可以被编辑。例如，锁定“宝贝”图层后，用画笔工具涂抹图像，照片图像以外的透明区域不会受到影响，如图5-34所示。

- 锁定图像像素：选择图层后，在锁定栏中单击“图像像素”按钮，当前图层中右侧会显示图标，表示当前图层除了能被移动和变换外不能进行其他任何编辑操作，如图5-35所示。

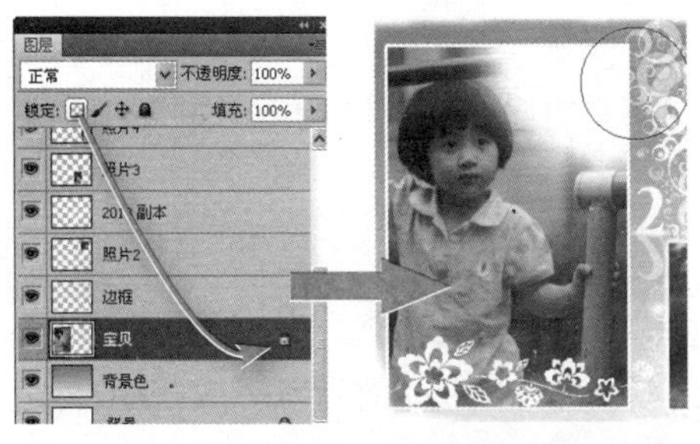

图5-34 锁定透明像素后编辑图像

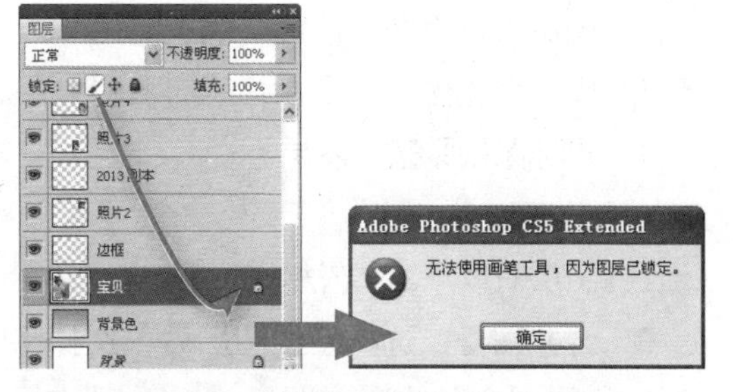

图5-35 锁定图像像素后的限制编辑提示信息

- 锁定位置：选择图层后，在锁定栏中单击“锁定位置”按钮，当前图层中右侧会显示图标，表示当前图层除了不能被移动外，可以进行其他任何编辑操作，如图5-36所示。
- 锁定全部：选择图层后，在锁定栏中单击“锁定全部”按钮，当前图层中右侧会显示图标，表示锁定以上全部选项，当前图层不能进行任何操作，如图5-37所示。

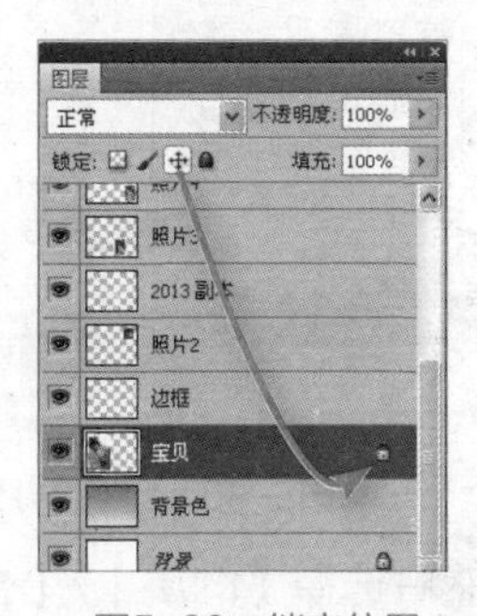

图5-36 锁定位置

图5-37 锁定全部

2. 显示与隐藏图层

图层的左侧都有一个眼睛图标，用于控制图层的显示与隐藏，单击该图标可使其消失，表示图层被隐藏，该图层中的图像也随之被隐藏，如图5-38所示。再次单击图标，可使其重新显示出来。

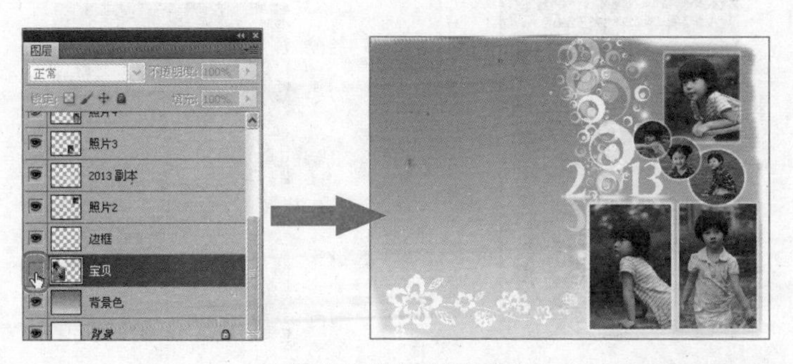

图5-38 隐藏图层及效果

另外，若将鼠标指针放在眼睛图标 上单击，然后按住鼠标左键不放进行拖动，可以快速隐藏或显示多个相邻的图层。

5.1.8 合并与盖印图层

合并图层可以将两个或两个以上的图层合并为一个图层，合并图层后原来几个图层中的图像将变成一个整体，位于合并后的图层中；盖印图层是将多个图层的内容合并到一个新的图层中，同时保持原来的图层不变。

1. 合并图层

合并图层有以下3种方法。

- 合并图层：选择多个图层后，选择【图层】/【合并图层】菜单命令，可以将选择的图层合并成一个图层，合并后使用上面图层的名称，合并前后图层的对比如图5-39所示。
- 向下合并图层：选择【图层】/【向下合并】菜单命令或按【Ctrl+E】组合键，可以将当前选择图层与它下面的一个图层进行合并，合并前后的对比如图5-40所示。

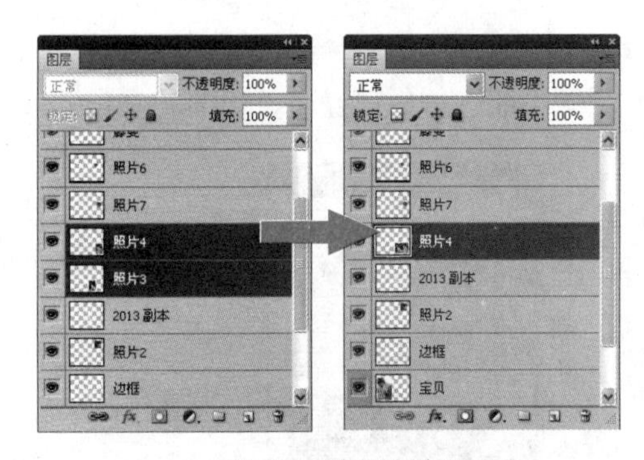

图5-39 合并选择的图层

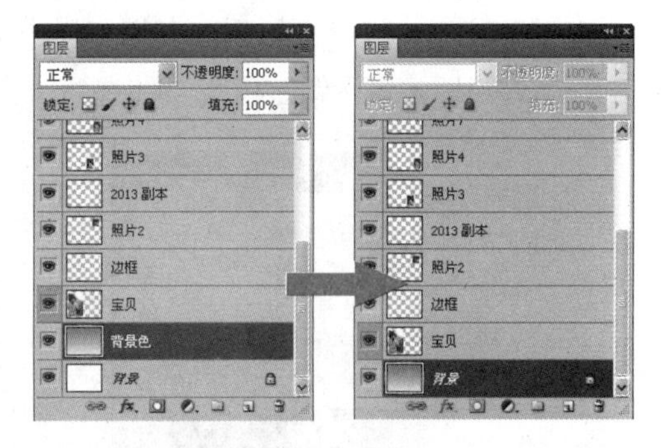

图5-40 向下合并图层

- 合并可见图层：先隐藏不需要合并的图层，然后选择【图层】/【合并可见图层】菜单命令或按【Shift+Ctrl+E】组合键，可以将当前所有的可见图层合并成一个图层，如图5-41所示。
- 拼合图像：选择【图层】/【拼合图像】菜单命令，可以将所有可见的所有图层合并为一个图层，如图5-42所示。

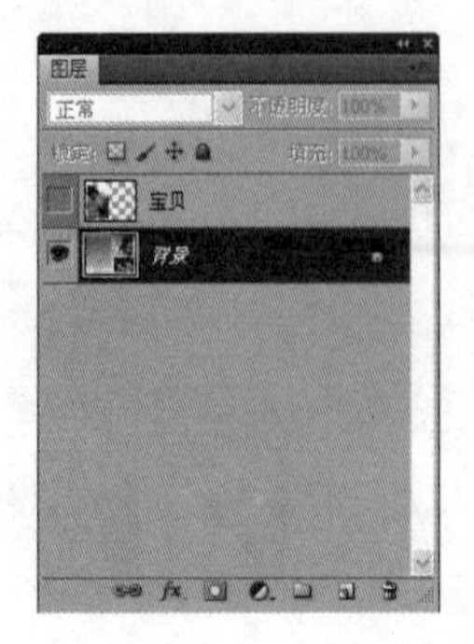

图5-41 合并可见图层

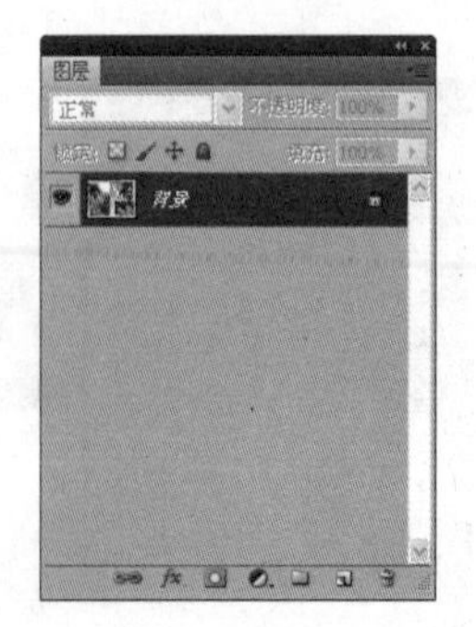

图5-42 拼合图像

2. 盖印图层

选择一个图层后，按下【Ctrl++Alt+E】组合键，可以将该图层中的图像盖印到下面的图层中，原图层内容保持不变；选择多个图层后，按下【Ctrl+Alt+E】组合键，可以将这些图层盖印到一个新图层中，原有图层保持不变，盖印图层前后的对比如图5-43所示。

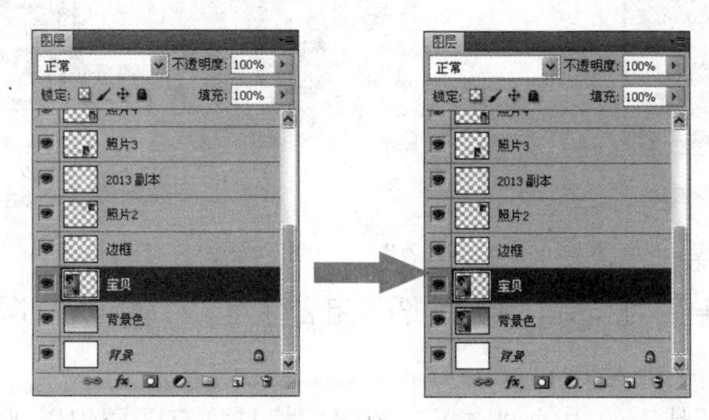

图5-43 盖印图层前后的对比

5.1.9 创建图层组

下面在前面制作的“儿童艺术照”图像文件中创建图层组，其具体操作如下。

STEP 1 单击“图层”面板底部的“创建新组”按钮，此时将在面板中创建一个图层组，名为“组1”，双击组名称，输入“相架”，如图5-44所示。

STEP 2 选择【图层】/【新建】/【组】菜单命令，打开“新建组”对话框，设置组的名称和颜色等，然后单击确定按钮，再新建一个“照片”图层组，如图5-45所示。

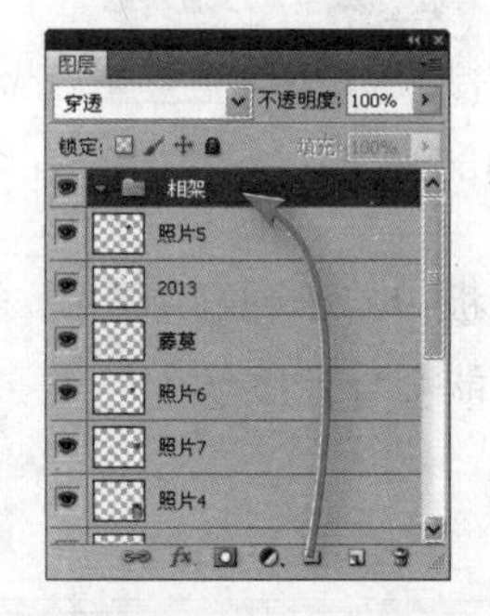

图5-44 利用按钮创建图层组

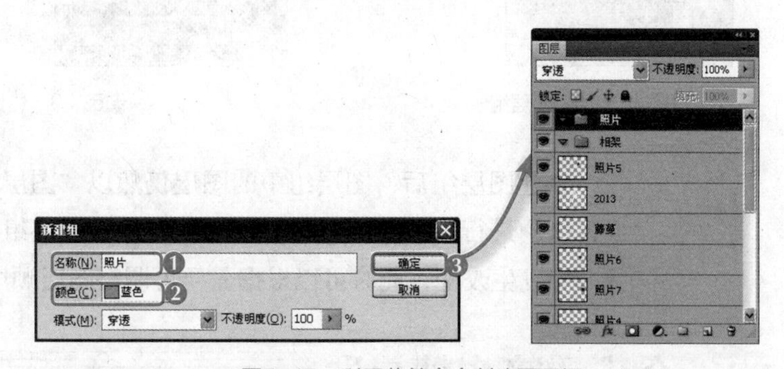

图5-45 利用菜单命令创建图层组

STEP 3 选择“2013”、“2013 副本”和“藤蔓”3个图层，选择【图层】/【图层编组】菜单命令或按【Ctrl+G】组合键，将选择的图层创建在一个图层组中，将其命名为“装饰”，单击左侧的图标，可以展开该图层组进行查看，如图5-46所示。

知识提示

选择图层后，选择【图层】/【新建】/【从图层建立组】菜单命令，打开“从图层新建组”对话框，其中的参数设置与“新建组”对话框相同。

STEP 4 同时选择“边框”和“背景色”图层，将其拖曳到“相架”图层组名称处，释放鼠标，便可将这些图层移动到该组内，如图5-47所示。

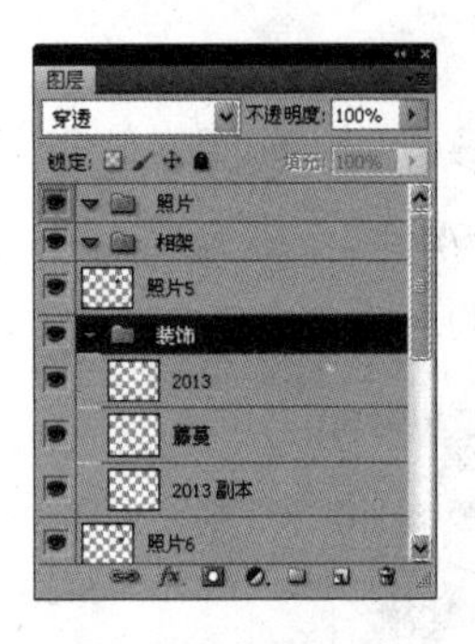

图5-46　查看图层组

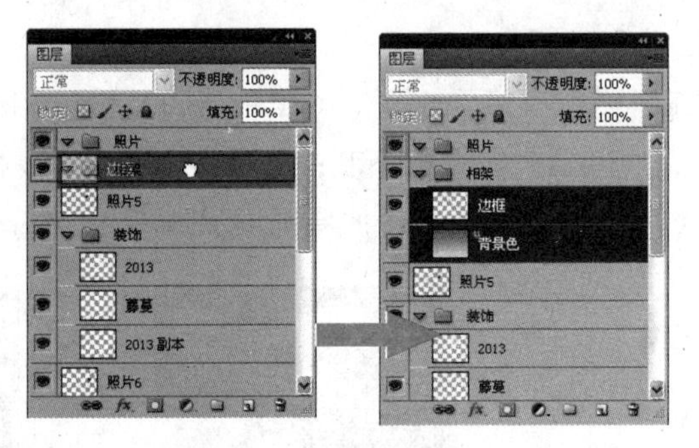

图5-47　将图层移入图层组

STEP 5 同时选择“宝贝”、“照片2”、“照片3”“照片4”、“照片5”、“照片6”、和“照片7”图层，拖曳到“照片”图层组名称处，释放鼠标，即可移至该组内，效果如图5-48所示。

STEP 6 选择“照片”组中的“宝贝”图层，将其拖至图层组以外的位置，释放鼠标，便可将图层移出图层组，如图5-49所示。

图5-48　“照片”图层组

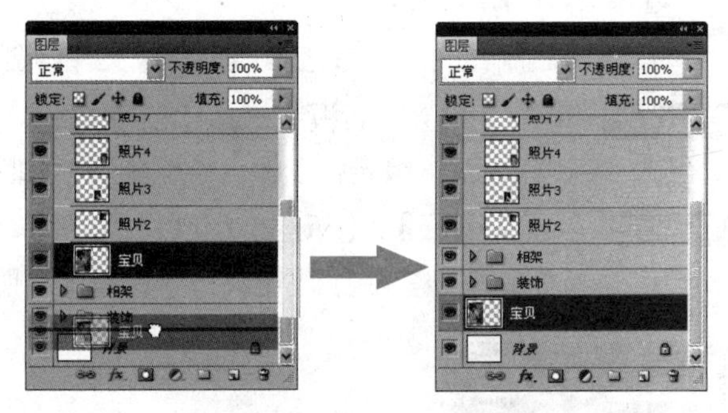

图5-49　将图层移出图层组

创建图层组后，图层组中的图层仍然以“图层”面板中的排列顺序在图像窗口中进行显示，因此若将某些图层移入图层组后可能会导致图像中的堆叠顺序发生改变，此时可以根据需要再调整图层顺序。

5.2　合成“暗夜精灵”

周一早上，设计师老张对小白说：“设计作品你已经接触了很多类型了，接下来，你就可以开始接触工作中的设计作品了，某一家公司需要为接下来的活动制作一张魔幻类的画报，这工作就交给你了。”要完成该任务，除了将用到图层的新建外，还将涉及图层不透明度的设置，以及图层混合模式的设置。本例的参考效果如图5-50所示，下面将具体讲解其制作方法。

素材所在文件　光盘:\素材文件\第5章\课堂案例2\星球.jpg、城市.jpg、人物.psd、笔刷.abr

效果所在位置　光盘:\效果文件\第5章\暗夜精灵.psd

图5-50 “暗夜精灵”最终效果

5.2.1 设置图层不透明度

通过设置图层不透明度可以使图层产生透明或半透明效果，在“图层”面板右上方的“不透明度”数值框中可以输入数值来设置，范围是0%～100%。下面通过实例来讲解图层不透明度的应用，其具体操作如下。

STEP 1 打开提供的“人物.psd”素材文件，如图5-51所示。

STEP 2 打开“星球.jpg”素材文件，使用快速选择工具选区选区“星球”图像部分，然后将其拖到渐变图像中，将自动得到“图层2”，按【Ctrl+T】组合键，适当调整图像大小和形状，如图5-52所示。

图5-51 素材图像

图5-52 调入素材图像

STEP 3 保持“图层2”选择状态，在图层面板中的“不透明度”下拉列表框中输入80%，在“填充”下拉列表框中输入70%，效果如图5-53所示。

图5-53 设置图层透明度填充值

知识提示

当图层的不透明度小于100%时，将显示该图层下面的图像，不透明度值越小，就越透明；当不透明度值为0%时，该图层将不会显示，而完全显示其下面图层的内容。

5.2.2 设置图层混合模式

图层混合模式是指上面图层与下面的图层的像素进行混合，从而得到另外一种图像效果。通常情况下，上层的像素会覆盖下层的像素。Photoshop CS5提供了二十多种不同的色彩混合模式方式，不同的色彩混合模式可以产生不同的效果。

下面在本例的图像中设置图层混模式，其具体操作如下。

STEP 1 切换到“星球”素材文件中，将选区中的星球图像拖曳到“人物.psd”图像文件中，生成“图层3”，按【Ctrl+T】组合键变换图形，得到如图5-54所示的效果。

STEP 2 在“图层”面板中选择“图层3”，单击“图层”面板中混合模式下拉列表框右侧的下拉按钮，在打开的列表中选择“柔光”选项，效果如图5-55所示。

图 5-54 调入星球图像

图5-55 设置“柔光”图层混合模式

STEP 3 新建“图层4”，将提供的“笔刷.abr”笔刷素材载入画笔样式中，并选择载入的第一个画笔笔刷，设置画笔大小为“600”，前景色为白色（R:255、G:255、B:255），在图像中单击创建翅膀图形，并通过自由变换调整到合适的位置，效果如图5-56所示。

STEP 4 新建“图层5”选择载入的第2种画笔笔刷，用相同的方法绘制另一边翅膀，并调整大小位置，得到如图5-57所示的效果。

图 5-56 绘制左侧翅膀

图 5-57 绘制右侧翅膀

STEP 5 将“图层1”移动到“图层5”上方，然后选择“图层1”、“图层4”和“图层5”，单击“连接图层”按钮，然后统一调整图像大小和位置。

STEP 6 打开“城市.jpg”图像文件，按【Ctrl+A】组合键全选图像，并将其移动到“人物.psd”图像文件中，生成“图层6”，效果如图5-58所示。

STEP 7 将“图层6”移动到“图层2”下方，然后在混合模式下拉列表框中选择“柔光”选项，效果如图5-59所示。

图 5-58 调入素材图像

图 5-59 设置图层混合模式

STEP 8 选择画笔工具，在画笔面板中选择“星形14”样式，然后单击选中 “散布”复选框，设置参数，如图5-60所示。

STEP 9 设置前景色为淡紫色（R:236、G:206、B:240），在画面中拖动鼠标，绘制出星光图像，如图5-61所示。

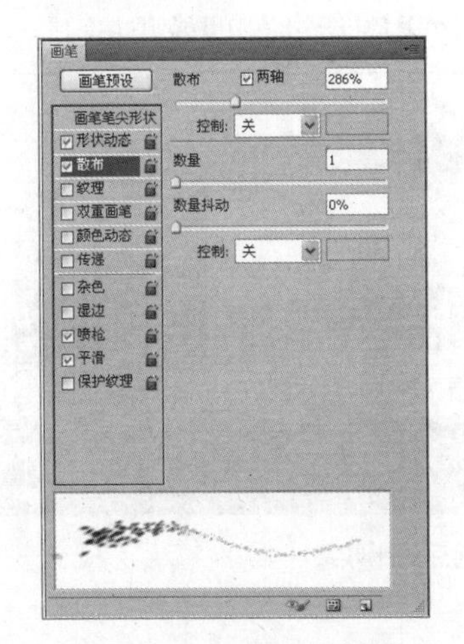

图 5-60 设置画笔参数

图5-61 绘制星光

STEP 10 在图层面板中设置改图层混合模式为“柔光”，效果如图5-62所示。

STEP 11 再次创建一个图层，然后再其上绘制星光图像，设置图层混合模式为“线性减淡（增加）”，不透明度为40%，填充为50%，效果如图5-63所示。

图 5-62 调整图层混合模式

图 5-63 设置图层不透明度和填充

选择图层后，在“混合模式”下拉列表中选择某个模式选项后可同步观察图像效果，若不合适可通过按上下方向键在不同的模式间进行切换选择。

5.3 实训——建筑效果图的后期处理

5.3.1 实训目标

本实训的目标是为一别墅建筑效果图进行后期处理，要求注意景物的远近效果，房屋的光照阴影和投影以及人物的投影等，在细节处理上必须遵循实际，比例和色彩感觉要好，以得到真实的表现效果。本实训的前后对比效果如图5-64所示。

素材所在位置 光盘:\素材文件\第5章\实训\建筑.psd、天空.jpg、配景.jpg
效果所在位置 光盘:\效果文件\第5章\建筑效果图后期处理效果.psd

图5-64 建筑效果图的后期处理前后对比效果

5.3.2 专业背景

随着国内建筑装饰行业的日趋规范，房地产及其相关行业所面临的竞争越来越激烈，市场对设计人员的要求亦越来越高，如何将一个优秀的设计方案完美地表现出来打动客户，已成为每一个设计师、设计公司需要认真思考和对待的问题。

建筑效果图又称建筑三维效果图，主要有手绘效果图和电脑效果图两种。随着最近几年计算机图形学的发展使得三维表现技术得以形成，因此目前建筑行业中的三维效果图实际上是通过计算机三维仿真软件技术来模拟真实环境的高仿真虚拟图片，其制作环节主要包括3D模型的制作、渲染和后期合成3个阶段，其中的3D模型制作与渲染主要运用3ds Max软件，而后期合成就是后期处理，也称景观处理，主要使用Photoshop等软件来实现。

建筑效果图后期处理的整体风格以室外景观为主，就本实训来说，在渲染效果图时已经为其添加了投影，玻璃上还有树木的反射，因此可以将其风格确认为阳光与树林中的别墅效果，然后收集相关的素材，包括树、草地、天空、人物等配景素材，最后在Photoshop中进行合成和处理。

5.3.3 操作思路

完成本实训主要包括添加草地和天空景观素材、添加树木配景素材、添加人物配景素材3大步操作，最后可利用图层组管理景观素材，其操作思路如图5-65所示。

图5-65 建筑效果图后期处理的操作思路

【步骤提示】

STEP 1 打开“建筑.psd”图像，对背景图层进行复制后重命名为“建筑”，然后隐藏原背景图层。

STEP 2 打开“配景.jpg”素材图像，利用快速选取工具选择图像中的白色部分，然后反选选取，并将其拖动至建筑所在的图像窗口中。

STEP 3 调入“天空.jpg”素材图像，将其拖动到建筑图层下面。

STEP 4 对部分景观所在图层的不透明度进行调整，最后在“图层”控制面板中将未进行重命名的图层重命名，并利用图层组进行管理，完成制作。

5.4 疑难解析

问：背景图层是锁定的，不能进行移动，为一些操作带来了不便，该怎么办？

答：可以将背景图层转换为普通图层，方法是在“图层”面板中双击背景图层，打开“新建图层”对话框，输入图层名称再单击 确定 按钮即可转换为普通图层。按住【Alt】键双击“背景”图层，可以在不打开“新建图层”对话框情况下将背景图层转换为普通图层。

问：当图像中没有背景图层时，可以将现有的图层转换为背景图层吗？

答：可以，只需选择需要转换为背景的图层，然后选择【图层】/【新建】/【背景图层】菜单命令，即可将选择的图层转换为背景图层。

问：在锁定图层时，为什么一些锁是空心，一些锁是实心？

答：当图层只有部分被锁定时，图层名称右侧将出现一个空心的锁状图标，当所有属性被锁定时，则锁状图像变为实心，如图5-66所示。

问：为什么编辑某些对象的图层时提示“无法完成”？

答：对于文字图层、形状图层、智能图层、矢量图层和填充图层等，可以选择【图层】

/【栅格化】菜单命令，在打开的子菜单中选择相应类型的菜单命令，将这些类型的图层转换为普通图层，再进行编辑操作。

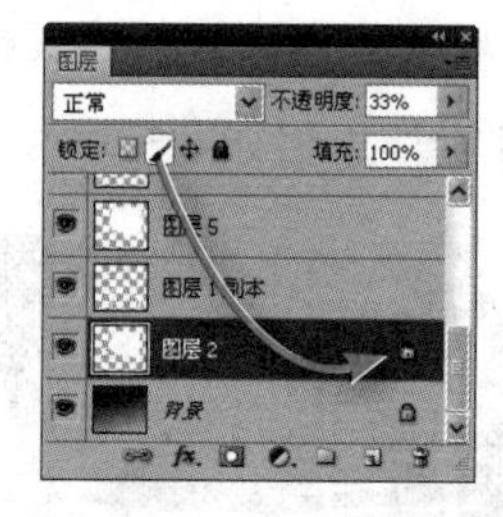

图5-66　不同锁状图标

问：当通过移动或粘贴选区时，选区边框周围的一些像素也会包含在选区内进行粘贴，怎样才能快速地去掉这些像素呢？

答：粘贴图像后，选择【图层】/【修边】菜单中的子菜单命令即可清除多余的像素。不同的选项去除的像素也不相同，如选择“颜色净化”菜单命令将去除彩色杂边；选择“去边”菜单命令将用包含纯色的临近像素的颜色替换边缘像素的颜色；选择“移去黑色杂边”菜单命令，将去除黑色背景中创建选区时粘贴的黑色杂边去除，选择“移去白色杂边”菜单命令，效果与“移去黑色杂边”菜单命令效果相反。

问：在图层中要对部分图像进行复制，但不想复制图像后生成新的图层，可以实现吗？

答：先选中要复制的图像区域，如果是对整个图层内容进行复制，则按住【Ctrl】键不放并单击图层缩略图可快速载入图层选区，然后按住【Alt】键不放进行拖动，便可复制出图像但不生成图层。

问：图层混合模式中，为什么在使用绘图工具、填充命令和描边命令时，“模式”下拉列表框中多出了“背后”和“清除”两个选项，有什么效果呢？

答：“背后”模式和“清除”模式是绘图工具、填充命令和描边命令特有的混合模式。“背景”模式仅在图层的透明部分编辑，不影响图层中原有的图像，图5-67所示为“正常”模式下和“背后”模式下使用画笔涂抹的效果；“清除”模式下画笔工具与橡皮擦工具作用类似，图5-68所示为画笔不透明度分别为100%和50%时涂抹的效果。

图5-67　“背后”模式效果

图5-68　“清除”模式效果

问：打开作品后，发现“图层”面板中某些图层左侧显示有黄色感叹号，是什么意思？

答：这是由于缺少字体文件所引起的，也就是在作品中使用的部分字体在当前计算机上并未安装，打开这类文件时会提示是否更新字体，如果不更新，则将在图层面板中的文字图层左侧显示黄色感叹号图标，该文字图层中的文字只有在转换为其他字体后才能进行编辑。因此，如果在作品中使用了特殊字体，在传递作品文件时应该同时提供相应的字体文件，以便于他人查看。

问：在设计作品时关于图层的应用需要注意哪些问题?

答：运用图层时注意以下几点对于设计工作将会有莫大的帮助：①对于文字图层若不需要添加滤镜等特殊效果，最好不要将其栅格化，因为栅格化后若要再修改文字内容就很麻烦；②一幅作品并不是图层越多越好，图层越多，图像文件就越大，因此制作过程中或制作完成后可以将某些图层合并，并删除不再使用的隐藏图层；③含有图层的作品最终一定要保存为PSD格式文件，以便于后期修改，同时为防止他人修改和盗用，传文件给他人查看时可另存为TIF、JPG等格式。

5.5 习题

本章主要介绍了图层的基本操作，包括新建图层的几种方式、选择和重命名图层、复制和删除图层、调整图层顺序、链接图层、显示与隐藏图层、合并图层、使用图层组、设置图层不透明度、混合模式等知识。对于本章的内容，应认真学习和掌握，以为后面设计和图像处理打下良好的基础。

素材所在位置 光盘:\素材文件\第6章\习题\茶1.jpg、茶2.jpg、茶3.jpg、飞鸟.psd、酒瓶.psd

效果所在位置 光盘:\效果文件\第6章\胶片.psd、画框图像.psd、水果店.psd、

（1）根据提供的“茶1”、“茶2”和“茶3”图像，制作如图5-69所示的“胶片”图像效果，制作时将用到链接图层、合并图层和复制图层等操作。

（2）新建一个图像文件，使用提供的素材图像，制作一个立体图像画框效果，如图5-70所示。制作时将用到图层基本操作和图层混合模式等知识。

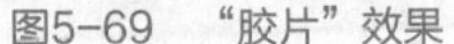

图5-69 “胶片”效果

图5-70 立体画框

课后拓展知识

对于图层混合模式应多加练习，才能掌握不同混合模式的效果及作用。下面对常用的图层混合模式的作用原理进行介绍。其中，基色是位于下层像素的颜色；混合色是上层像素的颜色；结果色是混合后看到的像素颜色。

- 正常：该模式编辑或绘制每个像素，使其成为结果色，该选项为默认模式。
- 溶解：根据像素位置的不透明度，结果色由基色或混合色的像素随机替换。
- 变暗：查看每个通道中的颜色信息，选择基色或混合色中较暗的颜色作为结果色。
- 正片叠底：该模式将当前图层中的图像颜色与其下层图层中图像的颜色混合相乘，得到比原来的两种颜色更深的第 3 种颜色。
- 颜色加深：查看每个通道中的颜色信息，通过增加对比度使基色变暗以反映混合色。
- 线性加深：查看每个通道中的颜色信息，并通过减小亮度使基色变暗以反映混合色。
- 深色：比较混合色和基色的所有通道值的总和并显示值较小的颜色。
- 变亮：查看每个通道中的颜色信息，并选择基色或混合色中较亮的颜色作为结果色。
- 滤色：查看每个通道中的颜色信息，并将混合色的互补色与基色复合。结果色总是较亮的颜色，用黑色过滤时颜色保持不变，用白色过滤时将产生白色。
- 颜色减淡：查看每个通道中的颜色信息，通过减小对比度使基色变亮以反映混合色。
- 线性减淡：查看每个通道中的颜色信息，并通过增加亮度使基色变亮以反映混合色。
- 叠加：图案或颜色在现有像素上叠加，同时保留基色的明暗对比。不替换基色，但基色与混合色相混以反映原色的亮度或暗度。
- 差值：查看每个通道中的颜色信息，并从基色中减去混合色，或从混合色中减去基色，具体取决于哪一个颜色的亮度值更大。色相：用基色的亮度和饱和度以及混合色的色相创建结果色。
- 饱和度：将用基色的亮度和色相以及混合色的饱和度创建结果色。
- 颜色：用基色的亮度以及混合色的色相和饱和度创建结果色，这样可以保留图像中的灰阶，并且对给单色图像着色和给彩色图像着色都会非常有用。
- 明度：将用基色的色相和饱和度以及混合色的亮度创建结果色。

PART 6

第6章 添加文字

情景导入

经过近段时间的学习，小白已经能够自行设计一些简单的作品了，老张说：“如果在作品中添加相应的文字，可使其更具说服力”。

知识技能目标

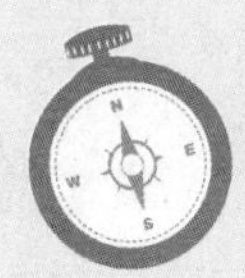

- 熟练掌握美术字和段落文字的创建操作。
- 熟练掌握字符格式和段落格式的设置操作。
- 掌握变形字的创建和栅格化图层的方法。

- 加强对美术字和段落文字的运用。
- 掌握“网页横幅广告”作品和“校刊寄语”作品的制作。

课堂案例展示

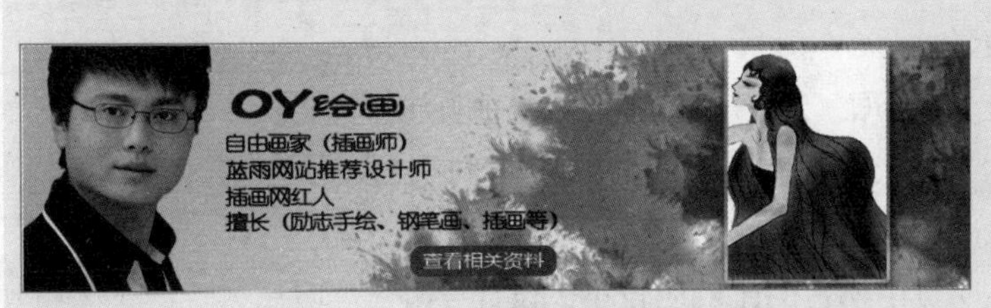

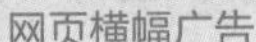
网页横幅广告

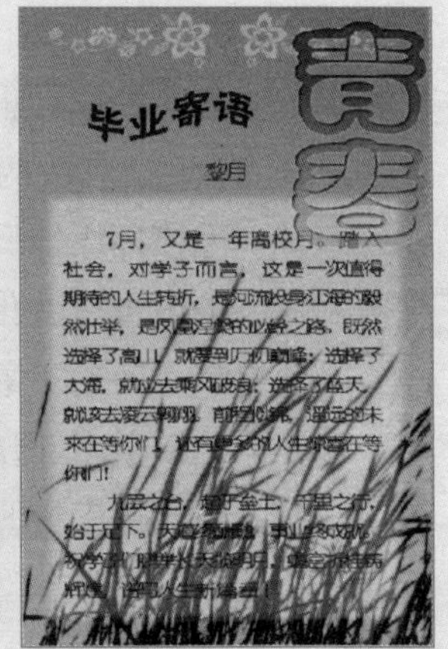

校刊寄语

6.1 制作网页横幅广告

老张看小白对设计很有见解，刚好昨天公司接到一项新任务，需要为一个绘画评选大赛的投票平台制作一幅网页横幅广告，主要是将一些热门作者的主要资料和作品展现出来。老张把这一任务交代给小白，并让小白制作完成后交由他检查。

今天一大早，老张就将小白叫到身边说："你设计的图片很好，整个画面图像布局和颜色搭配都很合理，只是中间有很大一部分空白的地方，你可以添加一些说明文字，这样不仅可以填补图像中空缺的部分，还可以增加作品的说服力，使看到该横幅广告的网友能够快速了解对应作者的相关资料。"于是小白重新为广告添加了美术字，并且设置了字符格式后交给老张，老张看后非常满意。本例完成后的参考效果如图6-1所示，下面具体讲解其制作方法。

素材所在位置 光盘:\素材文件\第6章\课堂案例1\网页横幅广告.psd
效果所在位置 光盘:\效果文件\第6章\网页横幅广告.psd

图6-1 网页横幅广告最终效果

行业提示

网页横幅广告是横跨于网页上的矩形公告牌。设计时注意以下几点，将会有效提高作品的制作水平。

①横幅广告尺寸一般是480像素×60像素或230像素×30像素，尺寸在一定范围内可以变化。通常使用GIF格式的图像文件，可使用静态图形，也可使用SWF动画图像。

②横幅广告分为全横幅广告、半横幅广告和垂直旗帜广告。

③横幅广告的文件大小也有一定的限制，对于广告投放者而言，文件越小越好，一般不超过15KB。

④横幅广告在网页中所占的比例应较小，设计要醒目、吸引人。

6.1.1 创建美术字

在Photoshop CS5中可使用文字工具在图像中直接添加美术字，使用横排文字工具按钮T和直排文字工具按钮IT都能够输入美术字文本。下面在“网页横幅广告.psd”图像中创建美术字，其具体操作如下。

STEP 1 选择【文件】/【打开】菜单命令，打开“网页横幅广告.psd”素材文件，如图6-2所示。

STEP 2 在工具箱中单击“横排文字工具”按钮T，然后在图像中单击定位文本插入点，此时“图层”面板中将创建“图层5”文字图层，如图6-3所示。

图6-2 素材效果

图6-3 单击定位文本插入点

STEP 3 在其中输入“OY绘画”文本，如图6-4所示。

图6-4 输入文本

STEP 4 然后在工具属性栏中单击✔按钮完成输入，此时“图层”面板中对应的文字图层将自动更改名称，如图6-5所示。

知识提示

若要放弃文字输入，可在工具属性栏中单击⊘按钮，或按【Esc】键，此时自动创建的文字将会被删除。另外，单击其他工具按钮，或按数字键盘中的【Enter】键或【Ctrl+Enter】组合键也可以结束文字输入操作，若要换行，可按【Enter】键。

图6-5　完成文本输入

STEP 5 利用相同的方法，在图像中创建其他的美术字文本，效果如图6-6所示。

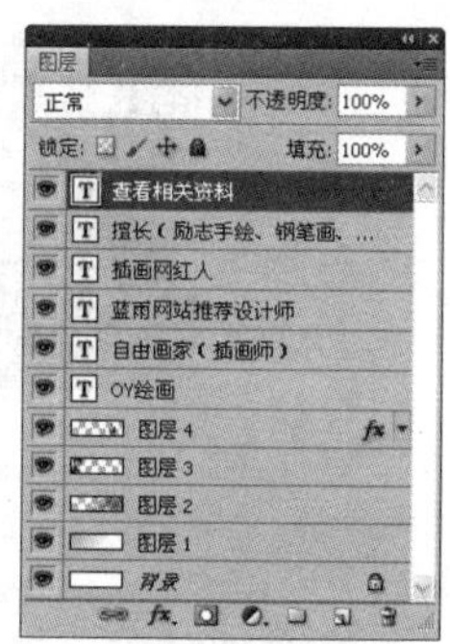

图6-6　创建其他美术字文本的效果

6.1.2 选择文字

要对文字进行编辑时，除了需选中该文字所在图层，还需选取要设置的部分文字。下面在“网页横幅广告.psd”图像选择创建的美术字，其具体操作如下。

STEP 1 选择“OY绘画”文字所在的图层，然后在工具箱中单击“横排文字工具”按钮T。

STEP 2 将鼠标指针移动到图像中的文字处，当其变为I形状时，拖曳鼠标选择“OY”文本，效果如图6-7所示。

图6-7　选择文字

多学一招

在文字输入状态下，单击3次鼠标左键，可选择一行文本；单击4次鼠标左键，可选择整段文本；按【Ctrl+A】组合键可选择该文字图层中的左右文本。

6.1.3 设置文字字符格式

在Photoshop CS5中，可对输入的文字设置字符格式，主要包括设置字体、大小和颜色等，其具体操作如下。

STEP 1 按【Ctrl+A】组合键选择“OY绘画”图层中的所有文字。

STEP 2 选择【窗口】/【字符】菜单命令，在其中设置字体为“方正祥隶简体”，字号为“18点”，颜色为深紫色（R:65、G:39、B:106），效果如图6-8所示。

图6-8 设置字符格式

STEP 3 选择“OY”文本，设置其字号为“20点”，单击“加粗”按钮T和“倾斜”按钮T，然后单击✓按钮应用设置，效果如图6-9所示。

图6-9 更改字符格式

STEP 4 选择“自由画家（插画师）”文本所在图层，设置字符格式为“幼圆、8点”，文字颜色为黑色（R:0、G:0、B:0），效果如图6-10所示。

图6-10 设置字符格式

STEP 5 继续使用相同的方法设置其他字符的格式，完成后的效果如图6-11所示。

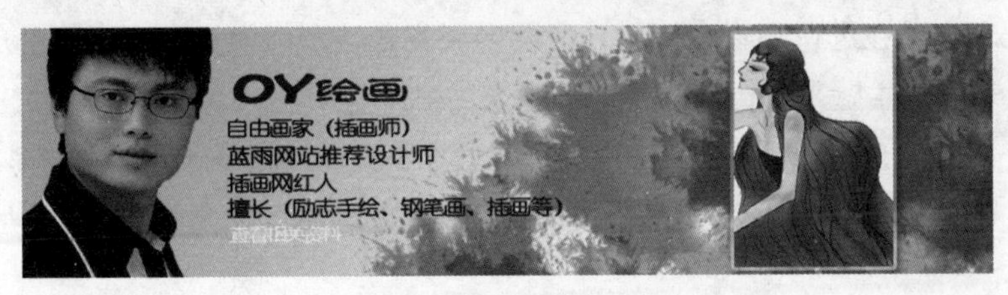

图6-11 设置其他字符格式

STEP 6 在工具箱中单击“圆角矩形工具”按钮，然后设置前景色为红色（R:233，G:1，B:10），在图像中拖曳鼠标绘制一个圆角矩形形状，效果如图6-12所示。

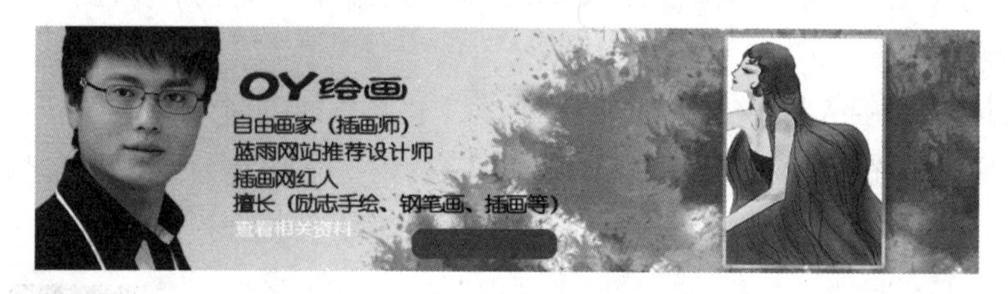

图6-12 绘制形状

STEP 7 在工具箱中选择移动工具，将“查看相关资料”文字移动到形状上方，效果如图6-13所示。

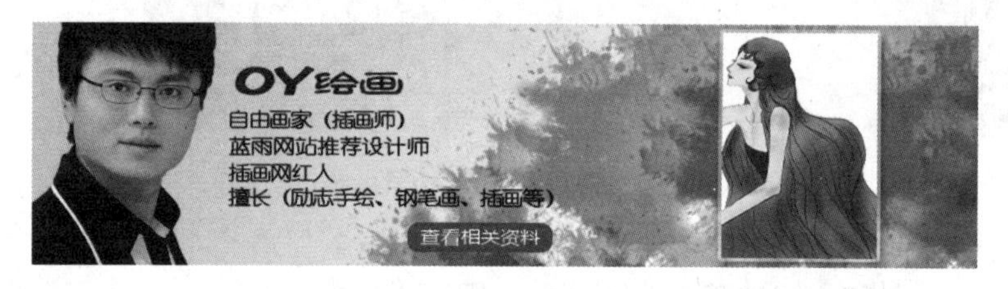

图6-13 移动文字图层

6.2 制作“校刊寄语”

小白的妹妹是学校校刊编辑部的设计人员。近期，学校将推出一期关于毕业季的专题记录，她为了表示对学姐们的支持，可谓是煞费苦心。这不，在制作校刊寄语时，好不容易用Photoshop CS5设计出了校刊寄语的背景，在添加文字时才发现，作者写的寄语文字较多，若直接添加美术字，则不能方便地设置段落格式。于是，就请教小白怎样在Photoshop输入段落文本，并设置格式。小白看妹妹那么认真，就详细地讲解了如何设置文字来使画面更美观。

本例的参考效果如图6-14所示，下面将具体讲解其制作方法。

素材所在位置 光盘:\素材文件\第6章\课堂案例2\背景.jpg
效果所在位置 光盘:\效果文件\第6章\校刊寄语.psd

常见的刊物主要是指登载各类作品的定期或不定期的连续出版物，一般名称固定，按顺序编号，且装订成册，在制作时应注意以下两点。

①在进行刊物设计时一般要展现主题，图像设计和文字等都应围绕所要表达的主题来进行。

②刊物一般包含封面、卷首寄语、正文和封底等部分，通常除了在封面设计时会添加刊物名称外，在卷首或正文中也会将刊物名称以不同的形式展现。

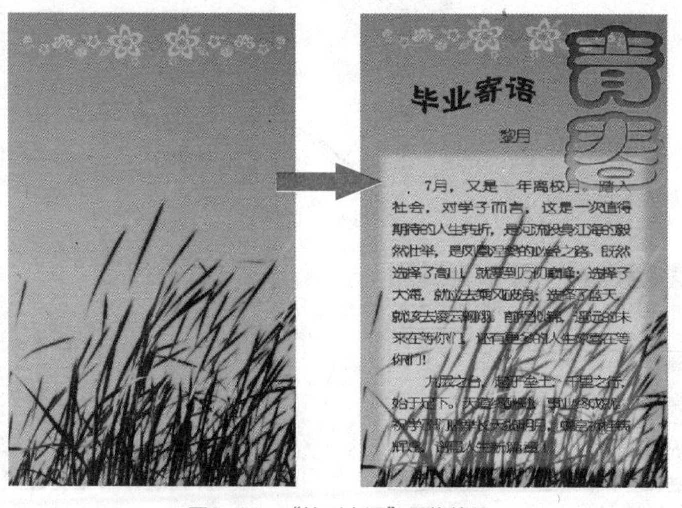

图6-14 “校刊寄语”最终效果

6.2.1 创建变形文字

变形文字就是对创建的普通文字通过变形后得到的文字艺术效果。下面在“背景”图像中创建变形文字，其具体操作如下。

STEP 1 在Photoshop CS5中打开“背景.jpg”素材文件。

STEP 2 在工具箱中单击“横排文字工具”按钮T，然后在图像中单击定位文本插入点，效果如图6-15所示。

STEP 3 在其中输入“毕业寄语”文本，然后拖曳鼠标将其选中，并设置文字格式为“方正艺黑简，20点”，颜色为深绿色（R:34、G:85、B:6），效果如图6-16所示。

图6-15 定位文本插入点

图6-16 设置文字格式

STEP 4 保持文字的选中状态，然后在工具属性栏中单击“创建文本变形”按钮，打开“变形文字”对话框，在“样式”下拉列表框中选择“旗帜”选项，其他设置如图6-17所示。

STEP 5 完成后单击 确定 按钮，效果如图6-18所示。

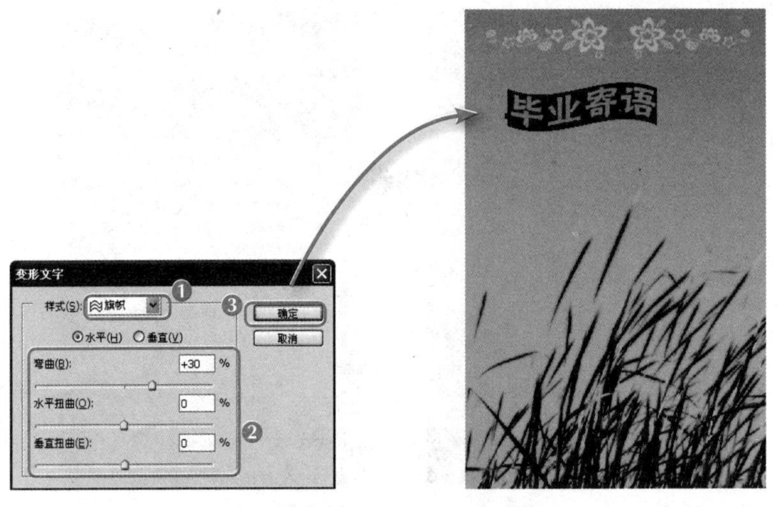

图6-17　设置“变形文字”对话框　　　　图6-18　设置变形文字效果

STEP 6 单击✔按钮应用设置，然后使用横排文字工具在图形上继续创建文字图层。输入“黎月”文本，并设置字符格式为“幼圆，10点，下画线”，颜色为深绿色（R:34，G:85，B:6），设置完成后的效果如图6-19所示。

图6-19　添加并设置其他美术字

6.2.2 创建段落文字

段落文本是指在一个段落文本框中输入所需的文本，以便于用户对该段落文本框中的所有文本进行统一的格式编辑和修改。

下面在本例的图像中创建段落文字，其具体操作如下。

STEP 1 在工具箱中选择矩形选框工具，设置羽化值为“20px”，然后在图像中拖曳鼠标绘制选区，设置前景色为“白色”。

STEP 2 在选区上单击鼠标右键，在弹出的快捷菜单中选择“填充”命令，打开“填充”对话框，按照图6-20所示进行设置。

STEP 3 完成后单击 确定 按钮，效果如图6-21所示。

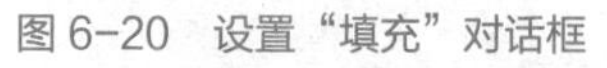
图6-20 设置“填充”对话框　　图6-21 填充效果

STEP 4 在工具箱中单击“横排文字工具”按钮T，按住鼠标左键不放并拖曳鼠标，创建文字框，效果如图6-22所示。

多学一招

按住【Alt】键的同时，单击并拖曳鼠标左键创建文本框，将打开“段落文字大小”对话框，在对话框中输入“宽度”和“高度”值，可精确定义文字框大小。

STEP 5 在文本框中输入段落文本，如图6-23所示。

图6-22 创建文字框

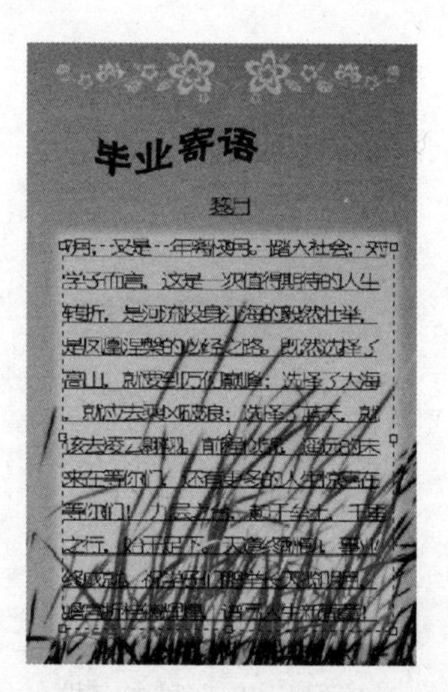

图6-23 输入段落文本

知识提示

当输入的文字较多，绘制的文本框不能完全显示文字时，在文本框右下角的控制点将变为⊞形状，此时可通过拖曳文字框周围的控制点来调整文本框大小，使文字完全显示出来。

6.2.3 设置文字段落格式

创建的段落文本和美术字一样，可以设置段落字符格式，如设置首行缩进等，其具体操作如下。

STEP 1 在面板组中单击“字符”按钮，然后按照图6-24所示进行设置。

STEP 2 设置文本字符格式后的效果如图6-25所示。

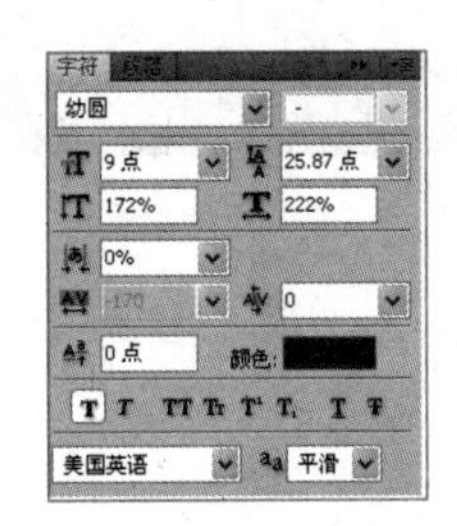

图 6-24 “字符”面板

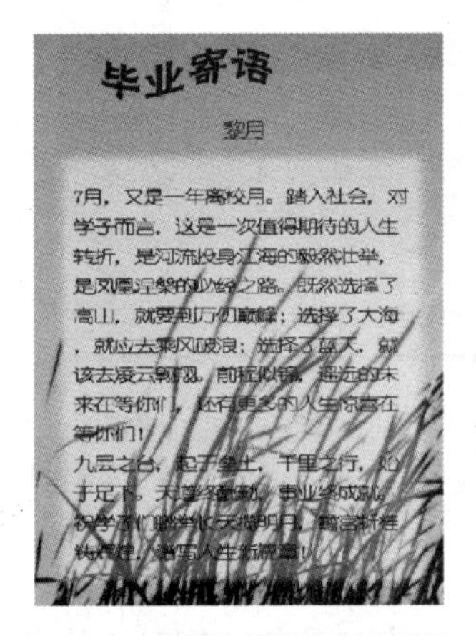

图 6-25 设置字符格式后的效果

STEP 3 在面板组中单击“段落”按钮，或选择【窗口】/【段落】菜单命令，打开“段落”面板，在“首行缩进”文本框中输入“40点”，如图6-26所示。

STEP 4 设置完成后的效果如图6-27所示。

图 6-26 设置首行缩进

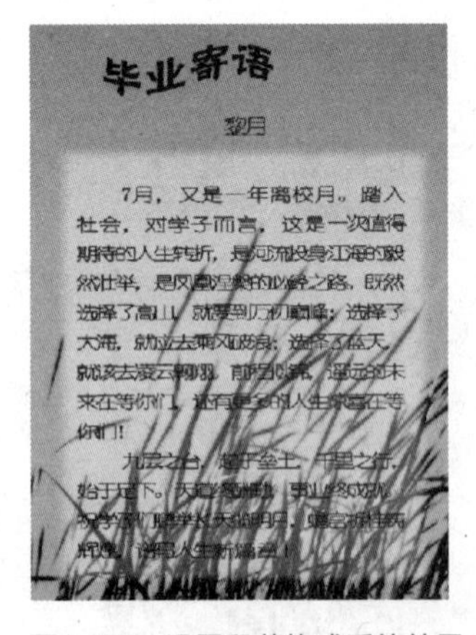

图6-27 设置段落格式后的效果

将鼠标移动到文字框的控制点外，当鼠标指针变为形状时，左右拖曳鼠标，可以旋转段落文字，若按住【Shift】键拖曳鼠标，则可以以15° 角为增量进行旋转。

6.2.4 栅格化文字

在Photoshop CS5中不能直接对文字图层添加图层样式或进行添加滤镜操作等，此时可通过栅格化文字后再来处理。下面将在校刊寄语中栅格化文字，其具体操作如下。

STEP 1 在工具箱中单击“直排文字工具”按钮，然后在图像区域右上角单击定位文本插入点，并输入校刊名称“青春”文本。

STEP 2 设置文本格式为“汉仪咪咪简体、60点”，颜色为红色（R:233，G:1，B:100），效果如图6-28所示。

STEP 3 在“图层”面板中设置不透明度为“60%”，效果如图6-29所示。

STEP 4 选择“青春”图层，在其上单击鼠标右键，在弹出的快捷菜单中选择“栅格化文字”菜单命令栅格化该图层，如图6-30所示。

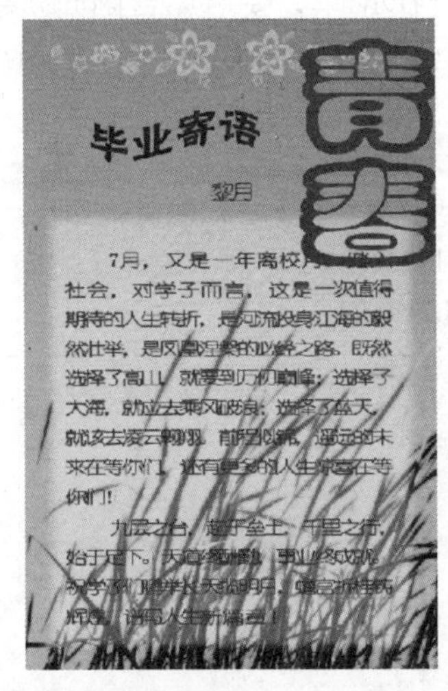

图 6-28 设置文本字符格式

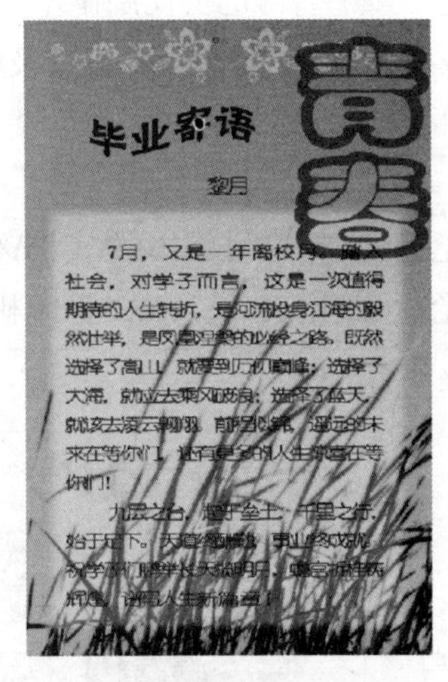

图 6-29 设置图层不透明度

图 6-30 栅格化图层

STEP 5 双击“青春”图层，打开“图层样式”对话框，按照图6-31所示进行设置。

STEP 6 完成后单击 确定 按钮完成校刊寄语制作，效果如图6-32所示。

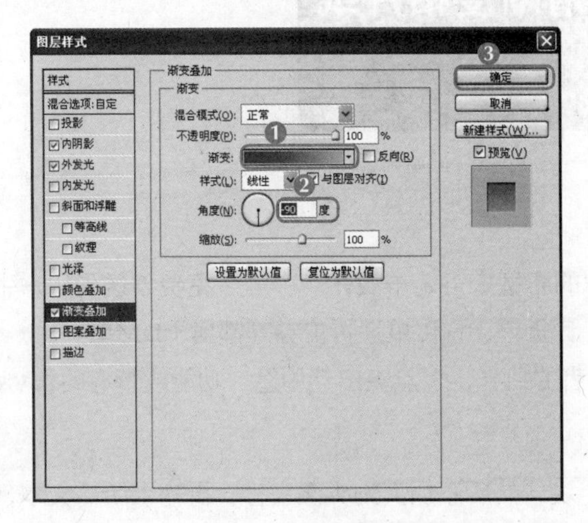

图 6-31 设置图层样式

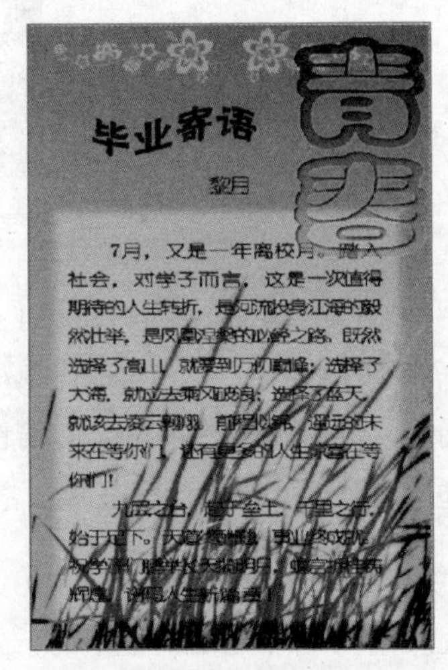

图 6-32 最终效果

对文字进行栅格化操作后，即可将文字图层转换为普通图层，但需要注意，栅格化文字后，将不能对图层进行文字属性编辑，因此，在栅格化文字前需要将文字设置好。

6.3 实训——制作打印机DM单

6.3.1 实训目标

本实训要求为一家名为“墨悉普”的公司制作一个打印机DM单，要求广告画面新颖、简洁，并突出打印机五彩缤纷的效果。该任务主要涉及矩形选框工具、创建美术文字和创建段落文字等操作。本实训的参考效果如图6-33所示。

素材所在位置 光盘:\素材文件\第6章\实训\小孩.jpg

效果所在位置 光盘:\效果文件\第6章\打印机DM单.psd

图6-33 打印机DM单效果

6.3.2 专业背景

DM是区别于传统的广告刊载媒体的新型广告发布载体。一般是免费赠送到用户手中，供其阅读，其形式多种多样，如信件、订货单、宣传单、折价券等都属于DM单。

通常，DM单的设计旨在吸引消费者的目光，重点突出其用途、功能或特有的优势。

6.3.3 操作思路

完成本实训可先绘制基本的背景色块，然后添加人物头像素材，再输入所需文本，并对其进行相应的字符格式设置。其操作思路如图6-34所示。

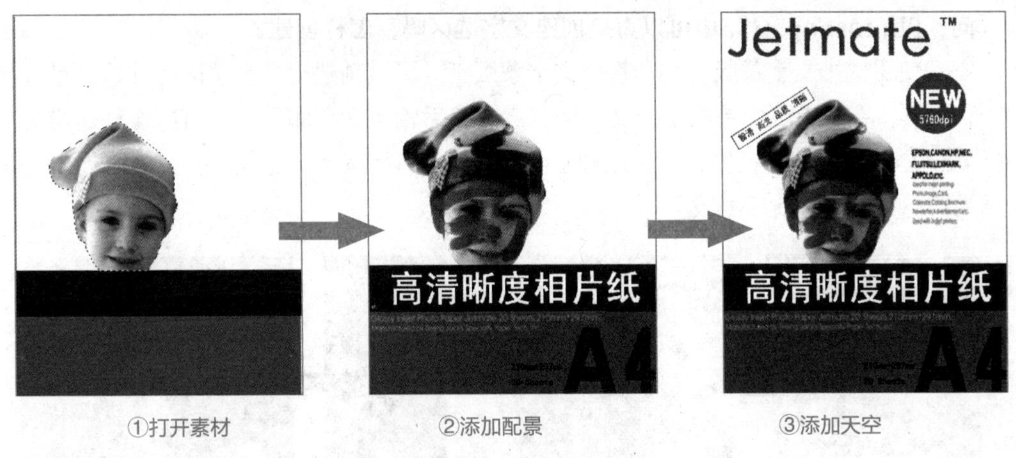

①打开素材　②添加配景　③添加天空

图6-34　制作打印机DM单的操作思路

【步骤提示】

STEP 1 新建一个图像文件，使用矩形选框工具创建两个矩形选区，分别填充为洋红色（R:40、G:2、B:126）和黑色。

STEP 2 在素材图像中抠取出小孩的头部图像，移动到新建图像中的合适位置。

STEP 3 使用画笔工具在小孩脸上绘制出多种颜色的笔触，然后设置小孩图层的混合模式为“颜色加深”。

STEP 4 选择横排文字工具在黑色和洋红色矩形框中输入文字，分别在属性栏中设置文字大小和字体等属性。

STEP 5 继续在画面上方空白图像中输入文字，适当调整文字属性，完成制作。

6.4 疑难解析

问：为什么我的字体下拉列表框中没有那么多漂亮的字体？

答：原因是没有在系统中安装相应的字体，用户可在网上下载一些漂亮的字体，然后将其解压，并复制到“C:\Windows\fonts”文件夹中即可。

问：在Photoshop CS5中输入的美术字与段落文本可以互相转换吗？

答：可以。若是将美术字文字转换为段落文字，可选择需要转换的文字图层，在其上单击鼠标右键，在弹出的快捷菜单中选择“转换为段落文本”菜单命令即可；若要将段落文本转换为美术字，则快捷菜单中的“转换为段落文本”命令将变为“转换为点文本”命令，选择该命令即可。

问：创建的横排文字与直排文字可以互相转换吗？

答：可以。选择需要转换的文字，选择【图层】/【文字】/【水平】菜单命令，即可将直排文字转换为横排文字，或选择需要转换所有文字的图层，在其上单击鼠标右键，在弹出的快捷菜单中选择“垂直”或“水平”菜单命令也可实现相互转换，还可以直接单击工具属性栏中的“切换文本取向”按钮。图6-35所示为转换文本的效果。

问：Photoshop CS5中可以直接创建文字选区吗，怎样创建？

答：使用横排文字蒙版工具和直排文字蒙版工具可以创建出文字选区，其方法是选择其中一种工具，在编辑区中单击定位文本插入点，然后输入文字即可，也可以像创建段落文本一样创建文字选区。文字选区与普通选区一样，可以进行移动、复制、填充或描边，图6-36所示为填充文字选区前后的效果。

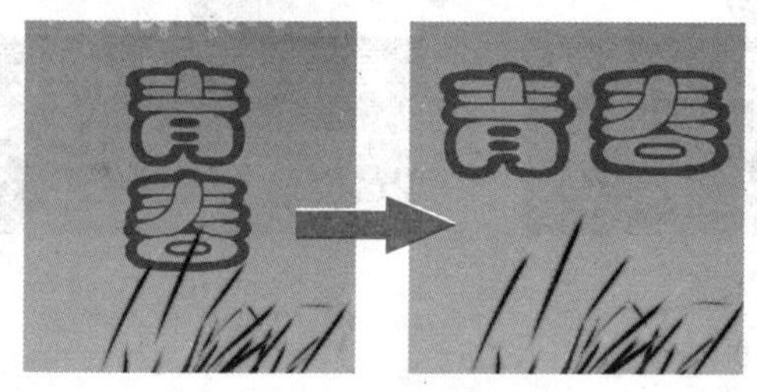

图6-35　转换文字方向

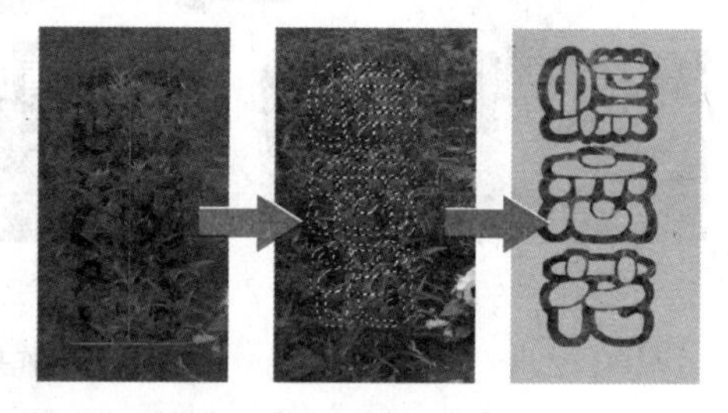

图6-36　创建文字选区

问：“字符”面板中还有许多前面没有讲解到的按钮，他们都有些什么作用呢？

答：字符面板中其他按钮对应作用介绍如下。

- T T TT Tr T^1 T_1 T T按钮组：分别用于对文字进行加粗、倾斜、全部大写字母、将大写字母转换成小写字母、上标、下标、添加下画线、添加删除线等操作。设置时选取文本后单击相应的按钮即可。
- 下拉列表框：此下拉列表框用于设置行间距，单击文本框右侧的下拉按钮，在打开的下拉列表中可以选择行间距的大小。
- 数值框：设置选中文本的垂直缩放效果。
- 数值框：设置选中文本的水平缩放效果。
- 下拉列表框：设置所选字符的字距调整，单击右侧的下拉按钮，在下拉列表中选择字符间距，也可以直接在文本框中输入数值。
- 下拉列表框：设置两个字符间的微调。
- 数值框：设置基线偏移，当设置参数为正值时，向上移动；当设置参数为负值时，向下移动。

问：在“段落”面板中还可以设置哪些段落格式呢？

答：在“段落”面板中还可以设置以下段落格式。

- 按钮组：分别用于设置段落左对齐、居中对齐、右对齐、最后一行左对齐、最后一行居中对齐、最后一行右对齐和全部对齐。设置时选取文本后单击相应的按钮即可。
- “左缩进”文本框：用于设置所选段落文本左边向内缩进的距离。
- “右缩进”文本框：用于设置所选段落文本右边向内缩进的距离。
- “首行缩进”文本框：用于设置所选段落文本首行缩进的距离。
- “段前添加空格”文本框：用于设置插入光标所在段落与前一段落间的距离。
- “段后添加空格”文本框：用于设置插入光标所在段落与后一段落间的距离。

- **"连字"复选框**：选中该复选框，表示可以将文字的最后一个外文单词拆开形成连字符号，使剩余的部分自动换到下一行。

6.5 习题

本章主要介绍了文字的相关操作，如创建美术字文本、段落文本，设置字符格式和段落格式、创建变形字和栅格化文字等。对于本章的内容，读者重点在于掌握文字在设计中的广泛应用，为以后在图像中添加文字方面打下坚实的基础。

素材所在位置 光盘:\素材文件\第6章\习题\背景.psd、蝴蝶.psd
效果所在位置 光盘:\效果文件\第6章\资讯广告.psd、新年贺卡.psd

（1）制作一个企业资讯宣传广告，如图6-37所示。制作时需先新建一个图像文件，使用钢笔工具绘制出画面底部的曲线图像和画面中的山峦图像。然后使用横排文字工具在画面中输入文字，并在属性栏中设置字体属性。最后在画面底部的曲线图像中添加文本框，输入段落文字。

图6-37 资讯广告

（2）新建一个图像文件，分别添加各种所需的素材图像，然后使用横排文字工具在画面中输入文字，并设置不同的字体属性，如图6-38所示。

图6-38 新年贺卡

课后拓展知识

对于本章中的文字操作还应多加练习，以达到熟能生巧。另外，除了通过“字符”面板和“段落”面板来编排文字外，还可以通过菜单命令来进行操作。下面介绍文字编辑的其他功能。

- 拼写检查：Photoshop还支持对输入到文档中的英文单词的拼写进行检查，方法是选择【编辑】/【拼写检查】菜单命令，打开“拼写检查”对话框，在其中进行相应的设置，完成后单击 完成(D) 按钮即可，如图6-39所示。
- 查找和替换文本：Photoshop可以查找当前文本中需要修改的文字、单词、标点或字符，并将其替换为所需的内容。选择【编辑】/【查找和替换】菜单命令，打开“查找和替换文本”对话框，如图6-40所示。在“查找内容”文本框中输入需要替换的内容，在“更改为”文本框中输入修改后的内容，然后单击 查找下一个(I) 按钮，即可开始查找，单击 更改全部(A) 按钮即可全部替换为需要的内容。

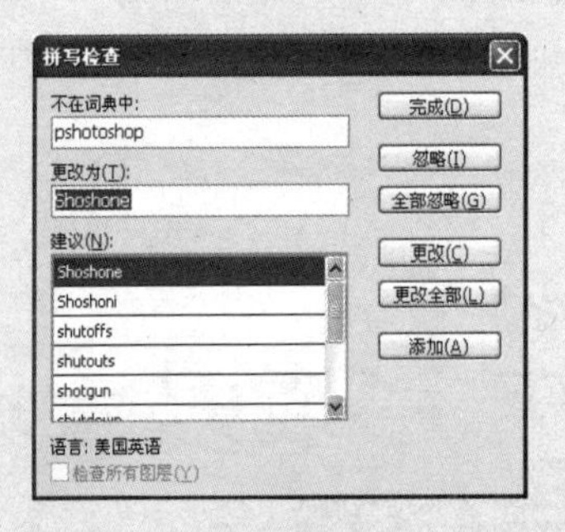

图 6-39 “拼写检查”对话框

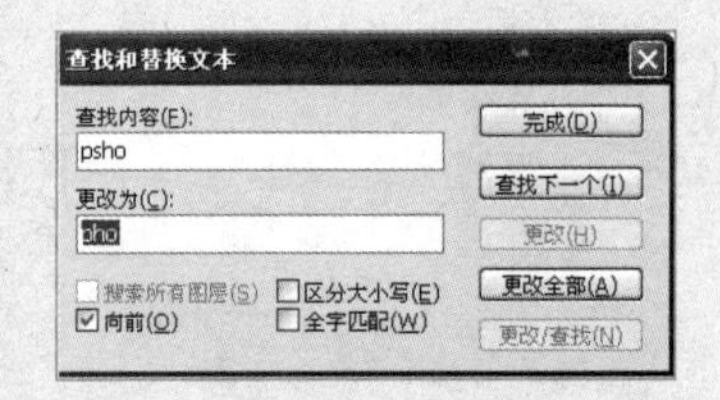

图 6-40 “查找和替换文本”对话框

- 更新所有文字图层：若打开的图像中带有其他矢量文字，可选择【图层】/【文字】/【更新所有文字图层】菜单命令，即可更新当前文件中所有文字图层的属性。
- 替换所有欠缺字体：若打开的图像文件中使用了本地计算机中没有的字体，则会提示文件缺字体，此时，可选择【图层】/【文字】/【替换所有欠缺字体】菜单命令，即可将当前系统中安装的字体替换成文档中欠缺的字体。
- 将文字转换为工作路径：选择【图层】/【文字】/【创建工作路径】菜单命令，即可将输入的文字转换为路径，用户可对其进行填充或描边操作，或通过改变锚点得到变形文字。
- 将文字转换为形状：选择【图层】/【文字】/【转换为形状】菜单命令，即可将输入的文字转换为具有矢量蒙版的形状图层，而原来图层不会被保留。

PART 7

第7章 调整图像色彩和色调

情景导入

老张发现，小白对于图像的整体色彩把握还有所欠缺，在设计图像时，不能很好地处理图像中的色彩，于是决定为小白补习一下色彩调整。

知识技能目标

- 熟练掌握图像色彩的调整方法。
- 熟悉特殊图像颜色的调整方法。
- 熟悉图像色调的调整方法

- 加强对图像色彩和色调的运用。
- 掌握“处理艺术照片色彩”作品、“制作怀旧风格照片”作品和“制作小清新风格照片”作品的制作。

课堂案例展示

处理艺术照片色彩

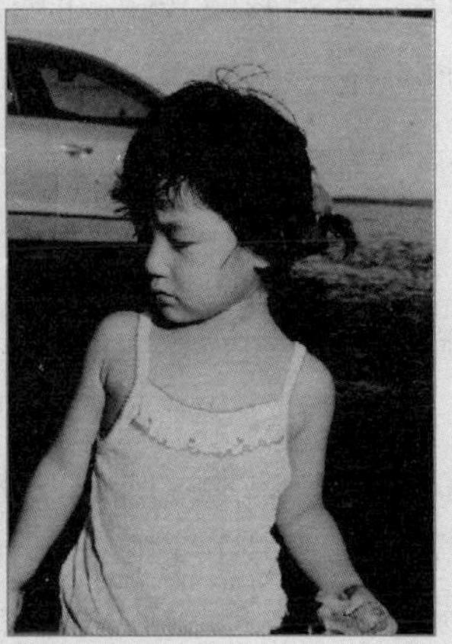

制作怀旧风格照片

制作小清新风格照片

7.1 处理一组艺术照色彩

早上，老张将小白叫到办公桌前，指着一堆照片文件说："这是一家摄影公司提供的系列照片，因为是用于宣传艺术照系列的新品，所以不用添加太多装饰，你可以调整一下色彩，美观即可"。

小白看后，觉得很简单，可以使用"亮度和对比度"、"色彩平衡"、"色相和饱和度"、"替换图像颜色"、"可选颜色"、"匹配颜色"、"照片滤镜"等菜单命令来完成。本例完成后的参考效果如图7-1所示，下面具体讲解其制作方法。

素材所在位置 **光盘:\素材文件\第7章\课堂案例1\照片1.jpg、照片2.jpg……**
效果所在位置 **光盘:\效果文件\第7章\照片1.psd、照片2.psd……**

图7-1 处理一组艺术照片色彩最终效果

行业提示

艺术照片在拍照时，画面已经很漂亮了，那么后期一般是对色调进行相应的处理即可。需要注意的是，在调整照片颜色时需要根据客户在拍照前期选择的艺术照风格类型来调整图像，否则图像的色调将与画面动作起冲突。常见的艺术照色调有冷色调、暖色调、单色调等。

7.1.1 调整亮度和对比度

"亮度/对比度"菜单命令专用于调整图像亮度和对比度，是最为简单直接的调整命令，也是用户常用的调整色彩的方法。下面调整一张偏暗的艺术照，其具体操作如下。

STEP 1 选择【文件】/【打开】菜单命令，打开"照片1.jpg"素材文件，如图7-2所示。

STEP 2 选择【图像】/【调整】/【亮度/对比度】菜单命令，打开"亮度/对比度"对话框，在其中拖动滑块调整亮度和对比度，如图7-3所示。

STEP 3 完成后单击 确定 按钮即可，完成后的效果如图7-4所示。

图7-2 素材文件效果

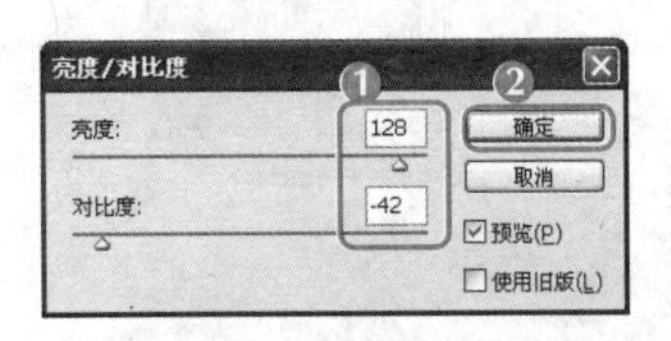

图7-3 "亮度和对比度"对话框

图7-4 完成效果

知识提示

单击选中"使用旧版"复选框，则可以得到与Photoshop CS5以前版本相同的调整结果，即进行线性调整，对比度更强，但图像细节丢失得更多。另外，选择【图像】/【调整】/【自动对比度】菜单命令，系统将会自动评估图像中的对比关系，并自动调整对比度。

7.1.2 调整色相和饱和度

"色相/饱和度"命令主要是对图像的色相、饱和度和亮度进行调整，从而达到改变图像色彩的目的。下面调整一张艺术照的色彩，降低其饱和度，其具体操作如下。

STEP 1 按【Ctrl+N】组合键打开"照片2.jpg"素材文件，如图7-5所示。

STEP 2 选择【图像】/【调整】/【色相/饱和度】菜单命令，打开"色相/饱和度"对话框，按照图7-6所示进行设置。

图7-5 素材文件效果

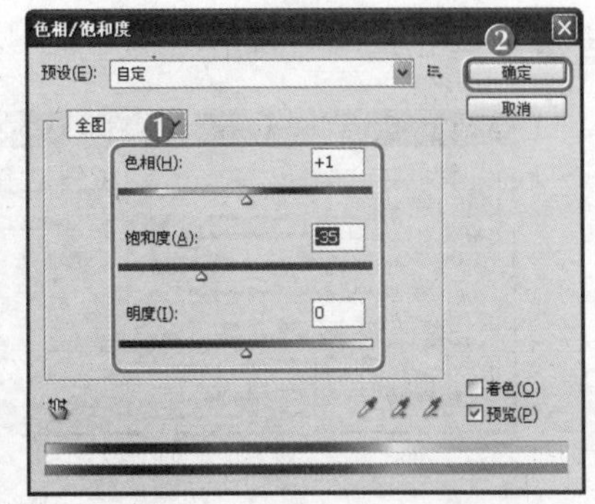

图7-6 "色相/饱和度"对话框

多学一招

在"色相/饱和度"对话框中的"全图"下拉列表框中可以选择不同的选项来隔离颜色范围，选择除"全图"选项外的其他选项时，在下面的颜色条将出现几个小滑块，用于定义将要修改的颜色范围。

STEP 3 完成后单击 确定 按钮即可，效果如图7-7所示。

图7-7 降低饱和度后的效果

知识提示

通过“色相/饱和度”命令调整图像色彩时，若被调整的图像无色或以灰色显示，应先单击选中“着色”复选框后再进行调整，“着色”复选框主要是以另一种颜色代替原有的颜色。

7.1.3 调整色彩平衡

使用“色彩平衡”命令可以在图像原色的基础上根据需要添加其他颜色，或通过增加某种颜色的补色，以减少该颜色的数量，从而改变图像的原色彩。下面将在降低饱和度后的照片中调整色彩，使其呈现偏冷色调效果，其具体操作如下。

STEP 1 选择【图像】/【调整】/【色彩平衡】菜单命令，打开“色彩平衡”对话框，在“色调平衡”栏中单击选中“中间调”单选项，然后在“色彩平衡”栏中按照图7-8所示进行设置。

STEP 2 单击选中“高光”单选项，然后在“色彩平衡”栏中按照图7-9所示进行设置。

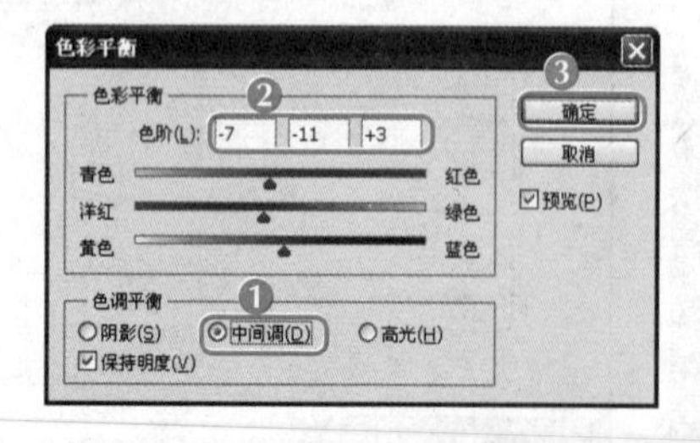

图7-8 设置中间调参数

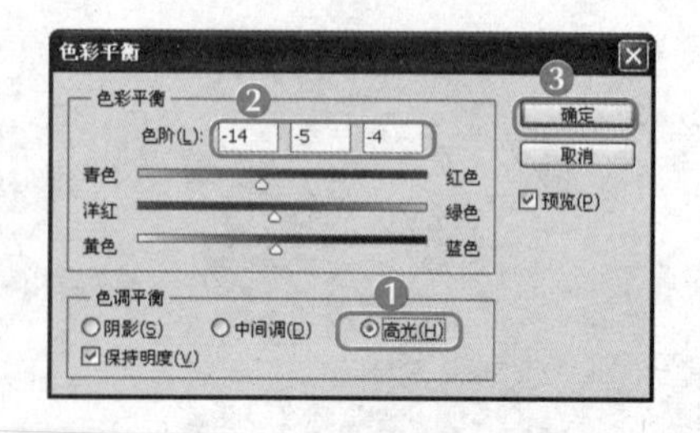

图7-9 设置高光参数

知识提示

阴影、中间调和高光分别对应图像中的低色调、半色调和高色调，单击选中相应的单选项表示要对图像中对应的色调区域进行调整。

STEP 3 完成后单击 确定 按钮即可，效果如图7-10所示。

图7-10 调整色彩平衡后的效果

7.1.4 替换图像颜色

使用“替换颜色”命令可以改变图像中固定区域颜色的色相、饱和度和明暗度，从而达到改变图像色彩的目的。下面将照片3中的红色花瓣替换为蓝色花瓣，其具体操作如下。

STEP 1 按【Ctrl+N】组合键打开“照片3.jpg”素材文件，如图7-11所示。

STEP 2 选择【图像】/【调整】/【替换颜色】菜单命令，打开“替换颜色”对话框，在“选区”栏单击“吸管工具”按钮，在图像中的红色花瓣上单击取样，如图7-12所示。

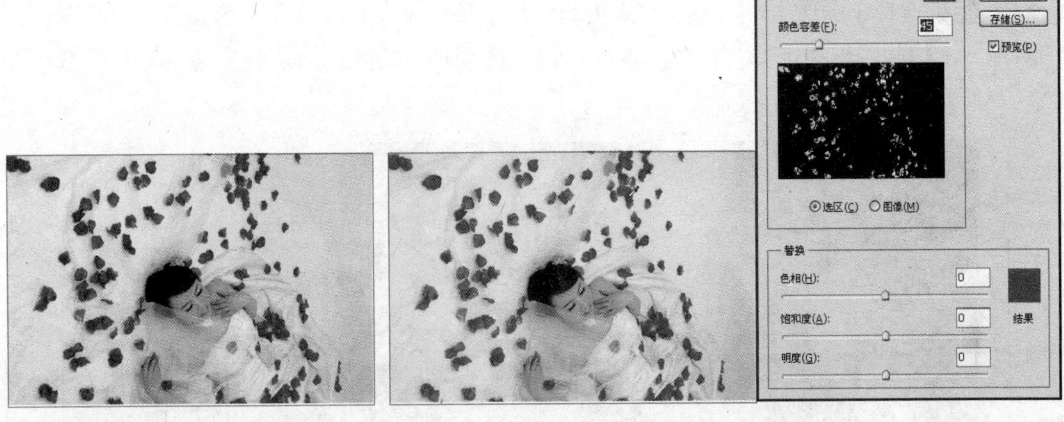

图7-11 素材文件效果　　图7-12 选取颜色替换范围

STEP 3 拖动“颜色容差”滑块，设置选区颜色容差值为“200”，在“替换栏中拖动“色相”颜色滑块，调整替换颜色，如图7-13所示。

STEP 4 完成后单击 确定 按钮即可，效果如图7-14所示。

图7-13　调整替换颜色

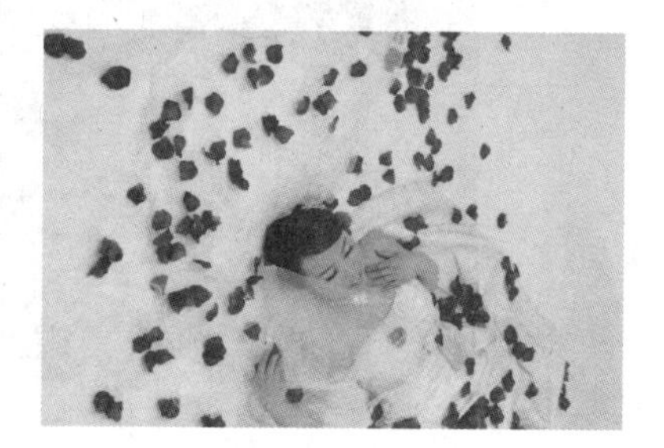

图7-14　替换颜色后的效果

知识提示

在通过“替换颜色”命令调整图像的色彩时，必须精确设置被调整颜色所在的区域，这样调整后的图像色彩才会更合理。另外，单击右侧的颜色块，在打开的“选择目标颜色”对话框中可直接选择所需颜色。

7.1.5　可选颜色

使用“可选颜色”命令，可以对RGB、CMYK和灰度等模式的图像中的某种颜色进行调整，而不影响其他颜色。其具体操作如下。

STEP 1　按【Ctrl+N】组合键打开“照片4.jpg”素材文件，如图7-15所示。

STEP 2　选择【图像】/【调整】/【可选颜色】菜单命令，打开“可选颜色”对话框，在“颜色”下拉列表框中选择“白色”选项，然后拖动其下的颜色滑块设置各种颜色参数，如图7-16所示。

图7-15　素材文件效果

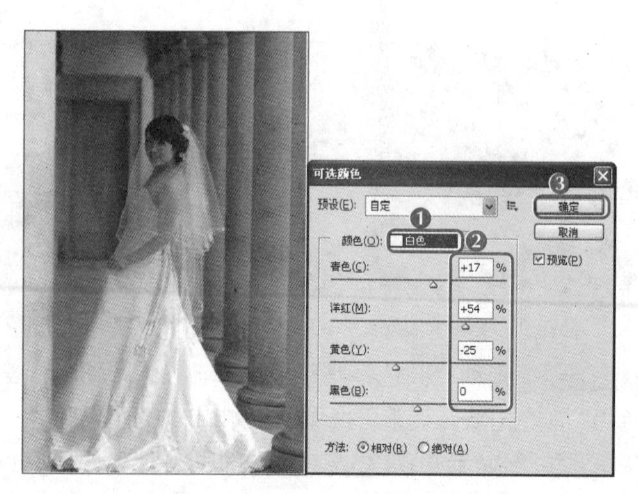

图7-16　设置“白色”颜色参数

STEP 3 在“可选颜色”对话框的“颜色”下拉列表框中选择“中性色”选项，然后拖动其下的颜色滑块设置各种颜色参数，完成后单击［确定］按钮，如图7-17所示。

STEP 4 打开“文字.psd”素材文件，在其中选择“图层1”中的图像，将其拖动到“照片4”图像文件中，然后调整到合适位置即可，效果如图7-18所示。

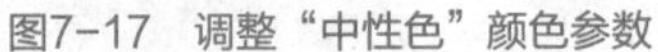
图7-17 调整“中性色”颜色参数

图7-18 添加文字素材

多学一招

在“可选颜色”对话框中即使只设置一种颜色，也会改变图像效果，使用时需要注意。另外，单击选中“相对”单选项将以CMYK总量的百分比来调整颜色；单击选中“绝对”单选项将以CMYK总量的绝对值来调整颜色。

7.1.6 匹配颜色

使用“匹配颜色”命令可以使源图像的色彩与目标图像的色彩进行混合，从而达到改变目标图像色彩的目的，其具体操作如下。

STEP 1 按【Ctrl+N】组合键打开“照片5.jpg”和“花朵.jpg”素材文件，效果如图7-19所示。

STEP 2 选择【图像】/【调整】/【匹配颜色】菜单命令，打开“匹配颜色”对话框，在“图像统计”栏的“源”下拉列表框中选择“花朵.jpg”选项。

STEP 3 在“图像选项”栏中按照图7-20所示进行设置。

多学一招

若在“匹配颜色”对话框中没有设置源图像，则“渐隐”参数设置将不产生任何作用，另外，单击［存储统计数据(V)...］按钮，可将当前的设置保存，单击［载入统计数据(O)...］按钮，可载入存储的设置。使用载入的统计数据时，无须在Photoshop CS5中打开源图像，就可以完成匹配颜色操作。

STEP 4 完成后单击［确定］按钮即可，效果如图7-21所示。

图7-19 素材文件效果

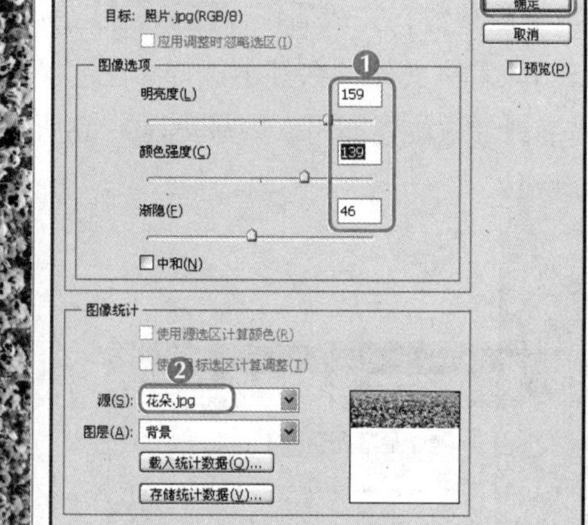

图7-20 “匹配颜色”对话框

图7-21 完成效果

7.1.7 照片滤镜

使用“照片滤镜”命令可模拟传统光学滤镜特效，使图像呈暖色调、冷色调或其他颜色色调显示。其具体操作如下。

STEP 1 按【Ctrl+N】组合键打开“照片6.jpg”素材文件，如图7-22所示。

STEP 2 选择【图像】/【调整】/【照片滤镜】菜单命令，打开“照片滤镜”对话框，在“使用”栏的下拉列表框中选择“深蓝”选项，然后拖动其下的颜色滑块设置浓度为“76%”，单击确定按钮，如图7-23所示。

图7-22 素材文件

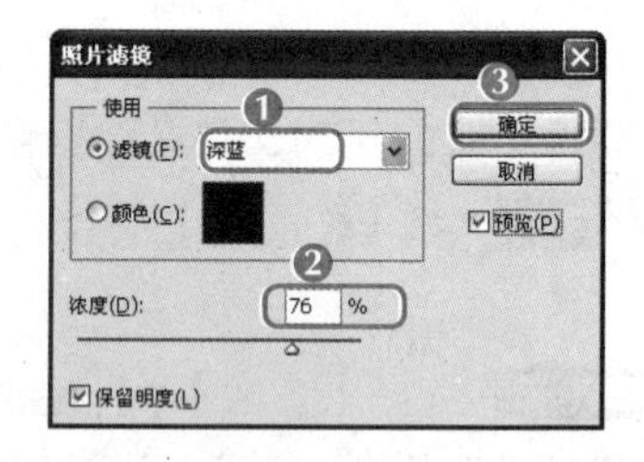

图7-23 设置“照片滤镜”对话框

STEP 3 返回图像编辑区，设置效果如图7-24所示。

图7-24 应用照片滤镜效果

7.2 制作怀旧风格照

小白终于将老张交代处理的一组艺术照修饰完成了，在放松心情的同时也在思考，通过Photoshop CS5的色彩调整功能，还可以制作出哪些效果呢？老张看小白对处理照片色彩调整的工作还意犹未尽，于是让小白根据提供的素材文件，制作出怀旧风格的照片。

通过对照片整体色彩的分析，小白决定通过去色、曲线和反向命令来完成怀旧照片的制作。本例的参考效果如图7-25所示，下面将具体讲解其制作方法。

素材所在位置 光盘:\素材文件\第7章\课堂案例2\小孩.jpg
效果所在位置 光盘:\效果文件\第7章\怀旧风格照片.psd

行业提示

在将照片进行怀旧风格处理时，注意以下几点将对色彩的调整有很大帮助。

①所谓怀旧风格的照片并不一定是指照片古老或黑白色调，若每张怀旧风格照片都如此处理，则会使处理出来的照片千篇一律。

②怀旧风格的照片可以是在视觉上给人以“旧”的感觉，如照片色调偏蓝色或黄色等。

③在调整色彩完成后，还需要对图像的细节部分稍作处理，使画面更加真实合理。

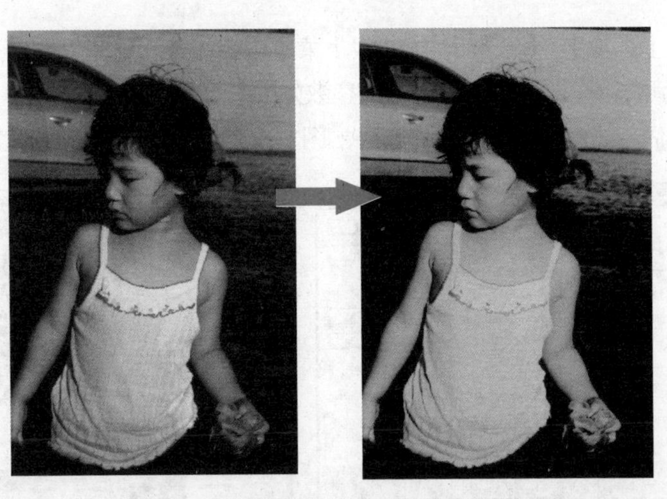

图7-25 “怀旧风格照片”制作前后对比效果

7.2.1 去色

“去色”命令可以去除图像中的所有颜色信息，从而使图像呈灰色显示，下面先对照片去色，其具体操作如下。

STEP 1 打开提供的“小孩.jpg”素材文件。

STEP 2 按【Ctrl+J】组合键复制一个图层得到“图层1”，选择【图像】/【调整】/【去色】菜单命令，去除图像中的颜色，效果如图7-26所示。

STEP 3 按【Ctrl + B】组合键打开“色彩平衡”对话框，在其中按照图7-27所示进行设置。

STEP 4 完成后单击 确定 按钮，效果如图7-28所示。

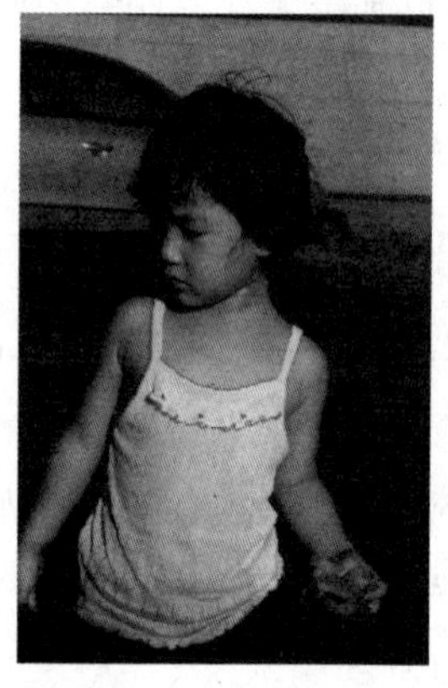

图7-26 执行“去色”命令

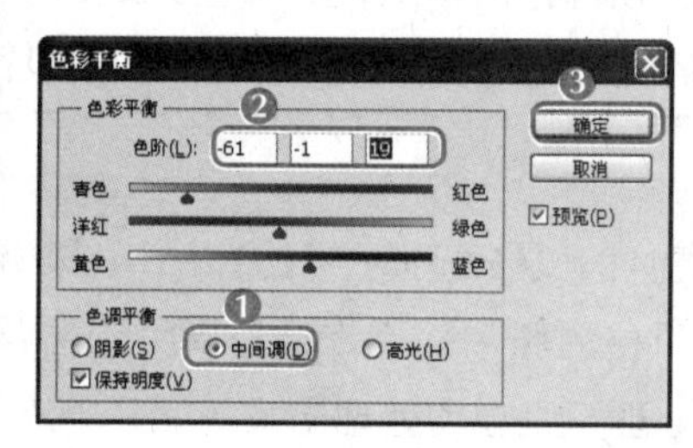

图7-27 设置色彩平衡

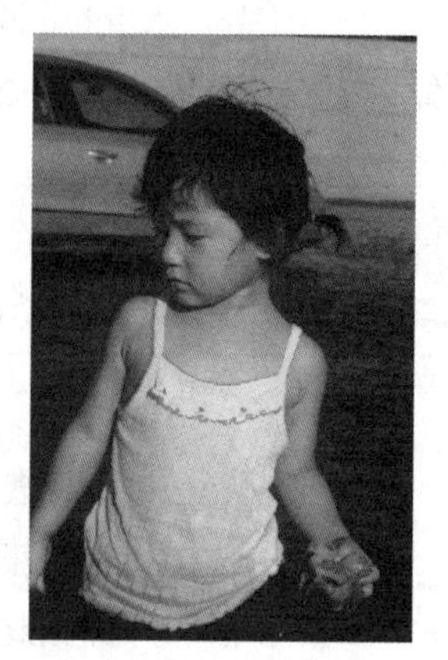

图7-28 调整色彩平衡后的效果

7.2.2 调整曲线

“曲线”命令是选项最丰富、功能最强大的颜色调整工具，它允许调整图像色调曲线上的任意一点。使用“曲线”命令也可以精确地调整图像的亮度、对比度、纠正偏色等。其具体操作如下。

STEP 1 选择【图像】/【调整】/【曲线】菜单命令，打开“曲线”对话框，在其中的线条上单击，创建节点，并拖曳鼠标调整相关参数如图7-29所示。

STEP 2 完成后单击 确定 按钮，效果如图7-30所示。

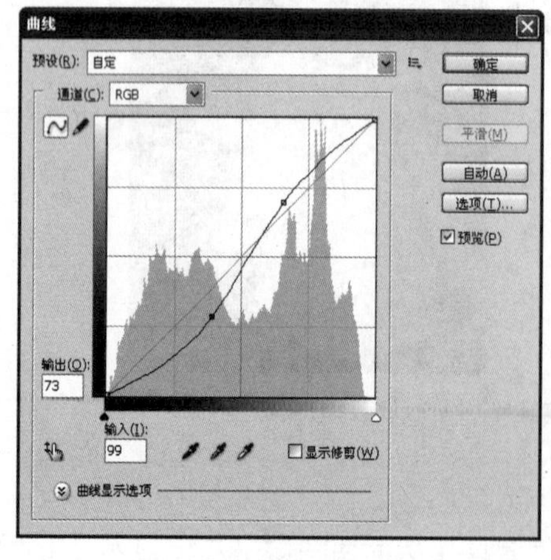

图7-29 设置“曲线”对话框

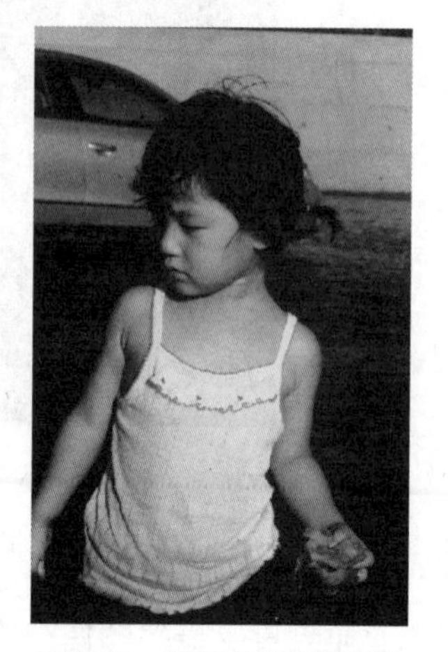

图7-30 调整曲线后的效果

STEP 3 单击“通道”选项卡，切换到通道面板，按住【Ctrl】键的同时单击“RGB”图层缩略图，将图像中的亮色部分载入选区，如图7-31所示。

STEP 4 单击“图层”选项卡返回“图层”面板，新建一个图层，并填充颜色为黄色（R:238、G:237、B:206），效果如图7-32所示。

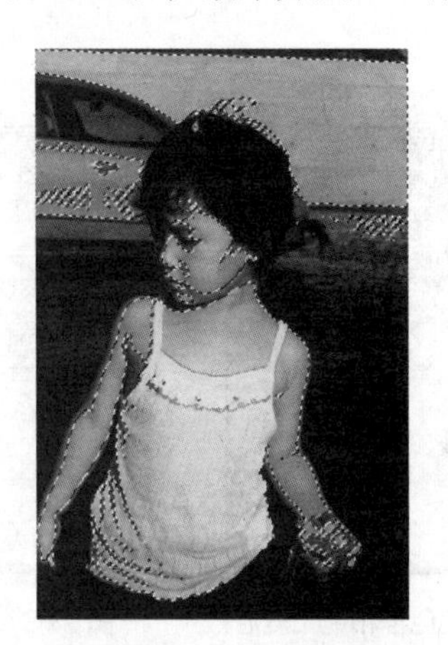
图7-31 创建选区

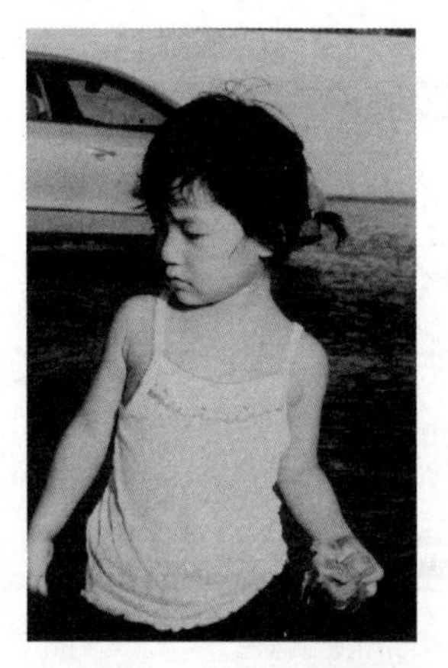
图7-32 填充颜色效果

7.2.3 反相

使用“反相”命令可将图像的色彩反转，如同将黑色转变为白色一样，且不会丢失图像颜色信息。其具体操作如下。

STEP 1 将“背景”图层拖曳到“图层”面板底部的“新建”按钮，复制背景图层，按【Ctrl + Shift +]】组合键将其移动到最上方。

STEP 2 选择【图像】/【调整】/【反相】菜单命令，将图像中的颜色反向，然后设置图层混合模式为“饱和度”，不透明度改为“60%”，完成后效果如图7-33所示。

STEP 3 按【Ctrl + E】合并所有图层，然后按【Ctrl + U】组合键打开“色相/饱和度”对话框，在中间的下拉列表中选择“绿色”选项，按照图7-34所示设置参数。

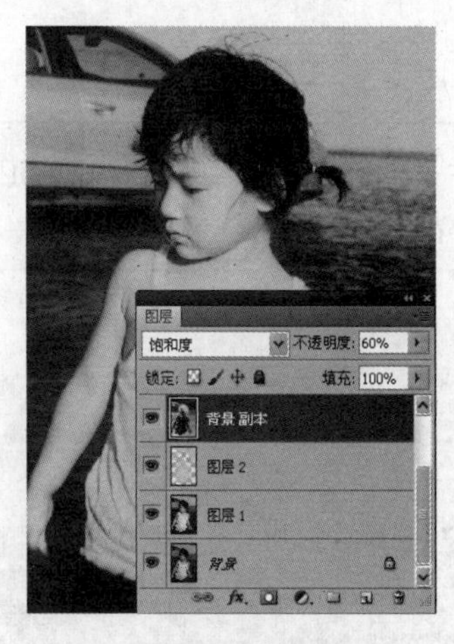

图 7-33 设置图像颜色反向

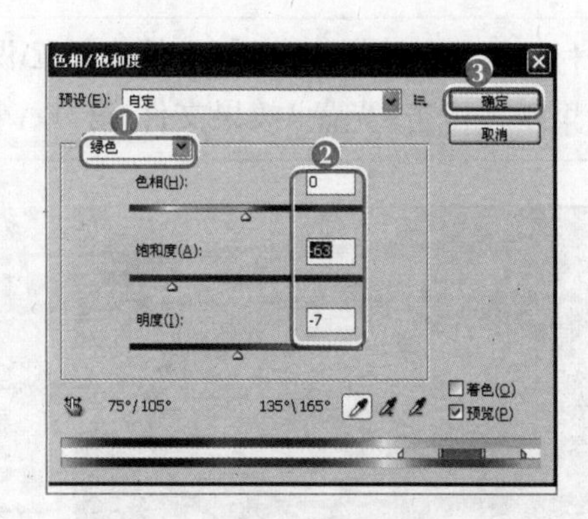

图7-34 调整图像中的绿色色调

STEP 4 在中间列表框中选择“青色”选项，按照图7-35所示设置图像的青色色调。

STEP 5 完成后单击 确定 按钮，效果如图7-36所示。

STEP 6 按【Ctrl+J】组合键复制图层，然后在图层面板中设置图层混合模式为“颜色加深”，不透明度为“50%”，效果如图7-37所示。

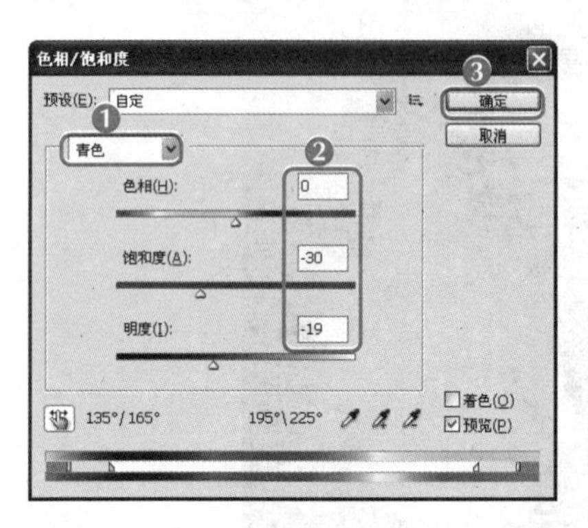

图 7-35 调整青色

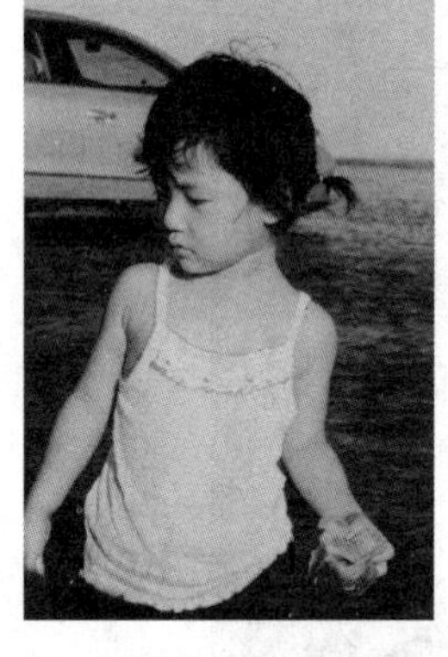

图 7-36 调整色相和饱和度后效果

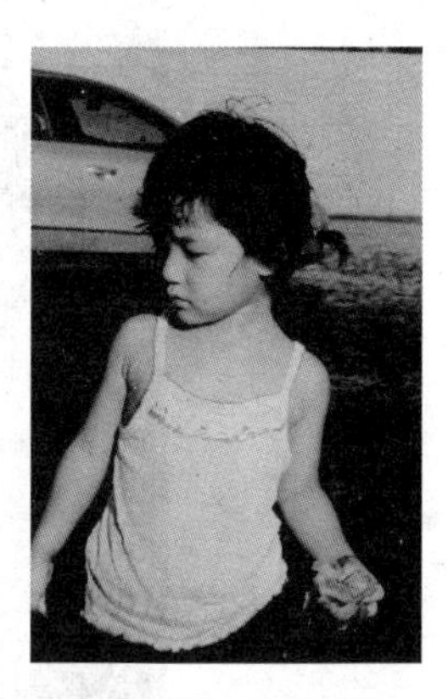

图 7-37 最终效果

知识提示

“反相”命令不仅能将图像转化为负片，还可以将负片转化为原图像，只需再次选择【图像】/【调整】/【反相】菜单命令即可。

7.3 制作小清新风格照片

小白出色地完成了老张交代的所有任务，对Photoshop的色彩调整也有了一定的使用心得，回到家中打开计算机，发现老张给自己发了一个邮件，主要是将附件中的照片通过色彩调整，制作出小清新流行风格的照片，并希望小白明天一早能够交出作品来。

时间紧迫，小白略作思考后，便决定通过“通道混合器”和“渐变映射和变化”命令来实现。本例的参考效果如图7-38所示，下面将具体讲解其制作方法。

素材所在位置 光盘:\素材文件\第7章\课堂案例3\文字.psd、照片.jpg……
效果所在位置 光盘:\效果文件\第7章\小清新风格照片.psd

图7-38 “小清新风格照片”制作前后对比效果

7.3.1 使用通道混合器

使用“通道混合器”命令可以将图像中不同的通道颜色进行混合，从而达到改变图像色彩的目的。其具体操作如下。

STEP 1 打开“照片.jpg”素材文件，复制一个背景图层，选择【图像】/【调整】/【通道混合器】菜单命令，打开“通道混合器”对话框。

STEP 2 在“输出通道”下拉列表框中选择“红”选项，表示要混合“红”通道，在“源通道到”栏中拖动滑块调整颜色参数，如图7-39所示。

STEP 3 利用相同的方法设置“绿”和“蓝”通道的颜色参数，单击 确定 按钮，如图7-40所示。

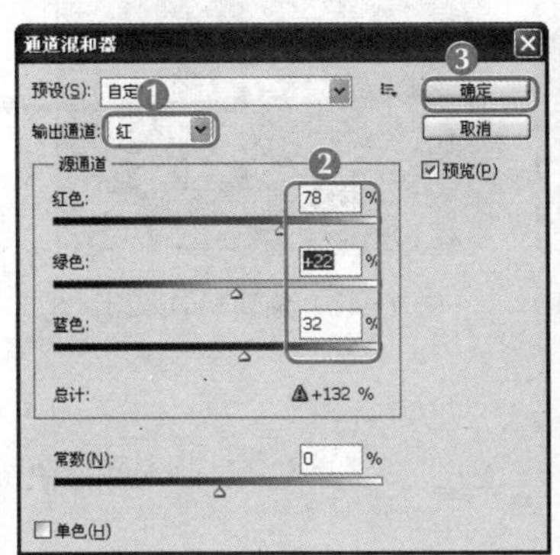

图 7-39 设置“红”通道

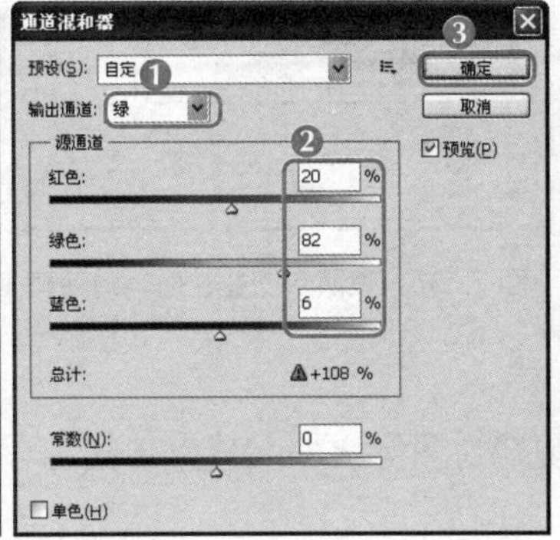

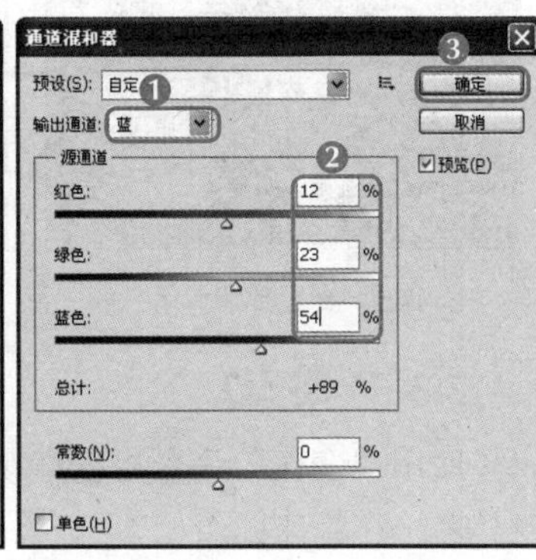

图 7-40 设置“绿”和“蓝”通道

STEP 4 设置完成后效果如图7-41所示。

STEP 5 选择【编辑】/【渐隐通道混合器】菜单命令，在打开的对话框中设置混合模式为“叠加”，不透明度为“50%”，如图7-42所示。

STEP 6 设置完成后单击 确定 按钮，效果如图7-43所示。

图 7-41 设置通道混合器后的效果

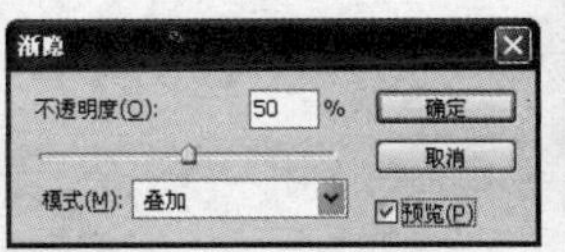

图7-42 “渐隐”对话框

图7-43 渐隐通道混合器效果

7.3.2 渐变映射

“渐变映射”命令主要用于对图像以渐变颜色进行叠加，从而改变图像色彩。这里主要用来改变图像为黑白效果，具体操作如下。

STEP 1 隐藏除背景图层外的其他图层，使用矩形选框工具选取图像中的人物部分，按

【Ctrl+J】组合键拷贝图层，并对其进行自由变换，然后将选取的图像载入选区，设置描边为“白色、5px”，如图7-44所示。

STEP 2 选择【图像】/【调整】/【渐变映射】菜单命令，打开“渐变映射”对话框，在其中单击“灰度映射所用的渐变”下拉列表。

STEP 2 打开“渐变编辑器”对话框，在其中选择“黑白渐变”选项，单击 确定 按钮，如图7-45所示。

STEP 3 设置完成后单击 确定 按钮，效果如图7-46所示。

图 7-44 描边选区

图 7-45 设置“渐变映射”对话框

图 7-46 渐变映射效果

7.3.3 变化

使用“变化”命令可以直观地为图像增加或减少某些色彩，还可以方便地控制图像的色彩关系。其具体操作如下。

STEP 1 打开“照片1.jpg”素材文件，使用移动工具将其移动到“照片”图像中，然后对其进行自由变换，并描边为“白色、5px”，效果如图7-47所示。

STEP 2 选择【图像】/【调整】/【变化】菜单命令，打开“变化”对话框，在其中单击两次“加深黄色”选项，效果如图7-48所示。

图 7-47 调入其他素材

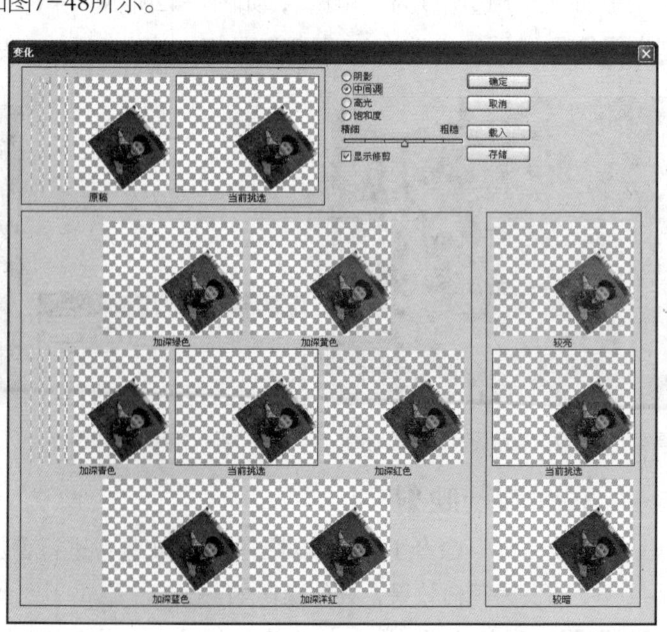

图 7-48 “变化”对话框

STEP 3 完成后单击 确定 按钮即可，效果如图7-49所示。

图 7-49 变化颜色后的效果

7.3.4 色调均化

"色调均化"命令可以在调整颜色时，重新分配图像中各像素的亮度值，其中最暗值为黑色或相近的颜色，最亮值为白色，中间像素均匀分布。其具体操作如下。

STEP 1 将"照片1.jpg"中的图像复制到"照片"图像中，对其进行自由变换，并描边，效果如图7-50所示。

STEP 2 选择【图像】/【调整】/【色调均化】菜单命令，即可使图像中的像素平均分布，效果如图7-51所示。

图 7-50 调入素材

图 7-51 色调均化效果

STEP 4 设置前景色为淡黄色（R:248，G244，B234），新建一个透明图层，在工具箱中选择渐变工具。

STEP 5 在工具属性栏中单击"渐变编辑器"按钮，在打开的对话框中设置渐变样式为"前景色到透明"，然后在图像左侧拖曳鼠标渐变填充，效果如图7-52所示。

STEP 6 打开"文字.psd"文件，将其中的文字图像移动到照片左侧，并调整好大小，然后按【Ctrl+S】组合键将文件保存为"小清新照片.psd"，完成本例制作，效果如图7-53所示。

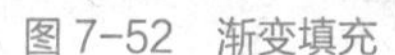

图 7-52　渐变填充

图 7-53　调入文字素材

7.4 实训——制作唯美写真

7.4.1 实训目标

本实训主要是制作一张唯美写真，要求画面唯美，配图合理，色彩漂亮，主要运用了曲线和通道混合等操作。在制作时，要注意照片整体色调的调整。本实训的参考效果如图7-54所示。

素材所在位置　光盘:\素材文件\第7章\实训\花纹1.jpg、花纹2.jpg、沙滩.jpg、照片1.jpg、照片.jpg……

效果所在位置　光盘:\效果文件\第7章\唯美写真.psd

图7-54　唯美写真效果

7.4.2 专业背景

随着数字科技的发展，艺术照也在生活中普及，常常会有各种风格的写真艺术照，根据色彩来划分可分为冷色调、暖色调、单色调等，根据画面性质来划分又可分为韩版写真、唯美写真、童趣写真等，只需根据用户的需要来选择。写真可以是一组照片，也可以是一张照片，而本例只制作一张画面唯美的写真即可。

7.4.3 操作思路

完成本实训可先绘制基本的背景，然后调整照片色调，再添加一些文字和花纹，并调整到合适位置即可，其操作思路如图7-55所示。

①制作背景 ②调整照片色调 ③添加文字和花纹

图7-55 制作唯美写真的操作思路

【步骤提示】

STEP 1 打开"沙滩.jpg"素材文件，绘制1个圆角矩形路径，将其填充为白色，适当旋转后添加杂色滤镜和纹理化滤镜，然后为其添加投影效果。

STEP 2 复制一个圆角矩形所在的图层，适当旋转后将其放到图层1下方。

STEP 3 打开"照片.jpg"图像，通过"计算"命令计算通道颜色，然后将计算后的通道颜色复制一层。

STEP 4 调出高光选区并复制，然后更改图层混合模式为"滤色"。

STEP 5 对复制的图层执行高斯模糊滤镜，然后通过曲线调整色调。

STEP 6 盖印图层，然后设置该图层的混合模式和不透明度，再合并图层，将其拖至要编辑的图像窗口中，使用圆角矩形工具绘制路径，其中圆角半径为"20px"。

STEP 7 将矩形路径载入选区，反选后清除，最后自由变换图像到合适的位置。

STEP 8 利用相同的方法处理另一张照片色调，然后将其放在另一个圆角矩形图像上。

STEP 9 在其中添加文字并进行设置，然后调入花朵素材并进行适当调整，完成制作。

7.5 疑难解析

问：在处理曝光过度的照片时，怎样快速地使照片恢复正常呢？

答：无论照片是曝光过度或者曝光不足，选择【图像】/【调整】/【阴影/高光】菜单命令都可以使照片恢复到正常的曝光状态。"阴影/高光"命令不是单纯地使图像变亮或变暗，而是通过计算，对图像局部进行明暗处理。

问：为什么有时候想用"变化"命令对图像调色时，"变化"命令不可用呢，这时要怎

么解决呢?

答：查看图像窗口标题栏，确认图像模式是不是“索引”模式或者“位图”模式，“变化”命令不能用在这两种颜色模式的图像上。选择【图像】/【模式】/【RGB颜色】菜单命令，将图像模式转换成RGB模式，即可使用“变化”命令调整颜色。

问：“色阶”命令能达到什么效果呢？其色调映射原来是怎样的?

答：“色阶”命令主要是调整图像的阴影、中间调和高光的强度级别，矫正色调范围和色彩平衡。按【Ctrl+L】组合键可打开“色阶”对话框，如图7-56所示。在“输入色阶”栏中，阴影滑块位于色阶0处时，则对应的像素是纯黑色，如果向右移动阴影滑块，则Photoshop会将当前阴影滑块位置的像素值映射为色阶“0”，即滑块所在位置左侧的所有像素都为黑色；高光滑块位于色阶255处，其对应的像素是纯白色，若向左移动高光滑块，则滑块所在位置右侧的所有像素都会变为白色；中间调滑块位于色阶128处，主要用于调整图像中的灰度系数，可以改变灰色调中间范围的强度值，但不会明显改变高光和阴影。“输出色阶”栏中的两个滑块主要用于限定图像的亮度范围，当拖曳暗部滑块时，左侧的色调都会映射为滑块当前位置的灰色，图像中最暗的色调将不再为黑色，而是变为灰色，拖曳白色滑块，其作用与暗部滑块相反。

问：“色调分离”命令能实现什么样的效果呢?

答：使用“色调分离”命令可以指定图像的色调级数，并按此级数将图像的像素映射为最接近的颜色。对灰度图像使用“色调分离”命令能产生较显著的艺术效果。图7-57所示为对图像应用色调分离命令后的效果。

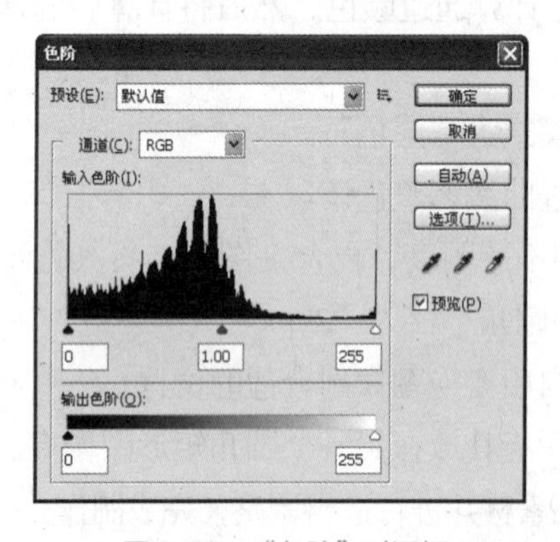

图7-56 “色阶”对话框

图7-57 进行色调分离前后效果

问：怎样快速将一张照片制作出人物涂鸦的效果呢?

答：通过色彩调整中的“阈值”命令即可，“阈值”命令主要用于简化图像细节，可制作人物剪影效果。

7.6 习题

本章主要介绍了色彩和色调调整的相关操作，如亮度/对比度、色彩平衡、色相/饱和度、替换颜色、照片滤镜、曲线、去色、反向、通道混合器、渐变映射、变化等调整命令。

对于本章的内容，读者要好好把握各种色彩和色调调整命令实现的效果，能够根据素材图像中的色彩或色调，分析出需要调整时使用的命令，然后通过拖曳滑块设置参数调整到合适的效果。

素材所在位置 光盘:\素材文件\第7章\习题\风景.jpg、静物.jpg、大树.jpg
效果所在位置 光盘:\效果文件\第7章\风景.jpg、静物.jpg、大树.jpg

（1）将提供的“风景.jpg”素材文件中的图像进行处理，处理前后的图像效果如图7-58所示。在制作过程中需要对暗淡的图像提高亮度和对比度等，然后再对图像整体色调进行调整。

图7-58 调整风景照片前后效果

（2）将提供的素材照片进行颜色调整，调整前后的对比效果如图7-59所示。在制作过程中首先要调整照片中曝光不足的现象，然后再对图像偏色进行调整。

图7-59 调整照片偏色前后效果

（3）打开提供的“大树.jpg”素材图像，通过“色相/饱和度”和“曲线”命令调整颜色，参考效果如图7-60所示。

图7-60 改变色调前后效果

课后拓展知识

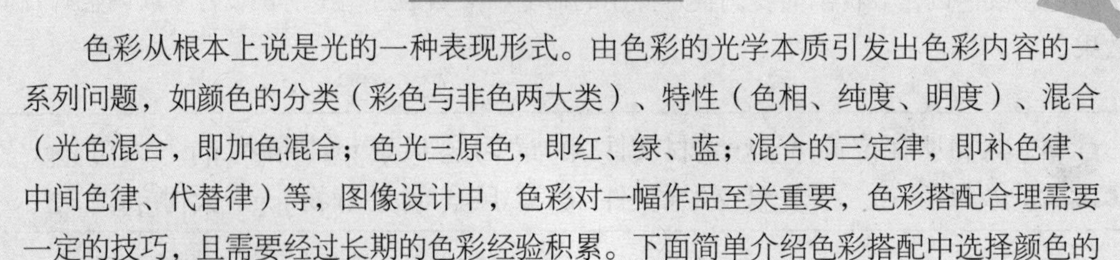

色彩从根本上说是光的一种表现形式。由色彩的光学本质引发出色彩内容的一系列问题，如颜色的分类（彩色与非色两大类）、特性（色相、纯度、明度）、混合（光色混合，即加色混合；色光三原色，即红、绿、蓝；混合的三定律，即补色律、中间色律、代替律）等，图像设计中，色彩对一幅作品至关重要，色彩搭配合理需要一定的技巧，且需要经过长期的色彩经验积累。下面简单介绍色彩搭配中选择颜色的几种技巧。

- 联想法：设计作品在选择色彩时，可通过色彩联系有序的确定作品的主色调，如需要设计的作品要体现深邃、时尚、没有枯燥感觉的OA界面设计，那么蓝色可以说是最好的选择，此时，通过一片蓝色，又可联想到蓝天、大海和蓝衬衣，可以说，每个人联想到的物品各不相同。色块是抽象的，无法表达明确的信息，但可以通过色彩的有序联想来让色彩依附于形，让色彩与图形产生直接有效的联想关系。该方法是一个讨巧的色彩设计技巧。
- 色彩情感法：色彩包罗万象，与人们的感情和表达内容息息相关，不同的颜色，可以表现出不同的人物性格，即使一种颜色的不同色调，也可以呈现出上百万种的精神样貌。颜色可以描述出人们的心情，如橙色给人积极向上、热情的精神。

常见的色彩相关搭配如下。

- 黄色：黄色一般代表愉悦、嫉妒、奢华、光明和希望的感觉；食品、能源、照明和金融等行业使用。黄色是最亮丽的颜色，如“黄+黑”搭配非常明晰，“黄+果绿+青绿”搭配协调中有对比，“桔黄+紫+浅蓝”搭配对比中有协调。
- 橙色：橙色一般代表温暖、欢乐、热情和忧郁的感觉，食品、石化、建筑和百货等行业使用。橙色是最温暖的颜色，因此将橙色和冷色系搭配很不错，如“黄+蓝”搭配时，只需稍微将一种颜色调深，即可体现出明暗对比效果。
- 蓝色：蓝色一般代表轻盈、忧郁、深远、宁静和科技的感觉，IT、交通、金融、农林等行业都使用。常见的商务风格配色为“蓝+白+浅灰”搭配，体现清爽干净；“蓝+白+深灰”搭配，体现成熟稳重；“蓝+白+对比色（或准对比色）”搭配，体现明快活跃。
- 红色：红色一般代表勇敢、激怒、热情、危险和祝福的感觉，食品、交通、金融、石化、百货等行业使用。红色具有很强的视觉冲击效果，“红+黑白灰”的搭配更能体现冲击感。

PART 8

第8章 图层的高级应用

情景导入

小白在学校的时候学过Photoshop中关于图层的应用，本以为能够很出色地应用，但是，看过老张的作品后，才知道图层还有很多特殊功能。

知识技能目标

- 掌握图层样式的相关操作。
- 熟练使用图层蒙版来处理图像。
- 熟悉3D图层的相关使用方法。

- 加强对图层高级应用的操作能力。
- 掌握“网页导航按钮”作品、“书籍插画”作品和“3D地球效果”作品的制作。

课堂案例展示

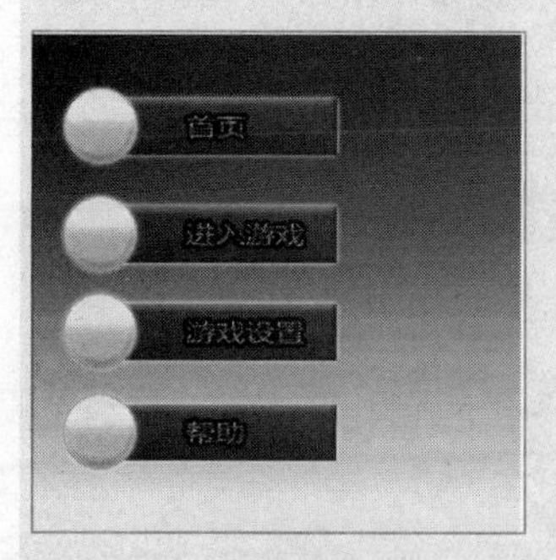

网页导航按钮

书籍插画

3D地球效果

8.1 制作网页导航按钮

一大早，小白就将制作的小清新照片拷贝给老张，发现老张正在处理一个网页界面，老张看小白对此很感兴趣，而且手中也还有很多事情忙不过来，于是就让小白来完成网页导航按钮的制作。

老张告诉小白："用Photoshop来进行网页美工时只需要制作出网页界面的效果即可，这是一家网络游戏公司委托制作的首页界面网页。在制作按钮时，可通过添加各种图层样式的方法来完成制作"。本例完成后的参考效果如图8-1所示，下面具体讲解其制作方法。

效果所在位置 光盘:\效果文件\第8章\网页导航按钮.psd

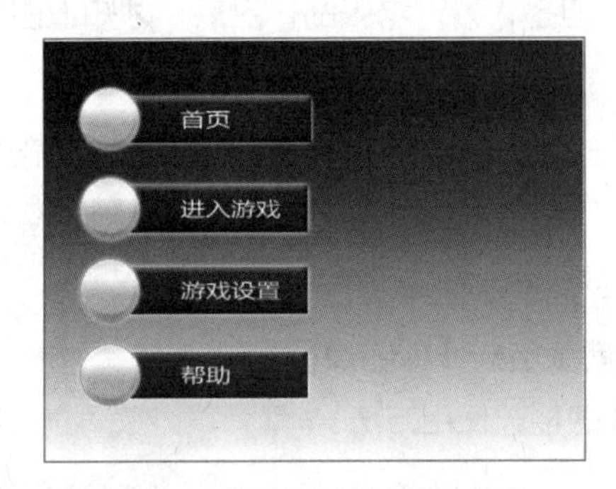

图8-1 网页导航按钮的最终效果

网页对于按钮的尺寸并没有固定的要求，在制作时可根据用户需要适当调整，如用户需要提高点击率，可将按钮的尺寸相对设计大一些，颜色可更加明艳一些，另外，还需要注意，按钮色彩选择需要切合当前网页的主题元素，否则会格格不入。

8.1.1 添加图层样式

Photoshop CS5提供了多种图层样式，用户应用一种或多种图层样式，即可制作出特殊的图形效果。下面在"按钮.psd"图像中添加图层样式，其具体操作如下。

STEP 1 新建一个名称为"按钮"，大小为默认的图像文件。

STEP 2 在工具箱中选择渐变工具，对图像进行渐变填充，效果如图8-2所示。

STEP 3 新建一个透明图层，在工具箱中选择矩形选框工具，然后在图像中创建一个矩形选框，并填充为"黑色"，取消选区后效果如图8-3所示。

STEP 4 选择【图层】/【图层样式】/【外发光】菜单命令，打开"图层样式"对话框，并切换到"外发光"选项卡，按照图8-4所示进行设置。

STEP 5 在左侧的"样式"栏中单击选中"斜面和浮雕"复选框，并切换到"斜面和浮雕"选项卡，按照图8-5所示进行设置。

图8-2 渐变填充

图8-3 填充矩形选区

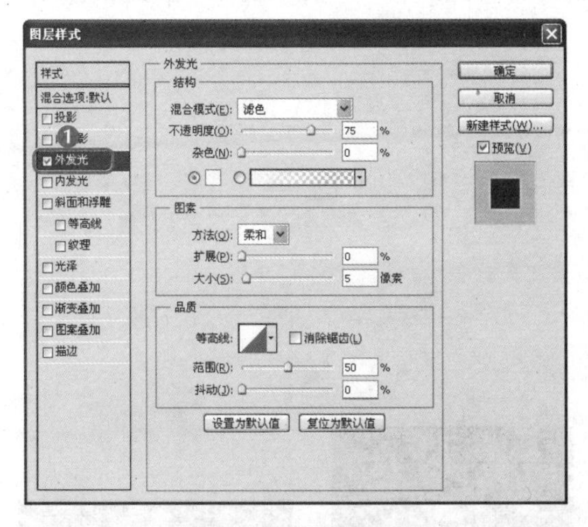

图8-4 设置外发光参数

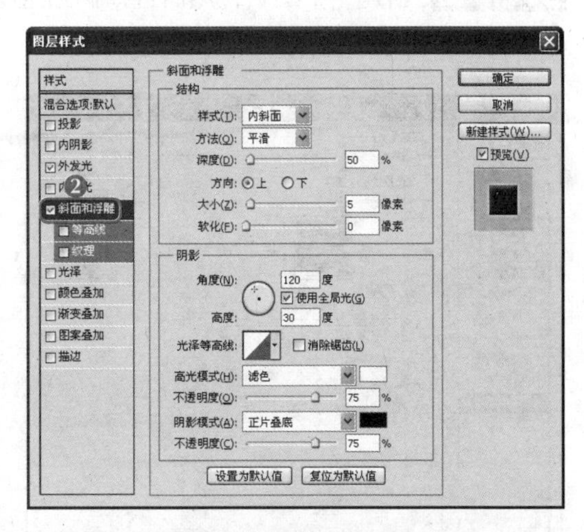

图8-5 设置斜面和浮雕

STEP 6 单击选中“颜色叠加”复选框，并切换到“颜色叠加”选项卡，按照图8-6所示进行设置，其中颜色为蓝色（R:0、G:150、B:255）。

STEP 7 单击选中“渐变叠加”复选框，切换到“渐变叠加”选项卡，按照图8-7所示进行设置。

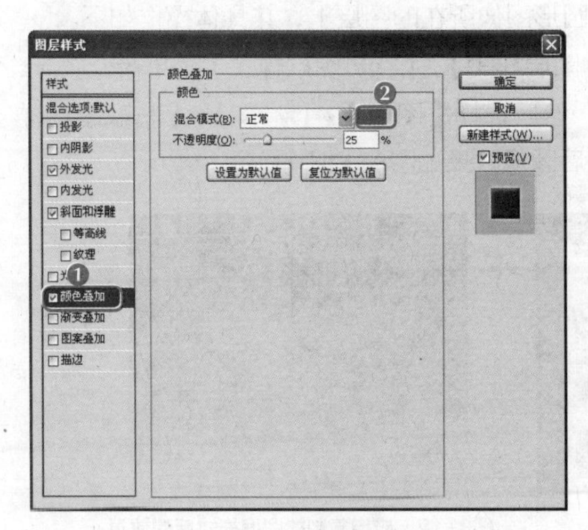

图8-6 设置颜色叠加参数

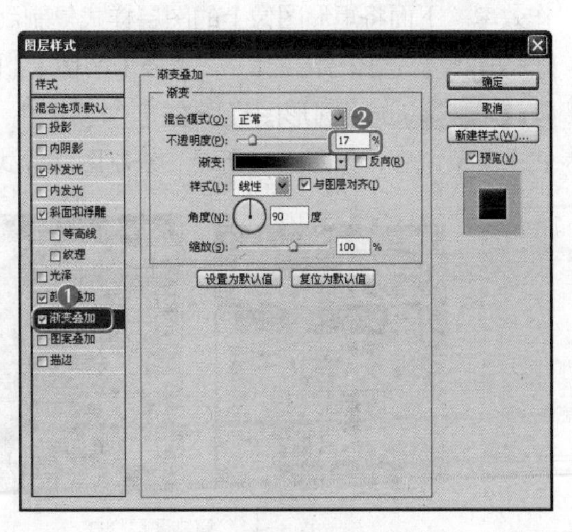

图8-7 设置渐变叠加参数

多学一招

在"图层"面板中单击"添加图层样式"按钮，在打开的菜单中选择相应的图层样式，即可打开"图层样式"对话框；在"图层"面板中的图层上双击，也可以打开"图层样式"对话框。

STEP 8 单击选中"图案叠加"复选框，切换到"图案叠加"选项卡，按照图8-8所示进行设置，其中图案为"生锈金属"。

STEP 9 设置完成后单击 确定 按钮，返回图像中即可查看应用图层样式后的效果，如图8-9所示。

STEP 10 新建一个图层，然后选择椭圆选框工具，利用【Shift】键来创建一个圆形选区，并填充为"黑色"，效果如图8-10所示。

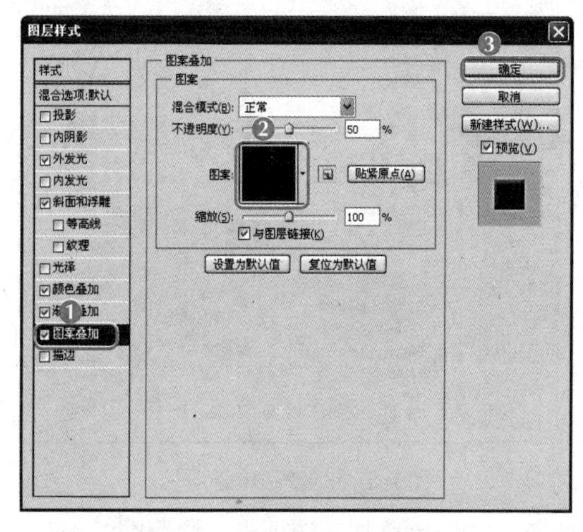

图8-8 设置图案叠加参数

图8-9 添加图层样式后的效果

图8-10 创建圆形图像

8.1.2 复制图层样式

创建的图层样式还可以通过复制的方式快速为其他图层添加相同的图层样式，以提高工作效率。下面将矩形图像上的图层样式复制到圆形图像所在的图层上，其具体操作如下。

STEP 1 选择"图层1"，选择【图像】/【图层样式】/【拷贝图层样式】菜单命令。

STEP 2 选择圆形图形所在的"图层2"，然后选择【图像】/【调整】/【粘贴图层样式】菜单命令，如图8-11所示，复制图层样式后图像效果如图8-12所示。

图8-11 复制图层样式

图8-12 应用复制的图层样式后的效果

知识提示

按住【Alt】键的同时，用鼠标左键拖曳“图层样式”图标 fx 到目标图层上也可实现复制图层样式操作，若没有按住【Alt】键，则可将图层样式移动到目标图层上。

8.1.3 编辑图层样式

若创建或复制的图层样式不能达到预期的效果，还可以对图层样式进行编辑。其具体操作如下。

STEP 1 在“图层”面板中双击“图层2”下方的“效果”文本，打开“图层样式”对话框，在其中单击选中“外发光”复选框，并按照图8-13所示设置参数。

STEP 2 单击选中“内发光”复选框，然后按照图8-14所示设置参数。

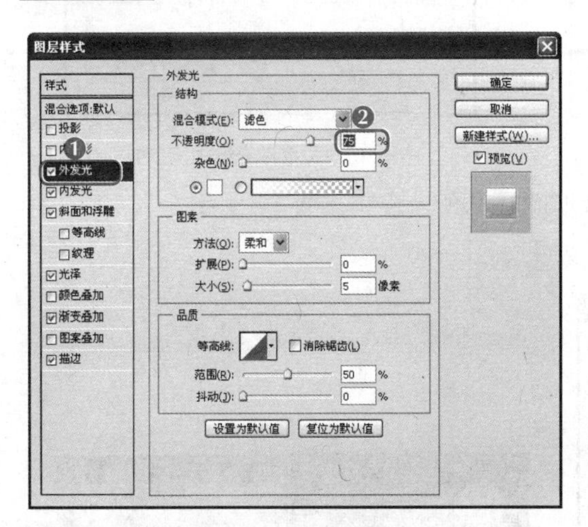

图8-13 设置外发光参数

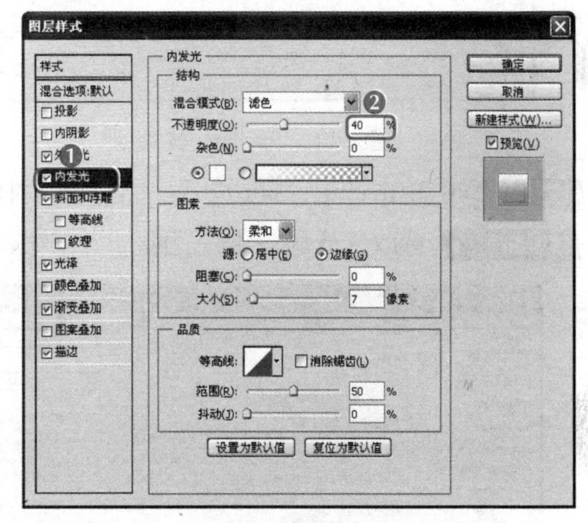

图8-14 设置内发光参数

STEP 3 单击选中“斜面和浮雕”复选框，然后按照图8-15所示修改其中的参数。

STEP 4 单击选中“光泽”复选框，然后按照图8-16所示设置参数。

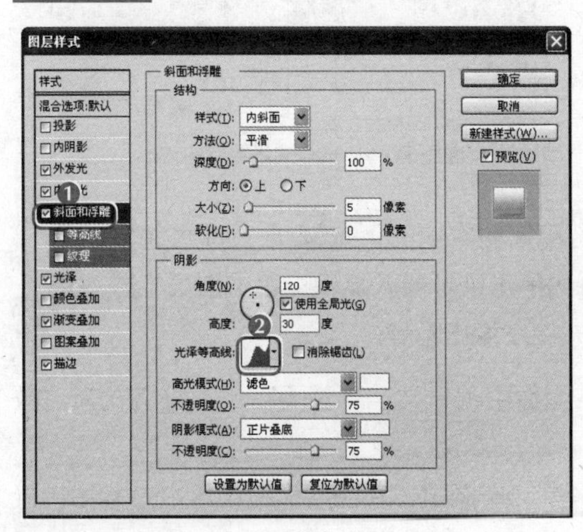

图8-15 设置斜面和浮雕参数

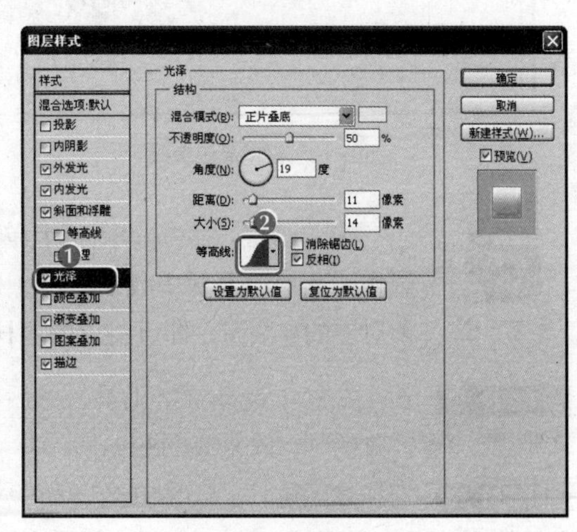

图8-16 设置光泽参数

STEP 5 撤销选中“颜色叠加”和“图案叠加”复选框，切换到“渐变叠加”选项卡，然后按照图8-17所示修改其中的参数，其中渐变编辑器设置如图8-18所示。

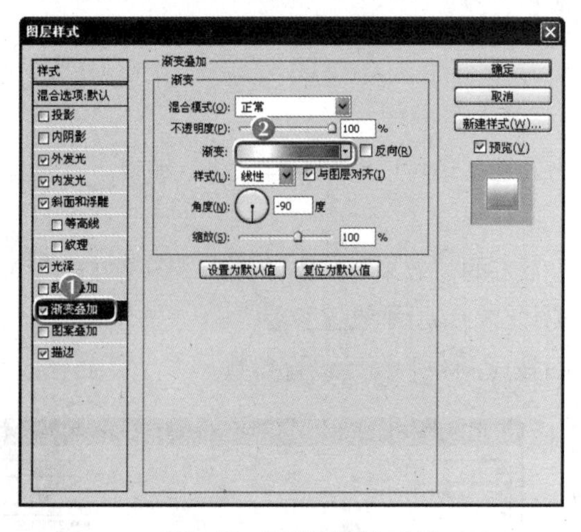

图8-17 设置渐变叠加参数

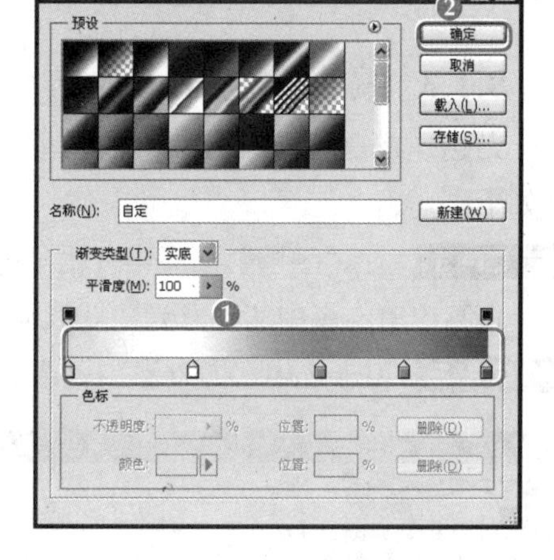

图8-18 设置渐变编辑器参数

STEP 6 单击选中“描边”复选框，然后按照图8-19所示设置参数。

STEP 7 修改完成后单击 确定 按钮，效果如图8-20所示。

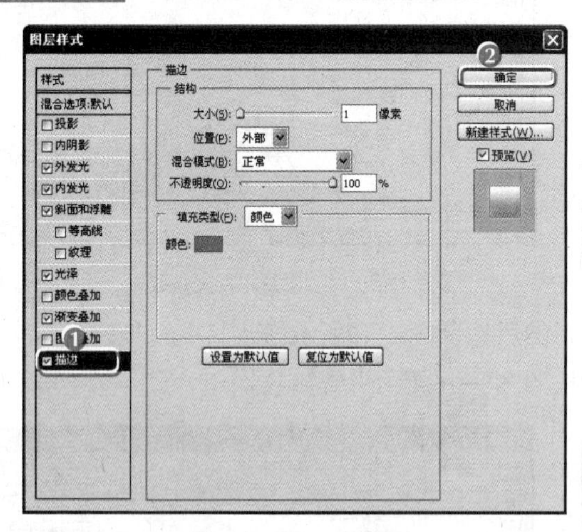

图8-19 设置描边参数

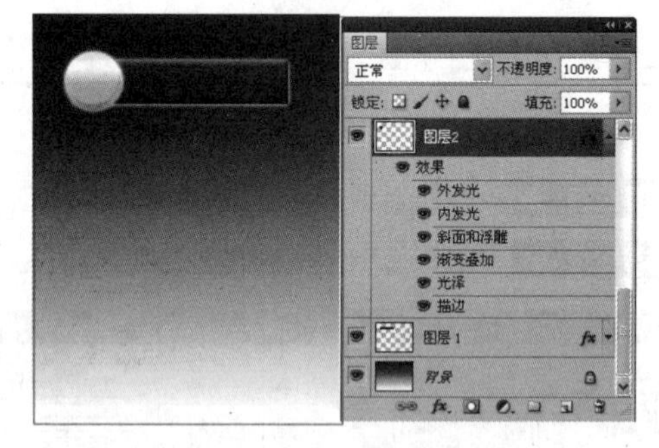

图8-20 完成样式设置后的效果

多学一招

在“图层”面板的图层上单击fx按钮右侧的下拉按钮，即可将图层样式在“图层”面板中收缩显示，再次单击则可展开显示；单击图层样式效果前对应的按钮，即可将该图层样式在图像中隐藏。

STEP 8 在工具箱中选择文字工具，然后在图像中创建文字“首页”，字符格式为“微软雅黑，9点，白色”，效果如图8-21所示。

STEP 9 选择“图层1”、“图层2”和“文字”3个图层，在图层面板中单击按钮将其链接，然后拖曳到“新建”按钮上，并移动各个图层中图像的位置，然后修改各个文字图层中的内容，完成后的效果如图8-22所示。

图8-21 添加文字

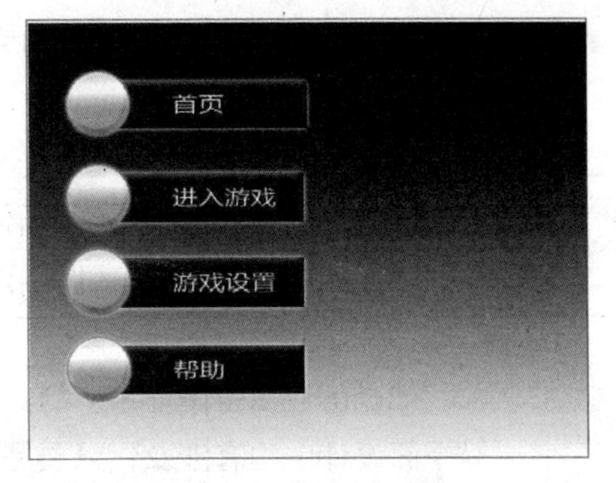

图8-22 复制其他按钮

8.1.4 清除图像样式

当图像中不需要使用图层样式时，还可以将图层样式清除，其具体操作如下。

STEP 1 在“图层”面板中选择需要清除的样式并将其拖曳到底部的“删除”按钮上，即可清除改图层样式，如图8-23所示。

STEP 2 在“图层”面板中选择需要清除全部样式的图层右侧的图标并将其拖曳到底部的“删除”按钮上，即可将该图层上的所有样式清除，效果如图8-24所示。

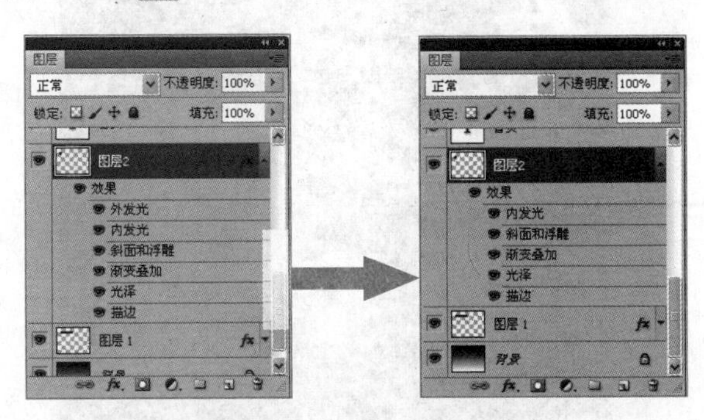

图8-23 清除一种图层样式

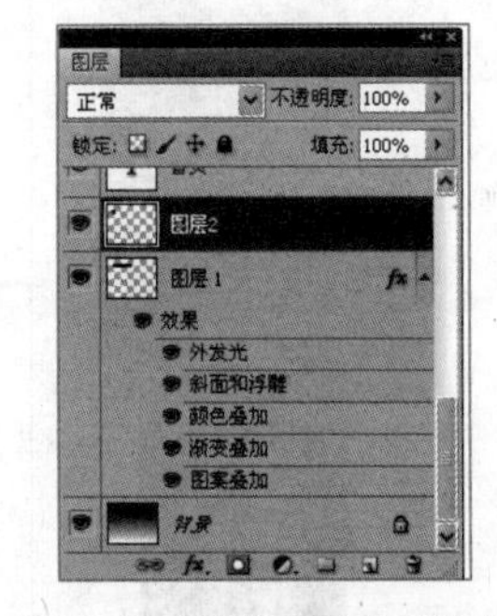

图8-24 清除全部图层样式

选择【窗口】/【样式】菜单命令，在打开的“样式”面板中提供了Photoshop中的各种预设图层样式，选择一个图层，在样式面板中选择任意一个样式，即可快速为图像添加图层样式。

8.2 制作书籍插画

近一段时间，小白对Photoshop使用技能有很大程度的提高，老张让小白为某一著名作品制作一张插画。通过了解，小白知道了书籍内容的大致讲解的是在经历了火山爆发灾难的人们坚强活下去的故事，在了解书籍内容的同时，小白也在构思插画的设计思路。用于放在书籍中的插画设计需要符合当前书籍的主题环境，小白决定用一张人物的面孔作为主体，并将其添加上木纹效果和火焰眼睛和眼泪。

要完成本例的制作，需要用到“调整图层”和“蒙版”功能，本例的参考效果如图8–25所示，下面将具体讲解其制作方法。

素材所在位置 光盘:\素材文件\第8章\课堂案例2\木纹.jpg、点睛.jpg、火焰.jpg
效果所在位置 光盘:\效果文件\第8章\书籍插画.psd

行业提示

插画的应用范围非常广泛，在广告、杂志、说明书、海报、书籍、包装等平面设计中均有涉及，只要是用来做“解释说明”作用的都可以归为插画的范畴。在平面设计领域中，常用的是文学插图与商业插画，文学插图主要用于再现文章情节、体现文学精神的可视艺术形式；而商业插画则是为企业或产品传递商品信息，集艺术与商业为一体的一种图像表现形式。在信息时代发达的今天，插画师们常常使用如Photoshop和Painter等绘图软件，在计算机中进行插画设计。

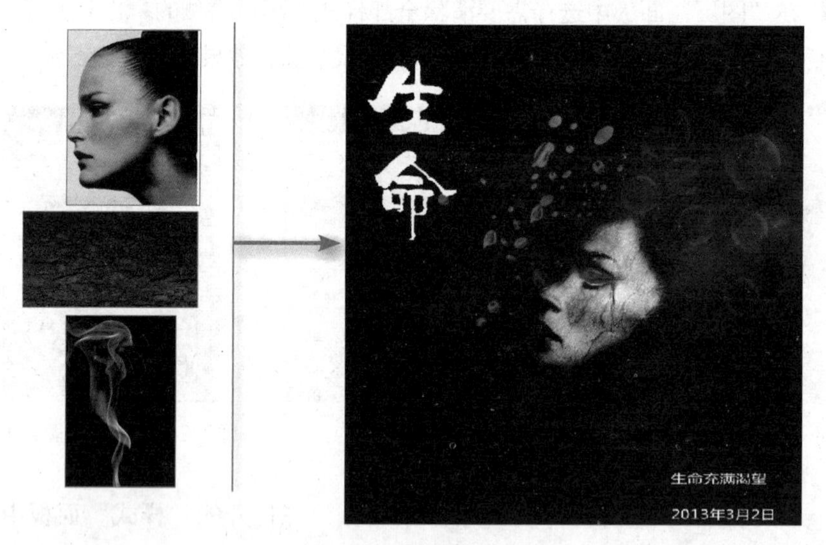

图8–25 书籍插画效果

8.2.1 添加图层蒙版

使用图层蒙版可以为特定的图层创建蒙版，常用于制作图层之间的特殊混合效果。在创建调整图层、填充图层或应用智能滤镜时，Photoshop 会自动为其添加图层蒙版。其具体操作如下。

STEP 1 新建一个名称为“书籍插画”、大小为28cm × 30cm、背景颜色为黑色的图像文件，然后打开“点睛.jpg”素材文件，如图8–26所示。

STEP 2 利用磁性套索工具在图像上创建选区，效果如图8–27所示。

STEP 3 通过快捷键将其复制粘贴到“书籍插画.psd”图像中，并通过自由变换调整大小到合适位置，如图8–28所示。

图8-26 打开素材文件　　图8-27 创建选区　　图8-28 自由变换图像

STEP 4 选择“图层1”，在图层面板中单击“添加图层蒙版”按钮◻，然后设置前景色为黑色，使用柔角画笔工具在图层蒙版中沿着人物轮廓变化拖曳鼠标隐藏面部，尤其是右侧的图像，效果如图8-29所示。

STEP 5 图层1的图层蒙版效果如图8-30所示。

图8-29 创建图层蒙版隐藏面部边缘

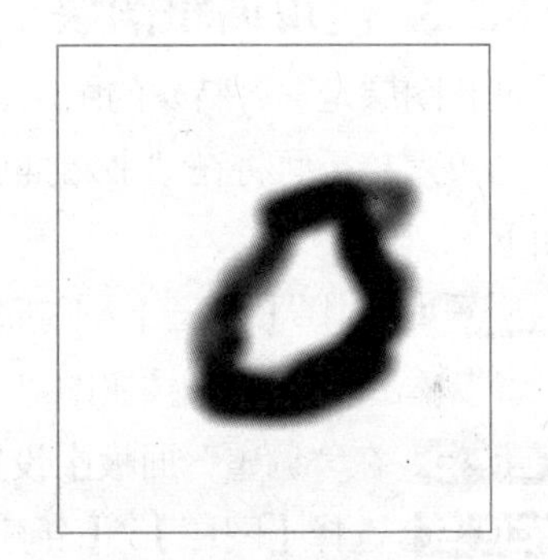

图8-30 图层蒙版效果

利用选取工具创建图像选区，然后选择【图层】/【图层蒙版】/【显示全部】菜单命令，也可以创建一个图层蒙版。

8.2.2 编辑图层蒙版

对创建的图层蒙版用户还可以根据需要进行编辑，编辑图层蒙版主要包括停用、应用、清除图层蒙版等。其具体操作如下。

STEP 1 在“图层”面板的图层蒙版缩略图上单击鼠标右键，在弹出的快捷菜单中选择“停用图层蒙版”菜单命令，即可将图像恢复到创建蒙版前的效果，但蒙版仍然被保留在图层面板中，蒙版缩略图上将出现红色的“×”符号，如图8-31所示。

当需要再次应用某个已停用的蒙版效果时，在其蒙版缩略图上单击鼠标右键，在弹出的快捷菜单中选择“启用图层蒙版”菜单命令即可。

STEP 2 利用鼠标右键单击蒙版缩略图，在弹出的快捷菜单中选择“应用图层蒙版”命令，可以应用添加的图层蒙版，而删除隐藏的图像部分，效果如图8-32所示。

图 8-31 停用图层蒙版的效果

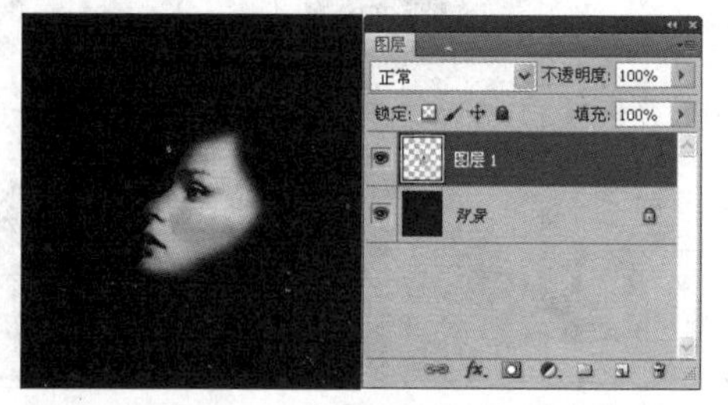

图 8-32 应用图层蒙版的效果

知识提示

利用鼠标右键单击蒙版缩略图，在弹出的快捷菜单中选择“删除图层蒙版”菜单命令即可删除图层蒙版。

8.2.3 使用调整图层

调整图层是一种特殊的图层，使用它可以将颜色和色调调整应用于图像，但不会改变原图像的像素。下面将在“书籍插画.psd”图像中创建调整图层调整面部图像颜色，其具体操作如下。

STEP 1 选择【图层】/【新建调整图层】/【黑白】菜单命令，打开“新建图层”对话框，直接单击 确定 按钮即可。

STEP 2 在“调整”面板中设置“黑白”调整图层参数，如图8-33所示。

STEP 3 选择【图层】/【新建调整图层】/【色阶】菜单命令，新建“色阶”调整图层。在“调整”面板中设置“色阶”调整图层参数，如图8-34所示。

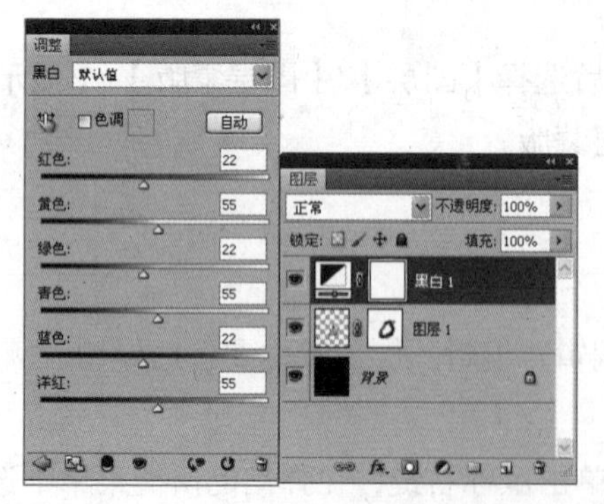

图8-33 调整“黑白”参数

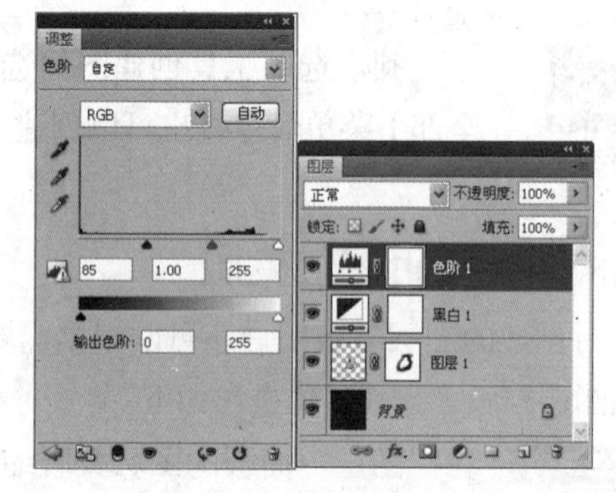

图8-34 填充颜色效果

STEP 4 选择【图层】/【新建调整图层】/【曲线】菜单命令，新建“曲线”调整图层。在“调整”面板中设置“曲线”调整图层参数，如图8-35所示。

知识提示

调整图层可以随时修改参数，若通过【图层】/【调整】菜单命令来调整图像，则不能调整参数，将文档关闭后，图像将不能恢复到原始状态。

STEP 5 完成后的效果如图8-36所示。

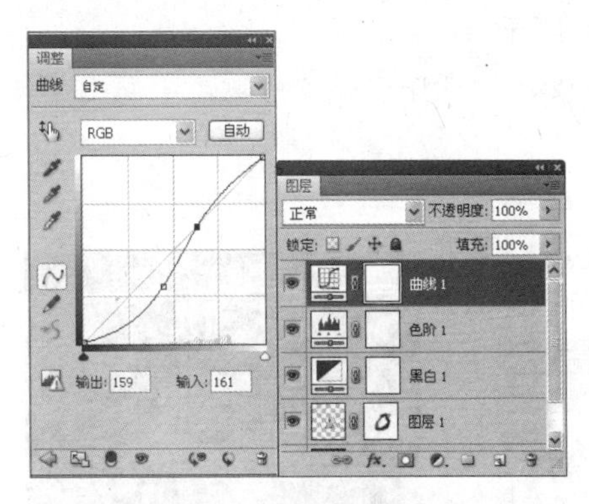

图8-35 调整“曲线”参数

图8-36 调整图层色彩色调后的效果

8.2.4 使用剪贴蒙版

剪贴蒙版可以用一个图层中包含像素的区域来限制它上层图像的显示范围，下面在“书籍插画.psd”图像中使用剪贴蒙版，其具体操作如下。

STEP 1 打开“木纹.jpg”素材文件，通过矩形选框工具创建一个矩形选区，效果如图8-37所示。

STEP 2 将图像复制到“书籍插画.psd”图像中，然后对图像进行自由变换，效果如图8-38所示。

图8-37 选取图像

图8-38 自由变换图像

STEP 3 选择【图层】/【创建剪贴蒙版】菜单命令或按【Ctrl + Alt+G】组合键将该图层创建为剪贴蒙版，然后设置图层混合模式为“叠加”，效果如图8-39所示。

STEP 4 选择【图层】/【新建调整图层】/【黑白】菜单命令，在打开的“新建图层”对话框中单击选中“使用前一图层创建剪贴蒙版”复选框，单击 确定 按钮，在“调整”面板中设置“黑白”调整图层参数，如图8-40所示。

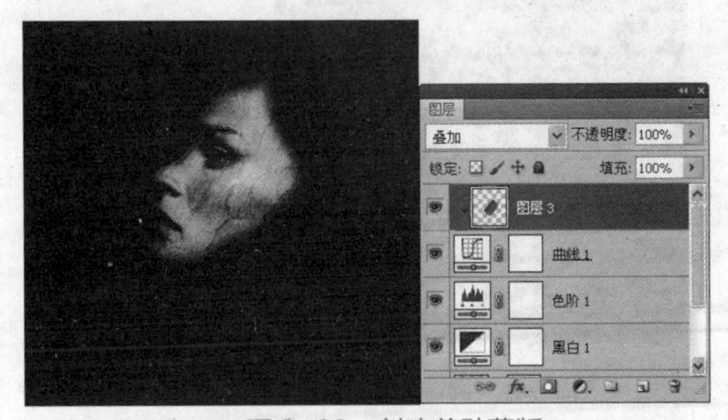

图 8-39 创建剪贴蒙版

图8-40 调整“黑白”参数

STEP 5 利用相同的方法，创建一个“色价”调整图层，并添加剪贴蒙版，然后在“调整”面板中设置“色阶”的参数，如图8-41所示。

STEP 6 在图层面板中选择木纹所在的图层，使用柔角橡皮擦擦出多余木纹，显露出皮肤，效果如图8-42所示。

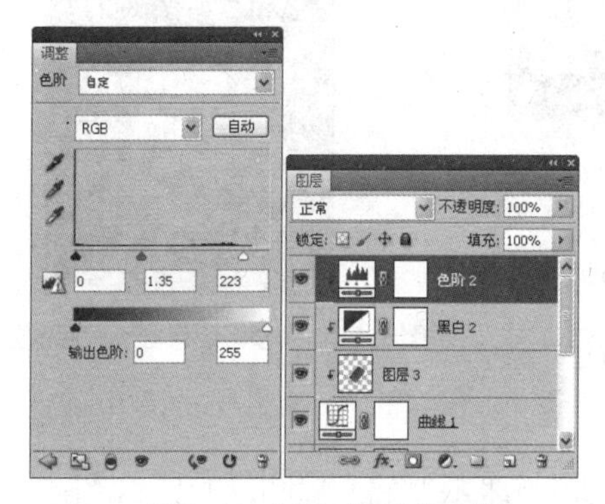

图8-41　调整“色阶”参数

图 8-42　擦出多余木纹

知识提示

剪贴蒙版对于上下相邻的图层都起作用，若不需要某一图层上的剪贴蒙版，可将该图层移除剪贴蒙版组，即可释放剪贴蒙版；若要释放所需剪贴蒙版，可选择【图层】/【释放剪贴蒙版】菜单命令或再次按【Ctrl+Alt+G】组合键即可。

8.2.5 使用快速蒙版

快速蒙版可以不通过“通道”面板将任何选区作为蒙版编辑，常用于选取复杂图像或创建特殊图像选区。下面在“火焰.jpg”图像中使用快速蒙版来选取火焰，其具体操作如下。

STEP 1 打开“火焰.jpg”素材文件，单击工具箱下方的“以快速蒙版模式编辑”按钮，进入快速蒙版编辑状态。

STEP 2 使用画笔工具在蒙版上拖曳鼠标绘制，绘制的区域将呈半透明的红色显示，即设置的保护区域，如图8-43所示。

STEP 3 单击工具箱下方的“以标准模式编辑”按钮，退出快速蒙版编辑状态，此时将对保护区外的图像创建选区，如图8-44所示。

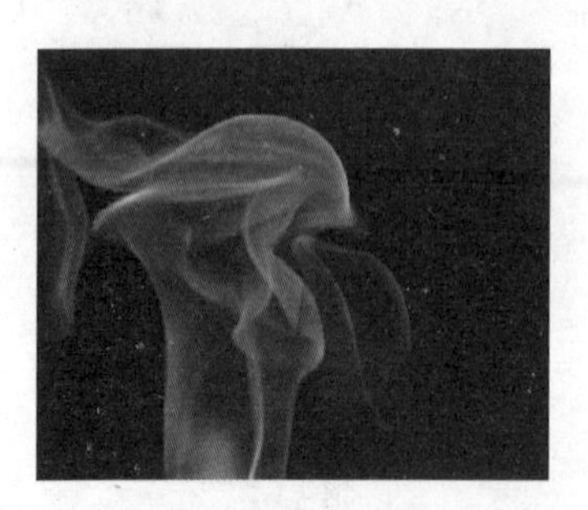

图8-43　选取图像

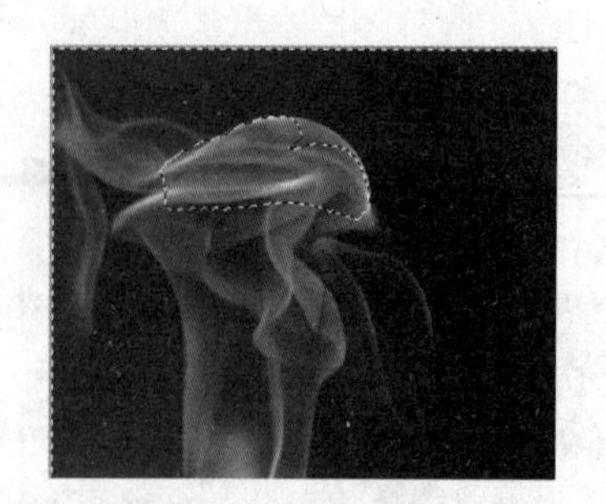

图8-44　创建选区

STEP 4 反选选区，在其上单击鼠标右键，在弹出的快捷菜单中选择“调整边缘”菜单命令，打开“调整边缘”对话框，其设置参数如图8-45所示。

STEP 5 单击 确定 按钮，然后将其拖曳到“书籍插画.psd”图像中，并对其进行自由变换，如图8-46所示。

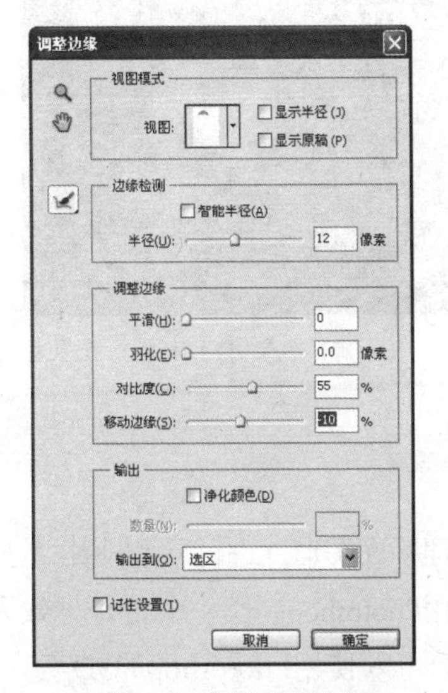

图8-45 调整选区边缘

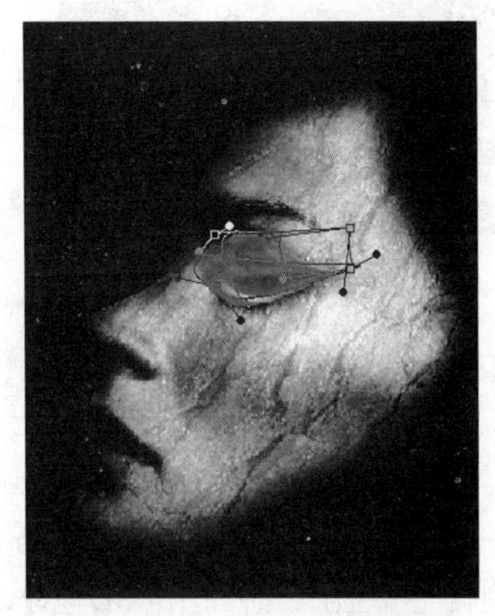

图8-46 变换并调整图像位置

STEP 6 确认变换，然后设置图层混合模式为“点光”，并使用柔角橡皮擦擦出边缘，效果8-47所示。

STEP 7 切换到“火焰.jpg”图像文件，利用创建快速蒙版的方法选取两滴眼泪图像，并将其移动到“书籍插画.psd”中，调整大小到合适位置，并使用橡皮擦擦出边缘，形成泪水流动效果，如图8-48所示。

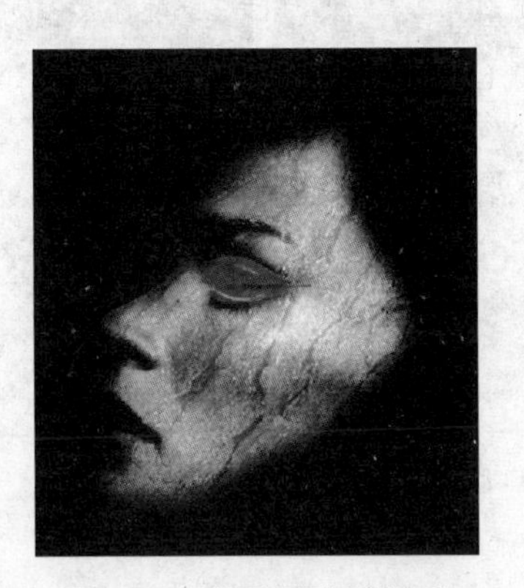

图8-47 设置图层混合模式

图8-48 添加眼泪图像

STEP 8 打开提供的“背景.psd”图像文件，将其中的图像移动到“书籍插画.psd”图像中，效果如图8-49所示。

STEP 9 在图像的左上角添加直排文本“生命”，设置字符样式为“汉仪柏青体简、24点，白色”，在右下角添加其他文本，字符格式为“微软雅黑、12点，白色”，效果如图

8-50所示。

图8-49　添加背景

图8-50　添加文本

8.3　制作3D地球效果

老张告诉小白，在Photoshop CS5中不仅可以处理平面图形，进行平面设计，还可以制作简单的3D图形，接下来就交给你一个简单的任务，利用Photoshop制作一个3D地球效果。

小白回到自己座位上，想到制作3D地球，那么可以使用Photoshop的3D工具来完成。本例的参考效果如图8-51所示，下面将具体讲解其制作方法。

素材所在位置　**光盘:\素材文件\第8章\课堂案例3\素材.jpg**
效果所在位置　**光盘:\效果文件\第8章\3D地球效果.psd**

图8-51　3D地球效果

8.3.1　创建智能对象图层

智能对象是一个嵌入到当前文档中的文件，可以是图像，也可以是矢量图形。智能对象图层能够保留对象的源内容和所有的原始特征，这是一种非破坏性的编辑功能。下面将普通图像转换为智能对象，其具体操作如下。

STEP 1　打开“素材.jpg”素材文件，复制一个背景图层，如图8-52所示。

STEP 2　选择【图层】/【智能对象】/【转换为智能对象】菜单命令，将图层转换为智能对象图层，如图8-53所示。

图 8-52　复制图层

图 8-53　转换为智能对象图层

多学一招

创建或转换的智能对象还可以进行其他操作，如通过自由变换操作制作出旋转的效果；选择【图层】/【智能对象】/【替换内容】菜单命令替换智能对象内容；选择【图层】/【智能对象】/【编辑内容】菜单命令编辑智能对象内容；选择【图层】/【智能对象】/【栅格化】菜单命令可将智能对象转换为普通图层；选择【图层】/【智能对象】/【导出内容】菜单命令还可将智能对象导出。

8.3.2 创建3D图层

在Photoshop中创建3D图层的方法有很多，可通过3D文件新建图层、从图层新建3D明信片、从图层新建形状、从灰度新建网格、从图层新建体积和凸纹方法创建，选择不同的创建方式，可实现不同的效果。下面主要讲解从图层新建形状的方法，其具体操作如下。

STEP 1 选择背景图层，然后新建一个透明图层，并填充为由黑到白的渐变效果，如图8-54所示。

STEP 2 选择创建的智能对象图层，选择【3D】/【从图层新建形状】/【球体】菜单命令，即可将图层根据选择的菜单命令创建出形状，如图8-55所示。

图 8-54　渐变填充图层

图 8-55　创建3D图层

8.3.3 编辑3D图层

对创建的3D图层可进行编辑，如替换材质和调整光源等。下面对地球图形添加并调整光照位置，其具体操作如下。

STEP 1 选择【窗口】/【3D】菜单命令，或在面板组中单击按钮，打开“3D”面板，如图8-56所示。

STEP 2 在面板上方单击“滤镜：光源”按钮，切换到“3D{光源}”选项卡，在“光照类型”下拉列表框中选择“无限光”选项，在“强度”下拉列表框中拖曳滑块，设置值为“1.49%”，将“颜色”色块设置为“白色”，效果如图8-57所示。

STEP 3 设置完成后的效果如图8-58所示。

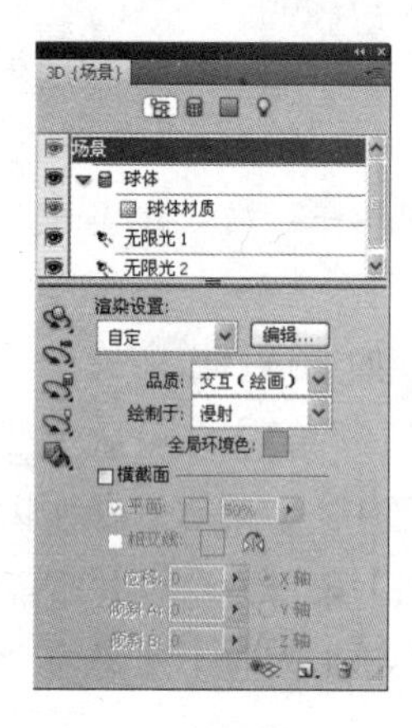

图 8-56 “3D”面板

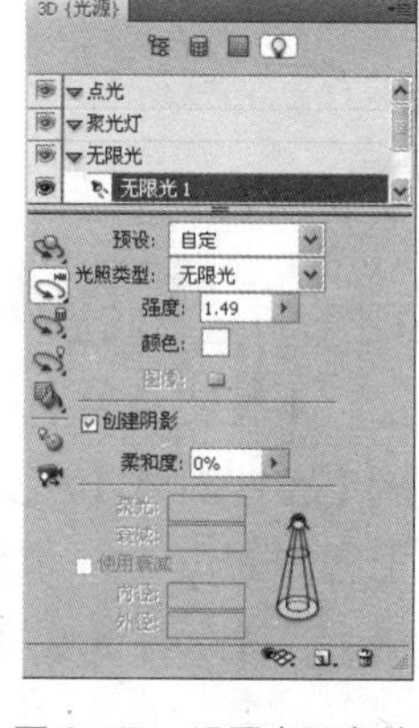

图 8-57 设置光照参数

图 8-58 设置后的效果

STEP 4 在“图层1”的上方新建一个空白图层，然后创建一个椭圆选区，并填充为黑色。并选择【滤镜】/【模糊】/【高斯模糊】菜单命令，在打开的“高斯模糊”对话框中设置半径为“15像素”，如图8-59所示。

STEP 5 通过自由变换对选区进行变形，如图8-60所示。

STEP 6 调整到合适位置后并确认变形，然后在“3D”面板中单击“光源旋转工具”按钮，拖曳鼠标调整图像的光照角度，如图8-61所示。

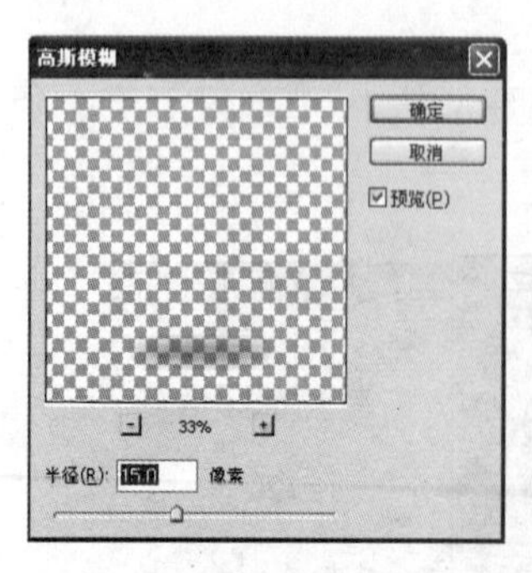

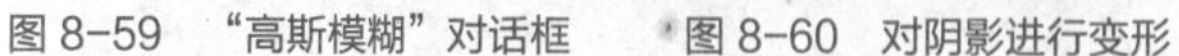
图 8-59 “高斯模糊”对话框　图 8-60 对阴影进行变形　图 8-61 调整光源角度

STEP 7 角度调整到合适位置后，然后单击“对象旋转工具”按钮，在图像中拖曳鼠标，旋转对象到合适位置，如图8-62所示。

图 8-62 旋转对象

8.4 实训——制作笔记本灯箱广告

8.4.1 实训目标

本实训主要是制作一个笔记本的灯箱广告。在制作时，要注意体现笔记本的时尚、新颖的特点。本实训的参考效果如图8-63所示。

素材所在位置 光盘:\素材文件\第8章\实训\电脑.jpg、电脑2.jpg、intel.jpg、人物插画.psd……
效果所在位置 光盘:\效果文件\第8章\笔记本灯箱广告.psd

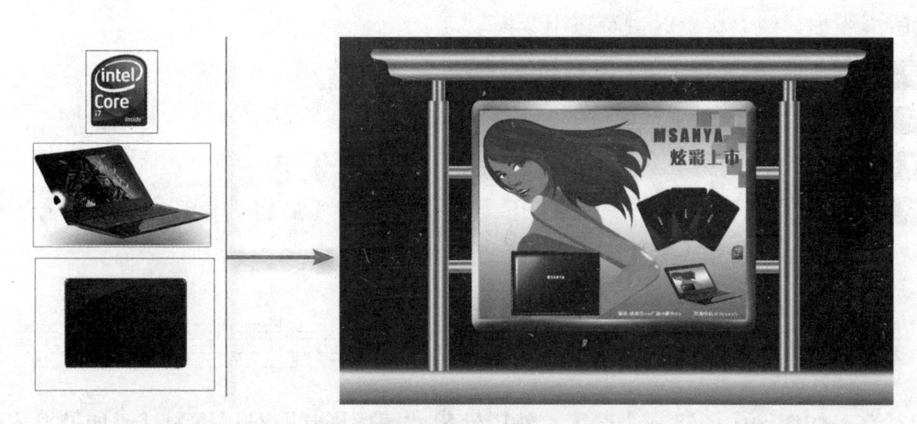

图8-63 笔记本灯箱广告效果

8.4.2 专业背景

灯箱广告又称灯箱海报，在电子、网络、印刷等广告飞速发展的今天，作为平面广告的户外灯箱广告，由于采用了辅助光和透射稿，使其无论是白天黑夜，都能起到宣传作用。灯箱广告主要由框架和图案面罩、图案印刷载体和辅助光设施组成。由于灯箱广告在夜间会有发光的独特效果，所以画面要求大气、简洁，且具有强烈的视觉冲击感。

8.4.3 操作思路

完成本实训可先制作灯箱广告的画面，即展现广告的主要内容，使其更加逼真，然后再制作灯箱广告的金属主干，其操作思路如图8-64所示。

①制作灯箱广告主要内容

②制作金属主干

图8-64　制作灯箱广告的操作思路

【步骤提示】

STEP 1 新建一个图像文件，打开“人物插画.psd”图像文件，并自由变换其大小到合适位置。

STEP 2 在黑色区域绘制圆角矩形，然后添加图层样式，制作出一个计算机模型。

STEP 3 复制该图层，打开“电脑”素材，将复制的图层进行自由变换，直到合适位置，然后再添加其他素材，并进行自由变换。

STEP 4 添加上合适的文字，并设置字符格式，完成灯箱广告主要内容的制作。

STEP 5 新建图像，利用矩形选框工具创建选区，并进行渐变填充，制作金属主干。

STEP 6 绘制一个圆角矩形，渐变填充，然后添加图层样式，制作立体效果。

STEP 7 切换到灯箱广告主要内容图像，盖印图层，然后将其复制到灯箱广告图像中，并为其添加图层样式，完成制作。

8.5 疑难解析

问：在一幅图像中创建一个选区，然后使用“图层样式”对话框为其添加外发光效果，但是添加图层样式后却看不到效果，这是怎么回事呢？

答：这是因为“图层样式”对话框只对图层中的图像起作用，并不对图层中的图像选区起作用，可以将图像选区复制到新的图层中，再进行图层样式的添加。

问：给图像中的文字添加图层样式，需要先将文字进行栅格化处理吗？

答：不需要，图层样式可以直接对文字进行操作。只有在使用一些滤镜和色调调整时才需要将文字做栅格化处理。

问：利用3D工具可以结合文字制作效果吗？

答：可以。利用文字工具在平面图像中输入文字后，可结合3D工具，将平面文字创建为3D对象。

8.6 习题

本章主要介绍了图层高级应用的相关操作，如图层样式的使用方法、图层蒙版的使用方法和3D工具的使用方法。对于本章的内容，读者需要熟练掌握图层样式和蒙版的操作方法，对于3D工具的应用也应了解。

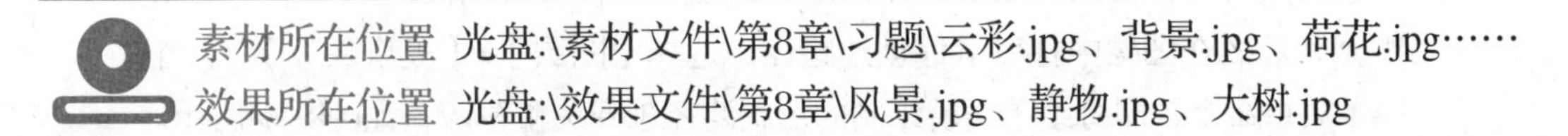

素材所在位置 光盘:\素材文件\第8章\习题\云彩.jpg、背景.jpg、荷花.jpg……
效果所在位置 光盘:\效果文件\第8章\风景.jpg、静物.jpg、大树.jpg

（1）利用提供的素材设计一个汽车网页，要求画面体现出高端产品的视觉效果，并且让画面具有一定的神秘色彩，完成后的参考效果如图8-65所示。

（2）制作一个特效文字图像。打开素材，合成图像，然后添加“投影”、“内发光”、“斜面和浮雕”、“等高线”等图层样式创建金属字，然后通过剪贴蒙版，为文字添加石头质感，并将图层样式复制到其他文字图层上，效果如图8-66所示。

图 8-65 汽车网页设计效果

图8-66 特效字效果

（3）制作如图8-67所示的多色金属按钮，制作按钮时，首先通过椭圆选框工具制作按钮的基本外形，然后进行颜色填充，再应用“斜面和浮雕”、“渐变叠加”、“投影”等图层样式，最后使用钢笔工具绘制出按钮中的反光图像，转换为选区后填充对象。

图8-67 制作多色金属按钮效果

课后拓展知识

矢量蒙版是由钢笔和自定形状等矢量工具创建的蒙版，与分辨率无关，进行缩放后都能保持光滑的轮廓，一般应用于设计Logo、按钮或其他Web设计元素中。矢量蒙版主要是将矢量图形引入蒙版中，为编辑蒙版提供了多样性。

- 创建矢量蒙版：在工具箱中选择自定形状工具，在工具属性栏中单击“路径”按钮，然后在图像中拖曳鼠标创建路径，选择【图层】/【矢量蒙版】/【当前路径】菜单命令，即可给予当前绘制的形状路径创建矢量蒙版，如图8-68所示。
- 为矢量蒙版添加效果：双击添加了矢量蒙版的图层，打开“图层样式”对话框，可在其中添加图层样式，如图8-69所示。
- 编辑矢量蒙版：单击矢量蒙版缩略图，使用路径选择工具选择路径，然后即可进行移动、复制、删除、变换图像等操作，如图8-70所示。

图 8-68　创建矢量蒙版

图 8-69　为矢量蒙版添加图层样式

图 8-70　编辑矢量蒙版

PART 9

第9章 使用路径和形状

情景导入

老张说，在Photoshop中，路径也是绘制图像常用的工具之一，且功能非常强大，于是，老张让小白多加强这方面的能力。

知识技能目标

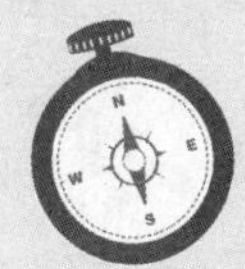

- 掌握路径工具绘制路径的相关操作。
- 熟练使用形状工具来制作图像。

- 通过创建路径和形状来制作精细的作品，并能进行简单的Logo设计。
- 掌握“人物剪影”作品和“花纹边框”作品的制作方法。

课堂案例展示

人物剪影

花纹边框

9.1 绘制人物剪影

老张让小白制作一个时尚人物剪影的素材，主要用于某商场妇女节促销使用的招贴设计，小白没有这方面的经验，于是他查看各类资料，翻阅许多这类招贴的设计，终于有了灵感。

小白决定使用钢笔工具来绘制路径，制作出人物的剪影效果，然后再添加一些装饰元素即可。本例完成后的参考效果如图9-1所示，下面具体讲解其制作方法。

素材所在位置 **光盘:\素材文件\第9章\课堂案例1\背景.jpg、装饰.psd**
效果所在位置 **光盘:\效果文件\第9章\绘制人物剪影.psd**

图9-1 人物剪影最终效果

9.1.1 认识“路径”面板

“路径”面板默认情况下与“图层”面板在同一面板组中，其主要用于储存和编辑路径，因此在制作本例前，先熟悉一下“路径”面板的组成。打开光盘中的“路径.psd”图像文件，如图9-2所示。

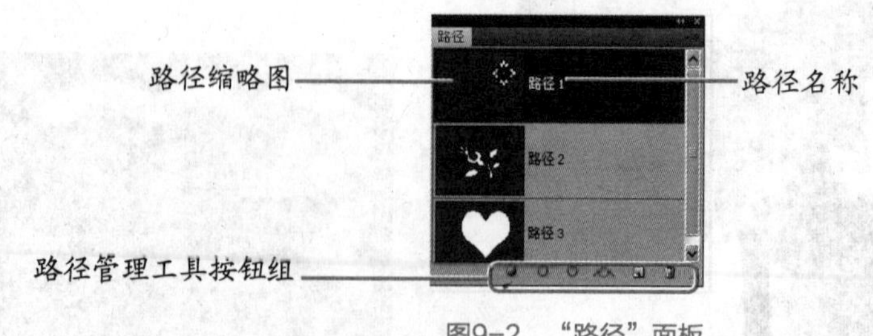

图9-2 “路径”面板

9.1.2 使用钢笔工具绘制路径

钢笔工具是Photoshop中较为强大的路径绘图工具，主要用于绘制矢量图形，或是选取对象。下面讲解使用钢笔工具绘制图形的方法，其具体操作如下。

STEP 1 新建一个名称为“绘制人物剪影”，大小为默认的图像文件。

STEP 2 在工具箱中选择钢笔工具，在图像中单击创建一个锚点，然后在其他位置继续单击并拖曳鼠标创建路径，如图9-3所示。

STEP 3 继续使用钢笔工具在图像区域单击并拖曳鼠标绘制线条流畅的人物图像，如图9-4所示。

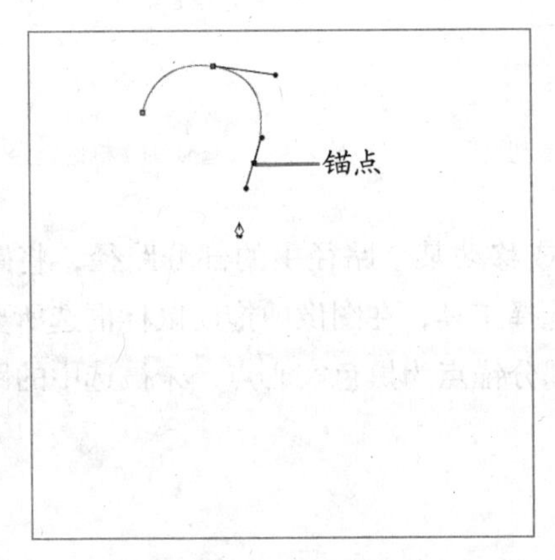

图9-3 创建路径

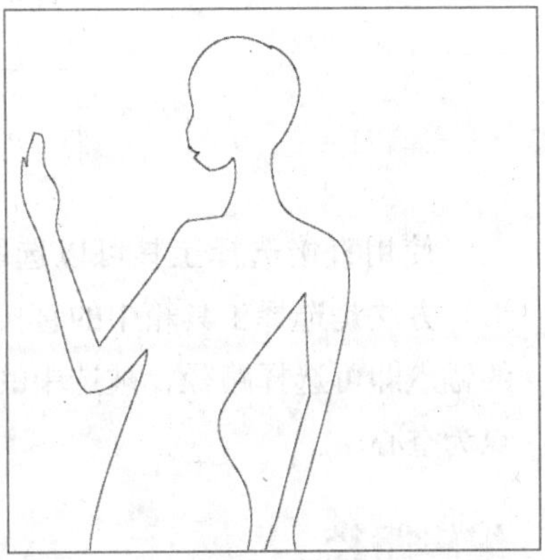

图9-4 闭合路径

STEP 4 单击“路径”选项卡切换到“路径”面板，即可查看已经创建的工作路径，单击“新建”按钮，新建路径，如图9-5所示。

STEP 5 使用钢笔工具在图像中绘制人物剪影头发部分，如图9-6所示。

图9-5 新建路径

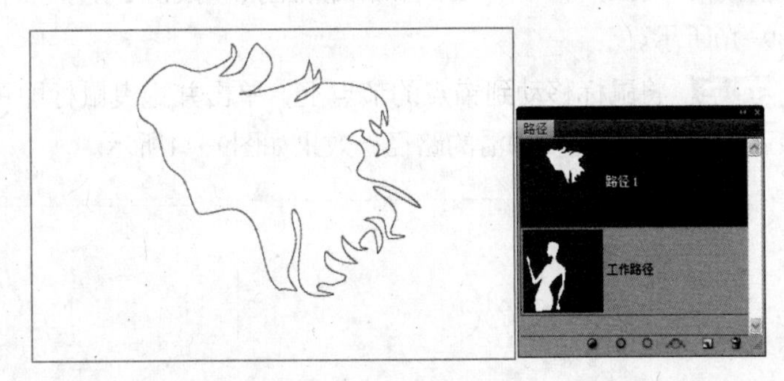

图9-6 绘制人物头发路径

9.1.3 使用路径选择工具选择路径

使用路径选择工具可以选择和移动整个子路径。下面在“绘制人物剪影”图像中使用路径选择工具选择路径，其具体操作如下。

STEP 1 在工具箱中单击“路径选择工具”按钮，将鼠标指针移动到需选择路径上并单击，即可选中整个子路径，如图9-7所示。

STEP 2 按住鼠标左键不放并进行拖动，即可移动路径。移动路径时若按住【Alt】键不放再拖动鼠标，则可以复制路径，如图9-8所示。

STEP 3 拖曳鼠标即可选择鼠标经过地方的路径，如图9-9所示。

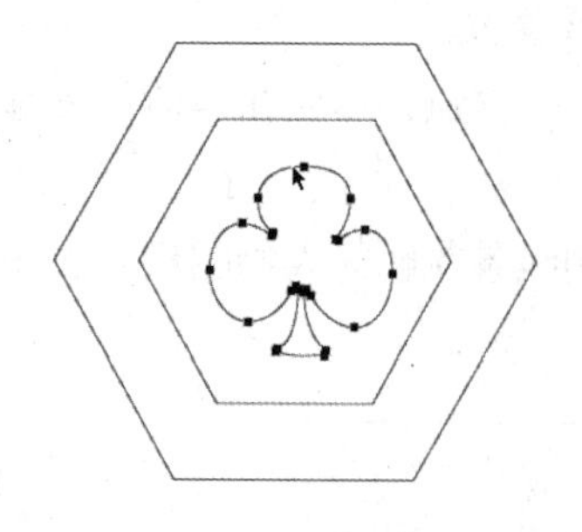

图9-7 选择路径

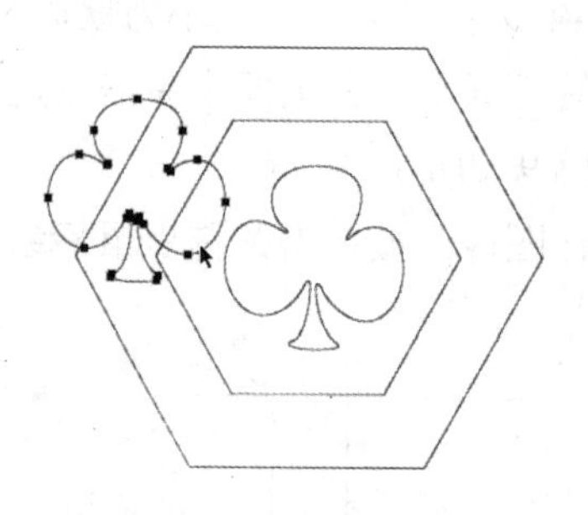

图9-8 复制路径

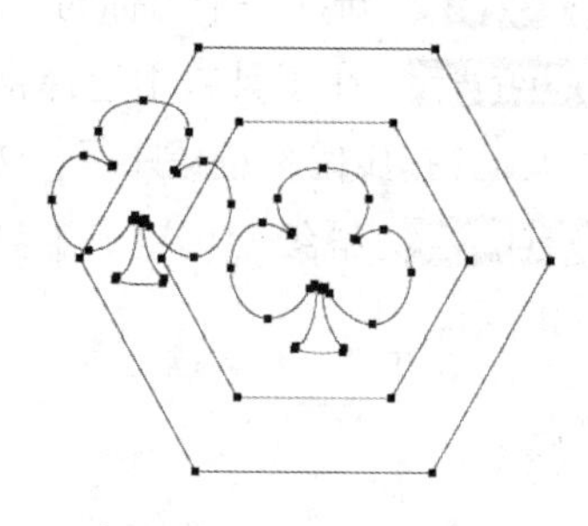

图9-9 框选路径

使用直接选择工具可以选取或移动某个路径中的部分路径，将路径变形。方法是选择工具箱中的直接选择工具，在图像中拖动鼠标框选所要选择的锚点即可选择路径，被选中的部分锚点为黑色实心点，未被选中的路径锚点为空心。

9.1.4 编辑路径

使用钢笔工具绘制对象轮廓时，有时不能一次绘制准确，需要在绘制完成后，通过多锚点和路径的编辑达到理想的效果。下面在“绘制人物剪影.psd”图像中编辑路径，其具体操作如下。

STEP 1 在工具箱中单击“添加锚点工具”按钮，然后在路径中单击即可添加锚点，如图9–10所示。

STEP 2 将鼠标移动到锚点的节点上，单击并拖曳鼠标即可调整路径的光滑度，继续使用该工具调整其他需要平滑的路径，效果如图9–11所示。

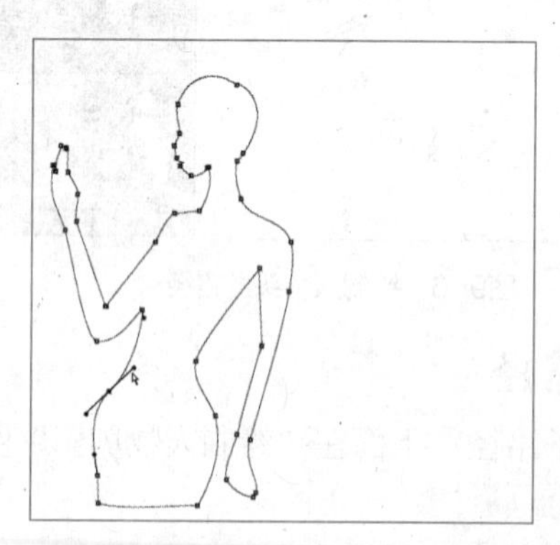

图9-10 添加锚点

图9-11 调整路径平滑度

若要将多余的锚点删除，可使用删除锚点工具来说实现，方法是选择删除锚点工具，将鼠标移动到锚点上，当鼠标指针变为形状时，单击即可删除该锚点；也可以使用直接选择工具选择锚点后按【Delete】键删除，这种方法删除锚点后，两侧的路径也将被删除。

STEP 3 利用路径选择工具，选择人物剪影的头发路径，如图9-12所示。

STEP 4 在工具箱中单击“转换点工具”按钮，然后将鼠标移动到需要转换的锚点上，单击即可将当前锚点转换为角点，如图9-13所示。

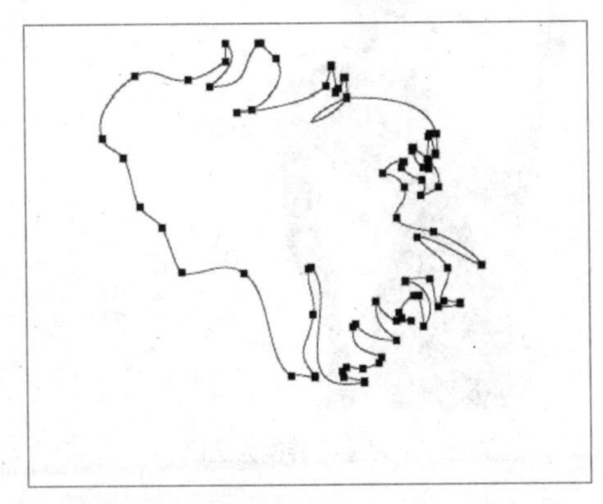
图9-12 选择路径

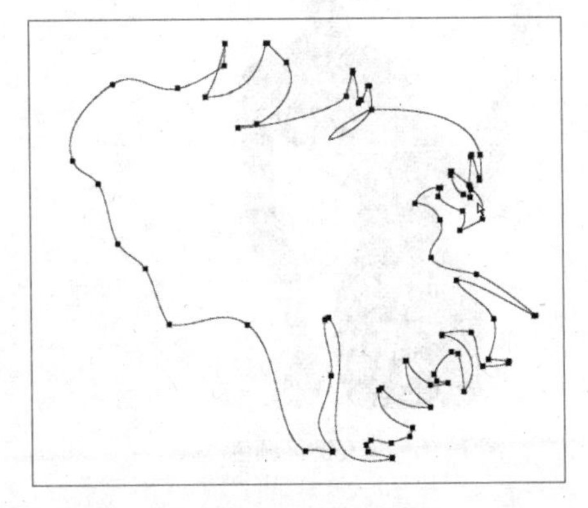
图9-13 转换为角点

知识提示

在使用直接选择工具时，按【Ctrl+Alt】组合键可切换到转换点工具，单击并拖曳锚点，可将其转换为平滑点，再次单击平滑点，则可将其转换为角点。使用钢笔工具时，按住【Ctrl】键也可切换到转换点工具。

9.1.5 路径和选区的互换

对于创建的路径可将其转换为选区，同样，创建的选区也可将其转换为路径。下面讲解路径与选区转换的方法，其具体操作如下。

STEP 1 切换到“路径”面板，选择人物剪影主体部分路径，如图9-14所示。

STEP 2 在“路径”面板底部单击“将路径转换为选区”按钮，即可根据路径创建选区，如图9-15所示。

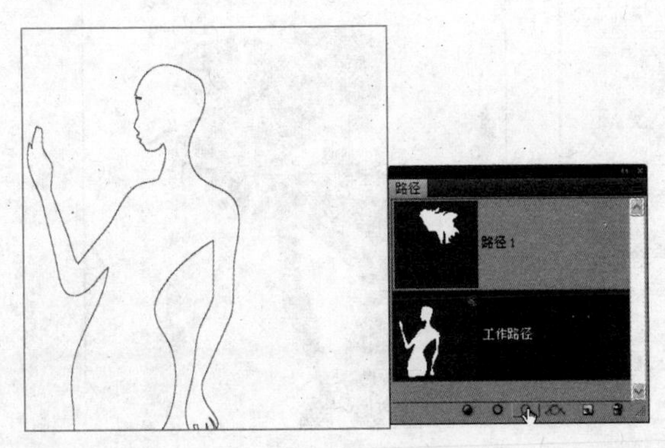

图9-14 选择路径层

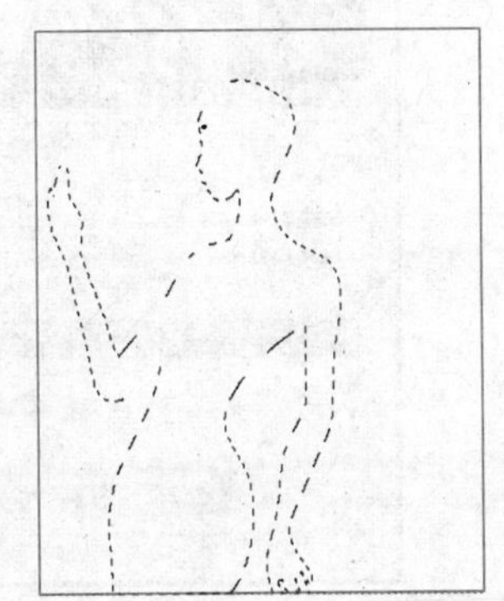
图9-15 转换为选区

STEP 3 切换到“图层”面板，新建一个透明图层，为选区填充黑色，然后取消选区，效果如图9-16所示。

STEP 4 利用相同的方法将人物剪影头发部分的路径转换为选区，效果如图9-17所示。

图9-16 填充选区颜色

图9-17 将路径转换为选区

多学一招

在Photoshop CS5中不仅可以将路径转换为选区，还可以将选区转换为路径，且将选区转化为路径通常用于扣取一些复杂的图像。方法是创建选区后，在“路径”面板中单击“从选区生成工作路径”按钮即可。

STEP 5 在工具箱中选择渐变工具，在工具属性栏中单击“渐变编辑器”按钮，打开“渐变编辑器”对话框，在其中设置由橙色（R:226、G:86、B:21）到橘色（R:228、G:59、B:48）的渐变，如图9-18所示。

STEP 6 完成后单击确定按钮，新建一个透明图层，在图像区域由左上向右下拖曳鼠标渐变填充，然后取消选区，效果如图9-19所示。

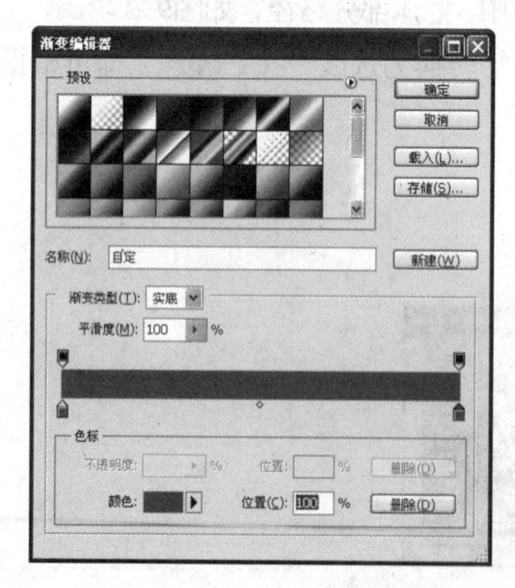

图9-18 设置渐变颜色

图9-19 渐变填充选区

STEP 7 打开提供的“背景.psd”素材文件，将其拖曳到图像中，调整图层顺序后，效果如图9-20所示。

STEP 8 继续打开提供的“装饰.psd”素材文件，将其中的图像分别拖曳到图像中，并调整到合适位置即可，完成后的效果如图9-21所示。

图9-20　添加背景

图9-21　添加装饰图像

9.2　绘制花纹边框

小白使用钢笔工具完成了矢量图像的绘制后，对没有像素限制的矢量图形有极大的兴趣，老张说，通过形状工具绘制的图形也是矢量图像，并且，Photoshop自带的形状有很多，基本可满足日常设计中的需要。

小白听后，决定使用形状工具来制作一个简单的图像边框作品，主要使用圆角矩形工具、自定义形状工具、编辑形状路径填充、描边路径等方法来完成本例的制作，参考效果如图9-22所示，下面将具体讲解其制作方法。

效果所在位置　光盘:\效果文件\第9章\花纹边框.psd

图9-22　花纹边框效果

9.2.1 使用形状工具绘制形状路径

形状绘制工具组中包括矩形工具、圆角矩形工具、椭圆工具、多边形工具、直线工具以及自定义形状工具 6 种工具，使用形状工具可以绘制标准的几何图形，也可以绘制出图形的轮廓路径，其具体操作如下。

STEP 1 新建一个图像文件，填充背景颜色为紫色（R:195、G:43、B:197），如图9-23所示。

STEP 2 选择圆角矩形工具，在属性栏中单击“路径”按钮，设置“半径”为“30”，按住鼠标左键在画面中拖动，绘制出圆角矩形，效果如图9-24所示。

图9-23 填充背景色

图9-24 创建形状路径

STEP 3 将路径转换为选区，填充为粉紫色（R:212、G:105、B:214），效果如图9-25所示。

STEP 4 多次复制图形，然后按照如图9-26所示进行排列和变换。

图9-25 填充颜色

图9-26 复制并变换图形

STEP 5 选择“定义形状工具”按钮，单击工具属性栏中“形状”按钮右侧的下拉形按钮，在打开的面板中单击按钮，然后在打开的菜单中选择“全部”菜单命令，打开提示对话框提示是否载入全部形状，单击追加(A)按钮添加形状，如图9-27所示。

STEP 6 再次单击工具属性栏中“形状”按钮右侧的下拉形按钮，在打开的面板中选择需要的形状，如图9-28所示。

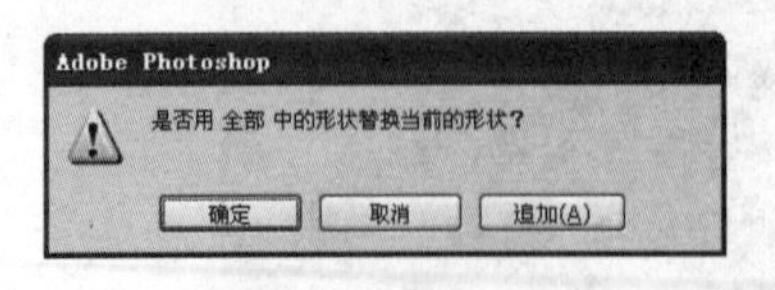

图9-27 追加形状

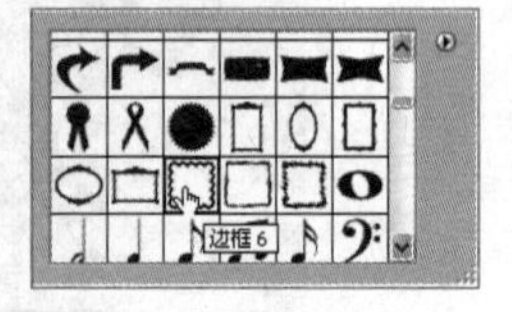

图9-28 选择形状

知识提示

选择形状样式后，若要绘制出按形状比例大小的图形，可按住【Shift】键拖曳鼠标绘制；也可在工具属性栏中单击“自定形状工具”按钮右侧的下拉按钮，在打开的面板中选中对应的单选项，即可使形状按照对应的方法创建。

STEP 7 按住鼠标左键在画面中拖曳，绘制出花边图形，如图9-29所示。

STEP 8 按【Ctrl+Enter】组合键将路径转换为选区，填充为粉色（R:240、G:226、B:240），如图9-30所示。

图9-29 创建花边形状路径

图9-30 填充颜色

在绘制路径完成后可将其创建为形状以便以后使用，方式是绘制形状路径后，选择【编辑】/【自定义形状】菜单命令，在打开的对话框中输入名称即可。

9.2.2 编辑形状路径

绘制的形状路径还可以使用工具对其进行编辑，如调整路径走向、调整锚点等，其具体操作如下。

STEP 1 新建一个图层，在"形状"面板中选择花瓣形状，如图9-31所示。

STEP 2 在图像中拖曳鼠标绘制花瓣形状，然后使用路径选择工具选择路径，如图9-32所示。

STEP 3 选择添加锚点工具，在路径上单击添加锚点，并调整曲线，效果如图9-33所示。

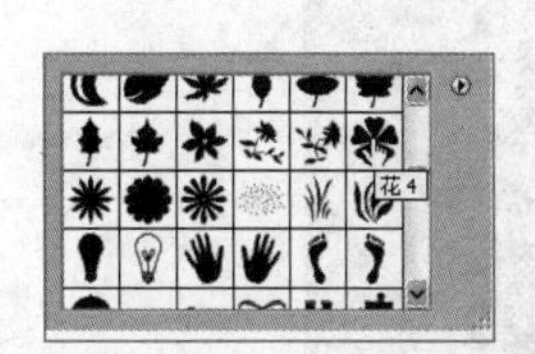

图 9-31 选择形状

图 9-32 选择路径

图 9-33 编辑路径

STEP 4 使用路径选择工具将路径移动到图像右上角，然后在"形状"面板中选择另一种花瓣形状，如图9-34所示。

STEP 5 在图像左下角拖曳绘制，效果如图9-35所示。

STEP 6 再次绘制一种花瓣图形，如图9-36所示。

图 9-34　选择形状　　图 9-35　绘制花瓣　　图 9-36　绘制其他花瓣形状

9.2.3 填充和描边路径

使用形状工具创建的路径还可以对其进行填充或描边，下面将在“花纹边框.psd”图像中对创建的路径进行填充或描边，其具体操作如下。

STEP 1 在“路径”面板中选择“路径2”，使用路径选择工具选择路径，然后将其转换为选区并填充为橘色（R:234、G:170、B:48），效果如图9-37所示。

STEP 2 多次复制绘制好的花瓣图像，适当调整其大小，改变颜色，效果如图9-38所示。

图 9-37　填充颜色

图 9-38　复制并调整花瓣

STEP 3 选择“路径4”，将其填充为橘色（R:234、G:170、B:48），效果如图9-39所示。

STEP 4 多次复制绘制好的花瓣图像，适当调整其大小，改变颜色，效果如图9-40所示。

图 9-39　填充路径颜色

图 9-40　复制并调整花瓣

STEP 5 选择“路径3”，移动到合适位置，在面板底部单击“用画笔描边路径”按钮，如图9-41所示。

STEP 6 多次复制并变换花边图像，然后进行排列，设置描边路径所在的图层不透明度为“35%”，效果如图9-42所示。

图 9-41 描边路径

图 9-42 复制花边图像

多学一招

使用路径选择工具选择路径后，在其上单击鼠标右键，在弹出的快捷菜单中选择“描边路径”菜单命令，打开“描边路径”对话框。在其中选择描边路径的工具，单击按钮即可使用选择的工具对路径进行描边。另外，可以先设置描边路径工具的样式，如设置画笔样式、大小等，然后再进行描边，可使描边更加生动漂亮。

9.2.4 复制和清除路径

创建的路径与形状一样可以进行复制和删除操作，其具体操作如下。

STEP 1 使用路径选择工具选择路径，选择【编辑】/【拷贝】菜单命令，即可复制路径到剪贴板。

STEP 2 选择【编辑】/【粘贴】菜单命令，即可将复制的路径粘贴到当前文件中，如图9-43所示。

STEP 3 在“路径”面板中选择路径后，单击“删除当前路径”按钮，在打开的提示对话框中单击“是(Y)”按钮即可删除，也可以使用路径选择工具选择路径后，按【Delete】键直接删除。

图9-43 复制路径

知识提示

在“路径”面板中将需要复制的路径拖曳到“新建”按钮上，也可复制路径，若要将路径复制到其他文件中可选择路径后直接拖曳到其他文件中即可。

9.3 实训——公司标志设计

9.3.1 实训目标

本实训要求为一家食品公司制作一个标志，要求标志要具有可识别性。本例完成后的参考效果如图9-44所示，主要运用了钢笔工具 、转换点工具 、形状工具、填充路径、添加文字等操作。

效果所在位置 光盘:\效果文件\第9章\公司标志.psd

图9-44 公司标志设计效果

9.3.2 专业背景

标志是一种具有象征性的大众传播符号，它以精炼的形象表达一定的含义，并借助人们的符号识别、联想等思维能力，传达特定的信息。标志传达信息的功能很强，在一定条件下甚至超过语言文字，因此被广泛应用于现代社会的各个方面，同时，现代标志设计也就成为各设计院校或设计系所设立的一门重要设计课程。

对于企业标志的设计，则需要有更高的识别性和代表性，才能让大众对企业有视觉识别效果。总地来说，企业标志的设计应该具备以下几个特点。

- **识别性**：它是企业标识设计的基本功能。借助独具个性的标识，来区别本企业及其产品的识别力。而标识则是最具企业视觉认知和识别信息传达功能的设计要素。
- **领导性**：企业标识是企业视觉传达要素的核心，也是企业开展信息传达的主导力量。标识的领导地位是企业经营理念和经营活动的集中表现，贯穿和应用于企业的所有相关的活动中。
- **造型性**：企业标识设计造型的题材和形式丰富多彩，如中外文字体、抽象符号、几何图形等，因此标识造型变化就显得格外活泼生动。标识图形的优劣，不仅决定了标识传达企业情况的效力，还会影响消费者对商品品质的信心与企业形象的认同。

- **延展性**：企业标识是应用最为广泛，出现频率最高的视觉传达要素，并在各种传播媒体上广泛应用。标识图形要针对印刷方式、制作工艺技术、材料质地和应用项目的不同，采用多种对应性和延展性的变体设计，以产生切合、适宜的效果与表现。
- **系统性**：企业标识一旦确定，随之就应展开标识的精致化作业，其中包括标识与其他基本设计要素的组合规定。目的是对未来标识的应用进行规划，达到系统化、规范化和标准化的科学管理。从而提高设计作业的效率，保持一定的设计水平。

9.3.3 操作思路

了解关于标志设计的相关专业知识后便可开始标志的设计与制作了，根据上面的实例目标，本例的操作思路如图9-45所示。

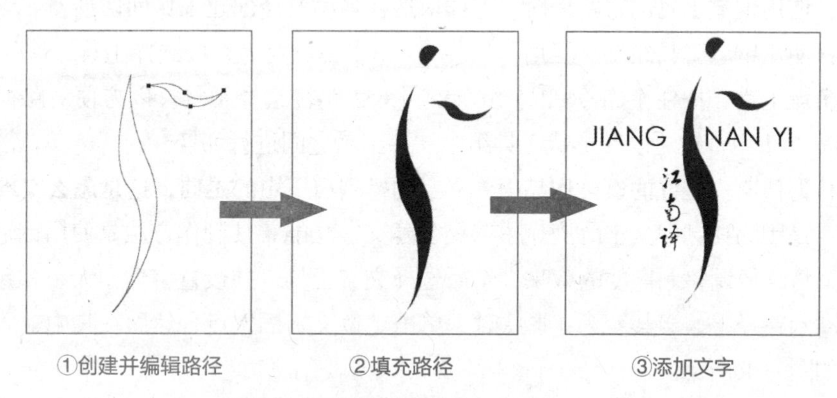

图9-45 企业标志设计的操作思路

【步骤提示】

STEP 1 先新建一个空白图像文件，使用钢笔工具绘制出一个路径并进行调整。

STEP 2 继续绘制另一个路径，并对其进行适当的调整。

STEP 3 绘制一个椭圆形状，然后使用删除锚点工具删除右下边的锚点。

STEP 4 将路径转换为选区，然后填充为暗红色。

STEP 5 利用文字工具，在图像中创建文字图层，并设置字符格式，然后调整到合适位置即可。

9.4 疑难解析

问：用钢笔工具勾选图像后，怎样抠到新建的文件中？

答：使用钢笔工具勾出图像后，把路径变成选区，然后新建一个文件，使用复制、粘贴或者直接拖动选区到新键文件中。

问：用直线工具画一条直线后，怎样设置直线由淡到浓的渐变？

答：用直线工具画出直线后，有两种方法可以设置由淡到浓的渐变：一种是将其变成选区，填充渐变色，选前景色到渐变透明；另一种则是在直线上添加蒙版，用羽化喷枪把尾部喷淡，也可达到由淡到浓的渐变。

问：打开绘制了路径的图像文件，怎么看不见绘制的路径呢？

答：创建的路径文件，在打开该文件之后，要单击“路径”面板中的路径栏，才能在图像窗口中显示出来。

问：既然路径可以转换为选区，那么路径也可以自由变换吗？

答：选择路径后，选择【编辑】/【变换路径】菜单命令，即可将路径进入到变换状态，进行自由变换。

问：怎样可以快速地获取更多的形状呢？

答：除了用户自己绘制并定义形状外，还可以在网上下载，用户可访问一些提供这类下载的网站，然后将其载入到Photoshop中，载入方法与载入画笔的方法相同。

问：使用钢笔工具创建路径时，怎样快速在各种路径创建工具间切换？

答：使用钢笔工具绘制路径后，按住【Ctrl】键可变为直接选择工具，按住【Alt】键可变为转换点工具，按住【Ctrl+Alt】组合键可变为路径选择工具。以方便对路径进行调整，按【Shift+U】组合键可以在形状工具组中的各工具之间进行切换。

问：为什么一些好的设计作品中，文字的排列有一定的走向，这是怎么实现的呢？

答：是因为在创建文字时应用了路径创建文字功能，其制作方法是使用钢笔工具创建一个路径，将路径调整到需要的效果，然后选择文字工具，并设置字体、大小和颜色，将鼠标指针移动到路径上，当其变为 ⌶ 形状时，单击定位文本插入点，然后在其中输入需要的文本即可，如图9-46所示。

问：在绘制一些规则且有序排列的路径时，有什么快捷方法吗？

答：绘制路径后，用路径选择工具选择多个子路径后，在工具属性栏中单击对应的对齐按钮即可进行相应的操作，如图9-47所示。

图9-46　创建路径文字

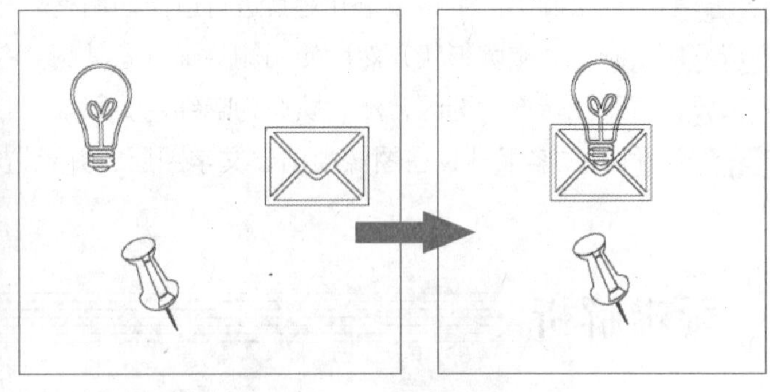

图9-47　水平居中对齐效果

9.5　习题

本章主要介绍了路径和形状的相关操作，如使用钢笔工具绘制路径、选择路径、编辑路径、将路径转换为选区，使用形状工具创建形状、编辑形状、填充和描边形状，以及复制和清除路径等。对于本章的内容，读者需要熟练掌握路径和形状的创建与编辑操作。

素材所在位置 光盘:\素材文件\第9章\习题\城市1.jpg、城市2.jpg……
效果所在位置 光盘:\效果文件\第9章\卡通场景.psd、企业标志.psd、T恤图案.psd、相机DM单.psd

（1）绘制一个卡通场景，画面是一片充满春意、绿油油的草地，完成后的参考效果如图9-48所示。

（2）为一家外国化妆品公司制作一个标志，要求标志要具有可识别性，并且要体现出浓烈的女性气息，完成后的参考效果如图9-49所示。

图 9-48 卡通场景

图9-49 制作企业标志

（3）要求根据提供的几幅图像素材制作一张相机的DM单，可使用路径和形状以及文字工具来完成，参考效果如图9-50所示。

（4）打开提供的素材图像，为其制作个性的字母文字，最终效果如图9-51所示。

图9-50 制作相机DM单

图9-51 制作T恤图案

课后拓展知识

Illustrator主要是用于设计矢量图形，其绘制与编辑路径的工具也很强大，但通常进行图像设计时都会采用Photoshop来完成图像的设计，此时可在Photoshop创建路径，然后将路径导出到Illustrator进行上色，或更进一步编辑。

在Illustrator可以对导入的图像进行以下编辑。

- 使用剪刀工具：任意绘制一段路径，选择工具箱中的剪刀工具，单击路径上的任意一点，则路径会从单击的位置被剪切为两条路径，如图9-52所示。按键盘上的方向键，即可移动剪切的路径，如图9-53所示。

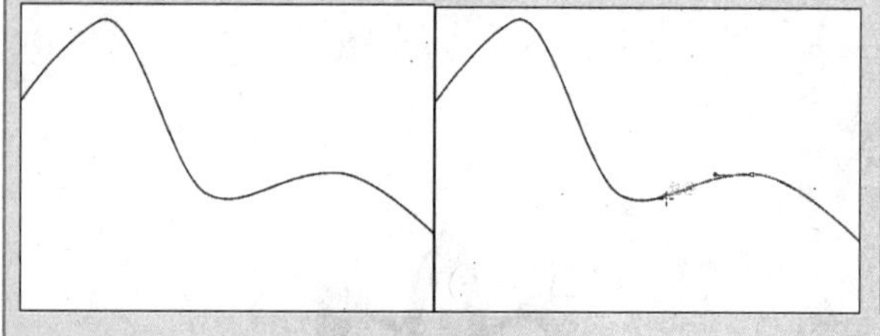

图9-52 剪切路径

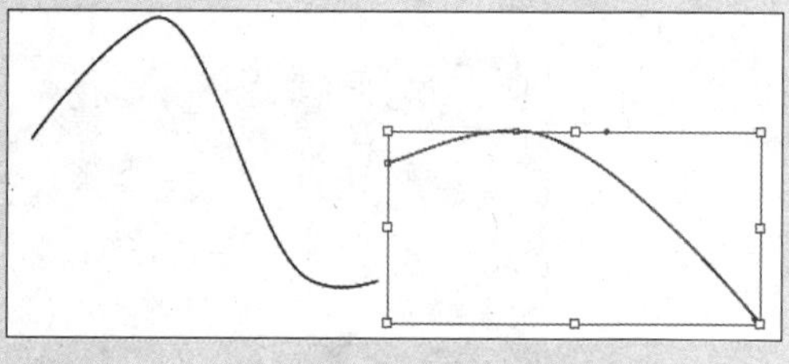

图9-53 移动路径

- 使用美工刀工具：制作一段闭合路径，选择工具箱中的美工刀工具，在需要裁切的位置单击并按住鼠标左键不放从路径上方至下方拖出一条线，如图9-54所示。释放鼠标，闭合的路径即可被裁切为两个闭合路径，如图9-55所示。按键盘上的方向键移动路径，即可查看被裁切的两部分图形，如图9-56所示。

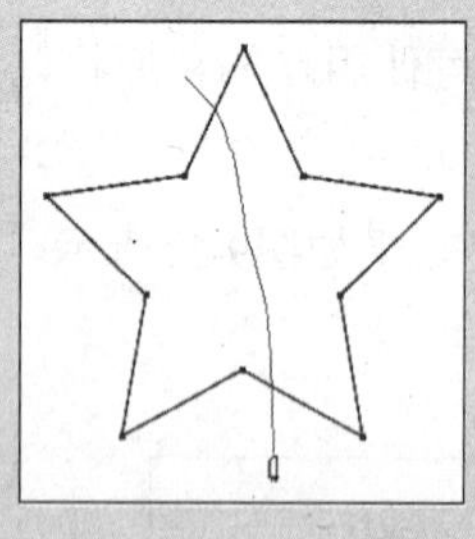

图9-54 拖出线条

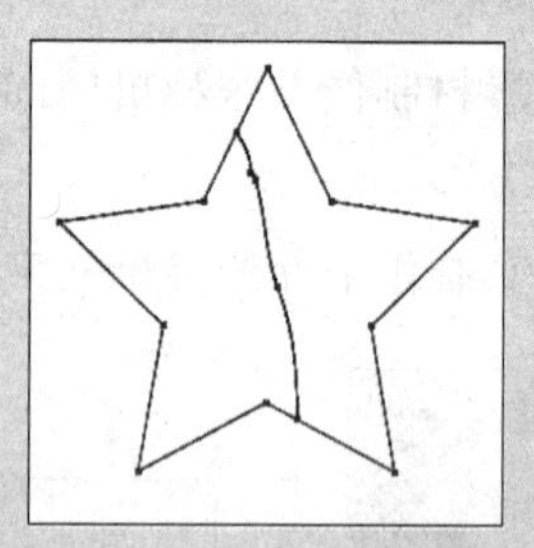

图9-55 裁切路径

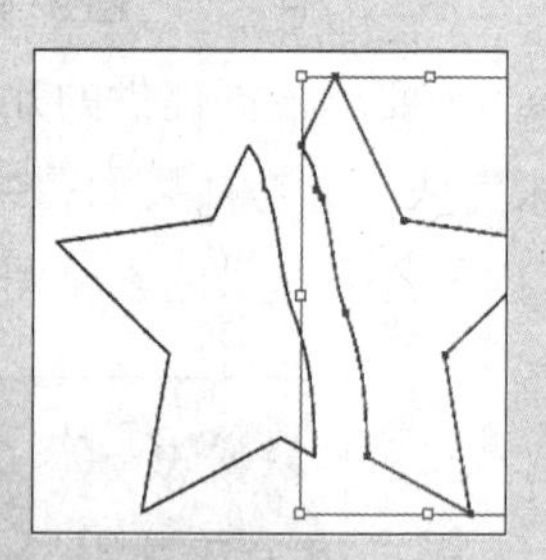

图9-56 移动路径

PART 10

第10章 通道的应用

情景导入

小白正在为顺利完成老张交代的任务而沾沾自喜时，老张拿着小白的作品生气的走到小白办公桌前，说："你这抠的什么图？重新做。"

知识技能目标

- 熟悉通道在图像处理中的应用。
- 掌握通道的相关操作。

- 能够使用通道抠取复杂的图像、调整图像颜色等操作。
- 掌握"电影海报"作品的制作方法。

课堂案例展示

调整图像色调

电影海报

10.1 使用通道抠图

小白看老张生气的样子，心理很委屈，说："这个我已经尽力了，但是还是不能抠出理想的效果。"老张看小白也不像在撒谎，而且平常小白工作也算认真，于是压下心中的火气说："你可以使用通道来抠取这些复杂的图像"。

小白听了老张的建议后，便开始重新抠取图片了。本例完成后的参考效果如图10-1所示，下面具体讲解其制作方法。

素材所在位置 光盘:\素材文件\第10章\课堂案例1\冰块.jpg
效果所在位置 光盘:\效果文件\第10章\冰块.psd

图10-1 抠取冰块最终效果

10.1.1 认识"通道"面板

在默认情况下，"通道"面板、"图层"面板和"路径"面板在同一组面板中，可以直接选择"通道"标签，打开"通道"面板，如图10-2所示。其中各选项的含义介绍如下。

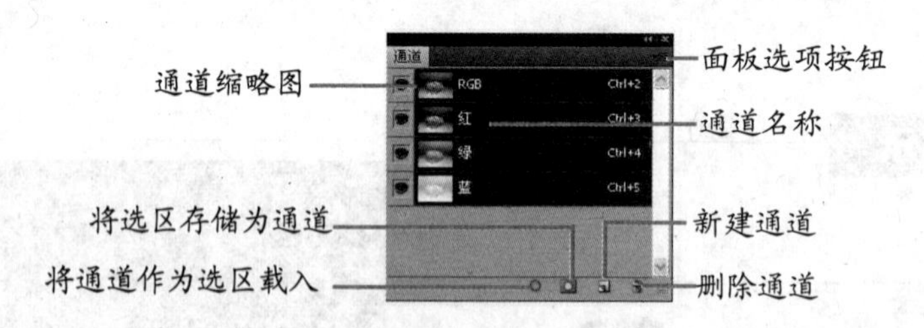

图10-2 "通道"面板

- 将通道作为选区载入 ：单击该按钮可以将当前通道中的图像内容转换为选区。选择【选择】/【载入选区】菜单命令和该按钮的效果一样。
- 将选区存储为通道 ：单击该按钮可以自动创建Alpha通道，并将图像中的选区保存。选择【选择】/【存储选区】菜单命令和该按钮的效果一样。
- 新建通道 ：单击该按钮可以创建新的Alpha通道。
- 删除通道：单击该按钮可以删除选择的通道。
- 面板选项按钮：单击该按钮可弹出通道的部分菜单命令。

10.1.2 创建Alpha通道

在“通道”面板中创建一个新的通道，称为“Alpha”通道。用户可以通过创建“Alpha”通道来保存和编辑图像选区，其具体操作如下。

STEP 1 打开提供的“冰块.jpg”素材文件，切换到“通道”面板。

STEP 2 单击“面板选项”按钮，在弹出的下拉菜单中选择“新建通道”菜单命令。

STEP 3 在打开的“新建通道”对话框中设置新通道的名称为“填充色”，单击确定按钮，如图10-3所示。

STEP 4 此时新建一个名为“填充色”的Alpha通道，如图10-4所示。

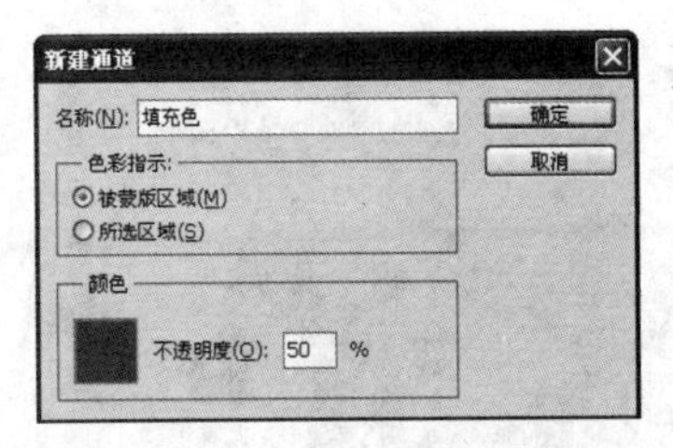

图10-3 “新建通道”对话框

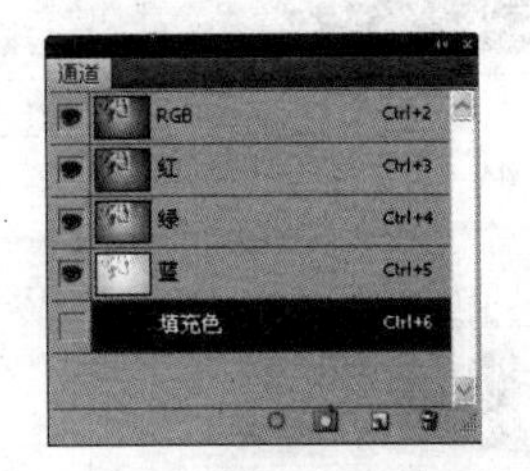

图10-4 新建的通道效果

单击“通道”面板底部的“新建通道”按钮创建通道，该方法创建的通道系统会自动为其指定名称，依次为Alpha1、Alpha2、Alpha3、Alpha4等。

10.1.3 复制和删除通道

在应用通道编辑图像的过程中，复制通道和删除通道是常用的操作。

1. 复制通道

复制通道和复制图层的原理相同，是将一个通道中的图像信息进行复制后，粘贴到另一个图像文件的通道中，而原通道中的图像保持不变。其具体操作如下。

STEP 1 在“通道”面板中选择“红”通道，然后单击右上角的“面板选项”按钮，在弹出的下拉菜单中选择“复制通道”菜单命令，打开“复制通道”对话框，直接单击确定按钮即可，如图10-5所示。

STEP 2 此时新建的通道将位于通道面板底部，效果如图10-6所示。

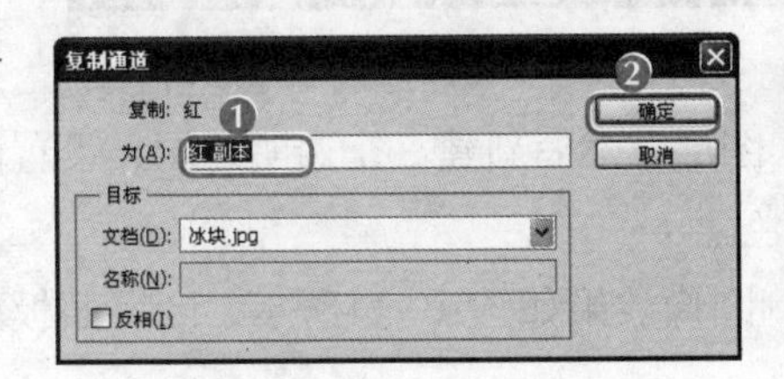

图10-5 “复制通道”对话框

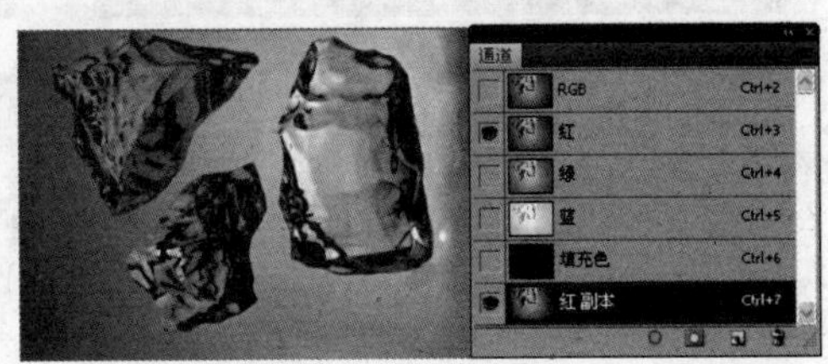

图10-6 复制的通道效果

选择需要复制的通道，在通道上单击鼠标右键，在弹出的快捷菜单中选择“复制通道”菜单命令。另外，选择需要复制的通道，按住鼠标左键将其拖动到面板底部的“创建新通道”按钮上，当光标变成形状时释放鼠标也可复制通道。

STEP 3 选择【图像】/【调整】/【色阶】菜单命令，打开“色阶”对话框，在其中设置参数如图10-7所示。

STEP 4 设置完成后单击 确定 按钮，效果如图10-8所示。

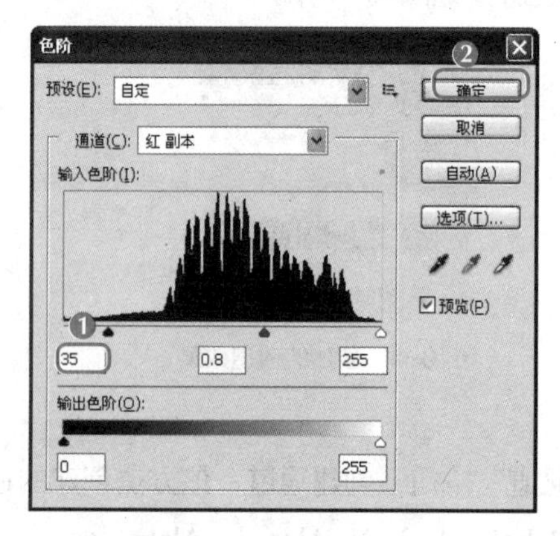

图10-7 “色阶”对话框

图10-8 调整色阶后的效果

STEP 5 按【Ctrl】键的同时单击“红副本”通道缩略图载入选区，如图10-9所示，选中部分即为图像的高光部分。

STEP 6 利用快速选择工具减去图像中不需要的高光图像部分，效果如图10-10所示。

图10-9 载入选区

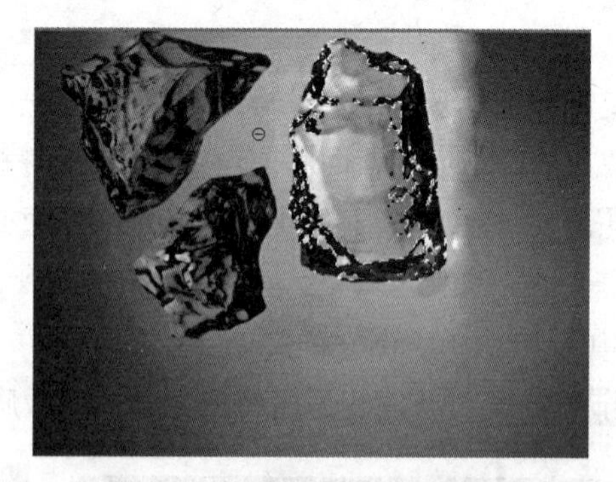

图10-10 选取需要的高光部分

STEP 7 切换到“图层”面板，选择“背景”图层，然后新建一个透明图层，设置前景色为白色，按【Alt+Delete】组合键快速填充前景色。

STEP 8 按【Ctrl+D】组合键取消选区，得到图像效果如图10-11所示，图层面板如图10-12所示。

图10-11　填充选区效果

图10-12　图层面板效果

STEP 9 切换到通道面板，选择“红副本”通道。

STEP 10 选择【图像】/【调整】/【反相】菜单命令，得到如图10-13所示效果。

STEP 11 按住【Ctrl】键的同时单击“红副本”通道缩略图载入选区，如图10-14所示，选中部分即为图像的暗调区域部分。

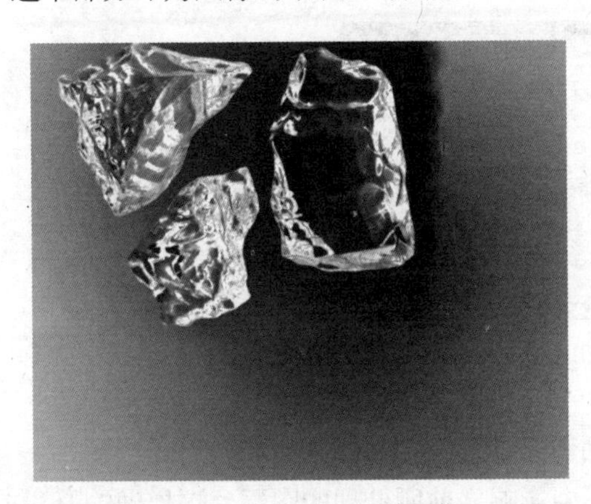

图10-13　反向图像

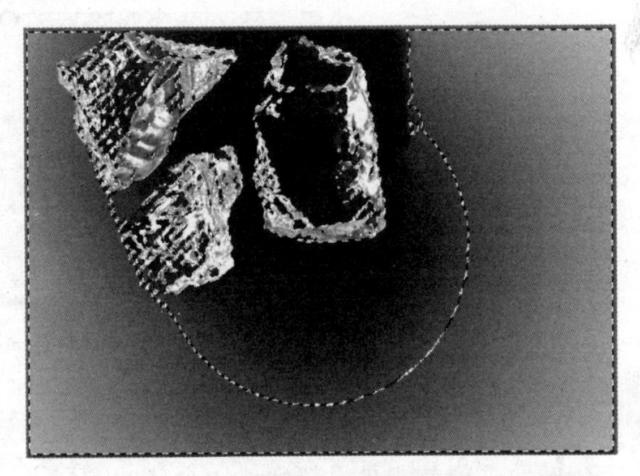

图10-14　载入选区

STEP 12 利用快速选择工具减去图像中不需要的暗调图像部分，如图10-15所示。

STEP 13 切换到“图层”面板，选择“背景”图层，然后新建一个透明图层，设置前景色为黑色，按【Alt+Delete】组合键快速填充前景色。

STEP 14 按【Ctrl+D】组合键取消选区，得到图像效果如图10-16所示。

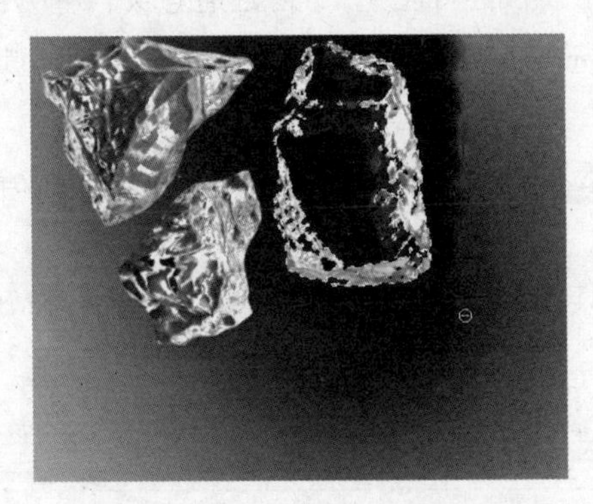

图10-15　选择需要的暗调区域

图10-16　填充黑色

STEP 15 隐藏背景图层，得到的图像效果如图10-17所示。

STEP 16 将“图层2”的填充值设置为70%，得到如图10-18所示的效果。

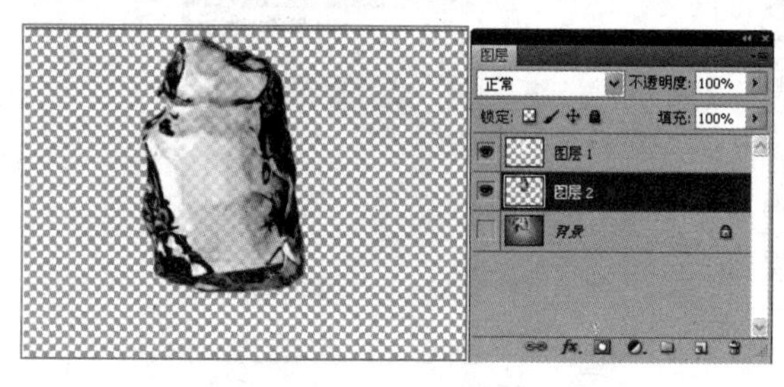

图10-17　隐藏背景图层效果

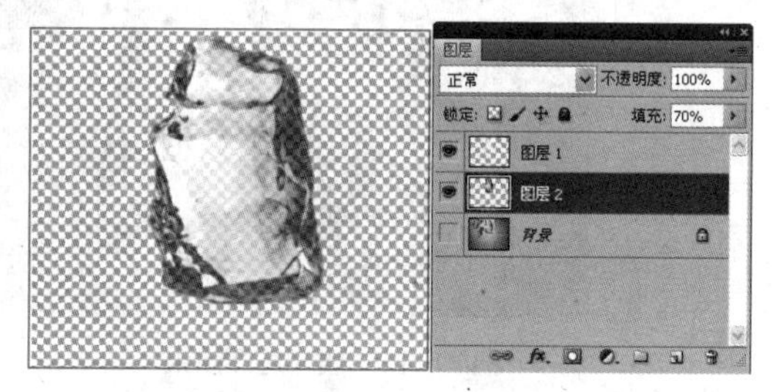

图10-18　设置图层填充值

STEP 17 按住【Ctrl】键不放的同时，在“图层”面板上同时单击“图层1”和“图层2”，选择这两个图层，按【Ctrl+Alt+Shift+E】组合键盖印选中的图层，得到“图层3”，如图10-19所示，完成冰块图像的选取操作。

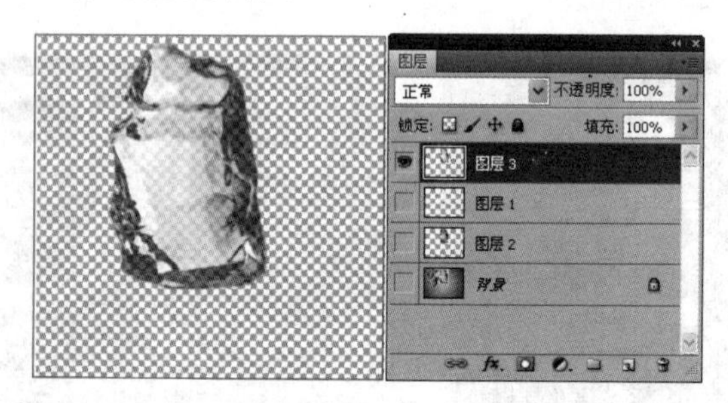

图10-19　盖印图层

盖印就是将处理后的效果盖印到新的图层上，功能和合并图层差不多，但盖印是重新生成一个新的图层，不会影响之前所处理的图层，这样做的好处是，如果处理后的效果不太满意，可以删除盖印图层，之前做的效果图层依然还存在。

2. 删除通道

将多余的通道删除，可以减少系统资源的使用，提高运行速度。删除通道有以下3种方法。

- 选择需要删除的通道，在其上单击鼠标右键，在弹出的快捷菜单中选择“删除通道”菜单命令。
- 选择需要删除的通道，单击“通道”面板右上角的“面板选项”按钮，在弹出的下拉菜单中选择“删除通道”菜单命令。
- 选择需要删除的通道，按住鼠标左键将其拖动到面板底部的“删除通道”按钮上即可。

10.2　处理图像色调

小白学习通道后，发现通道的功能非常强大，不但可以抠取一些复杂的图像，还可以通过对通道进行操作，来调整图像的颜色，老张听了小白的话，说道：“利用通道来调整图像的色调可以处理一些特殊的图像颜色效果，这也是通道的一大特色功能，你可以大胆地尝试一下，看能调整出什么样的图像效果”。

小白听后，自信满满，想要完成老张交代的任务，可通过分离通道、合并通道和通道计算等操作来完成。本例的参考效果如图10-20所示，下面将具体讲解其制作方法。

效果所在位置 光盘:\素材文件\第10章\课堂案例2\景色.jpg
效果所在位置 光盘:\效果文件\第10章\调整图像颜色.psd

图10-20 调整图像颜色效果

10.2.1 分离通道

分离通道是指将图像的每个通道分离为一个单独的图像，这样可以将分解出来的灰度图像进行独立的编辑、处理和保存，分离通道只能针对已拼和的图像。下面在素材文件中分离通道，调整图像颜色，其具体操作如下。

STEP 1 打开提供的“景色.jpg”素材文件，切换到“通道”面板，如图10-21所示。

图10-21 素材文件效果

STEP 2 单击“面板选项”按钮，在弹出的下拉菜单中选择“分离通道”菜单命令，系统将自动对图像按原图像中的分色通道数目分解为3个独立的灰度图像，如图10-22所示。

图10-22　分离通道后生成的图像

STEP 3　将“景色.jpg_B”图像作为当前工作图像，选择【图像】/【调整】/【曲线】菜单命令，在打开的对话框中拖动曲线调整图像的亮度，如图10-23所示。

STEP 4　设置完成后单击 确定 按钮，效果如图10-24所示。

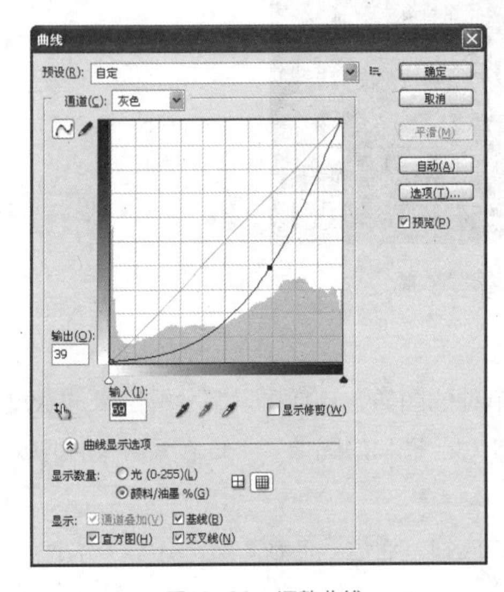

图10-23　调整曲线

图10-24　调整曲线后的效果

10.2.2 合并通道

合并通道是分离通道的逆操作，该操作可以把多个灰度模式的图像作为不同的通道合并到一个新图像中。下面将“景色.jpg”图像中分离的通道进行合并，其具体操作如下。

STEP 1　单击“通道”面板右上角的“面板选项”按钮，在弹出的下拉菜单中选择“合并通道”菜单命令，打开“合并通道”对话框。在“模式”下拉列表中选择“RGB颜色”选项，设置合并后图像的颜色模式，如图10-25所示。

STEP 2　完成后单击 确定 按钮，再次打开“合并 RGB 通道”对话框，直接单击 确定 按钮，如图10-26所示。

知识提示

对图像进行通道分离后，若不做任何改变就进行合并操作，则合并通道后的图像和原图像没有任何区别。另外，用于被合并通道的都必须为灰度模式，且必须是打开的图像文件。

图10-25 “合并通道”对话框

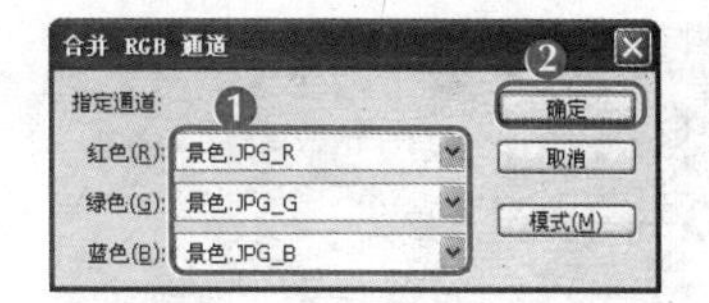

图10-26 “合并RGB通道”对话框

STEP 3 合并通道后的效果如图10-27所示，按【Ctrl+S】组合键将图像保存为“调整图像颜色.psd”文件。

图10-27 合并通道后的效果

10.2.3 通道计算

“计算”命令主要用于混合两个来自一个或多个源图像的单色通道，且通过计算通道命令可将结果应用到新的图像或新通道中。下面使用通道计算的方法为景色图像添加折叠后的纸张印记效果，其具体操作如下。

STEP 1 按【Ctrl+J】组合键将“背景”图层复制，名称为“图层1”，如图10-28所示。

STEP 2 切换到“通道”面板，单击“新建通道”按钮，新建“Alpha1”通道，如图10-29所示。

图10-28 复制图层

图10-29 新建通道

STEP 3 按【Ctrl+R】组合键显示标尺，在工具箱中选择移动工具，然后在横向标志和竖向标尺上拖出垂直的两条参考线，如图10-30所示。

STEP 4 在工具箱中选择矩形选框工具，然后沿着参考线的一侧绘制选区，如图10-31所示。

图10-30　创建参考线

图10-31　创建矩形选区

STEP 5　按【D】键恢复默认的前景色和背景色，选择渐变工具，在工具属性栏中单击“渐变编辑器”按钮，在打开的对话框中设置渐变类型为“从前景色到背景色”，如图10-32所示。

STEP 6　单击确定按钮，在选区中从右往左拖曳鼠标渐变填充选区，效果如图10-33所示。

图 10-32　设置渐变类型

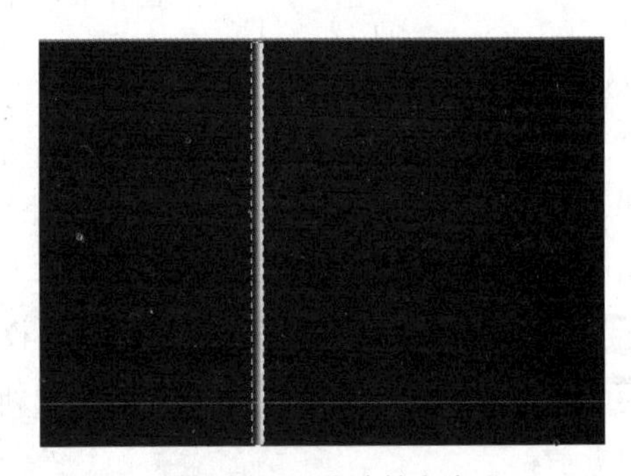

图 10-33　渐变填充选区

STEP 7　单击“新建通道”按钮，新建“Alpha2”通道，在工具箱中选择矩形选框工具，利用方向键，将选框移动到参考线的左侧，如图10-34所示。

STEP 8　并使用渐变工具由左向右渐变填充，效果如图10-35所示。

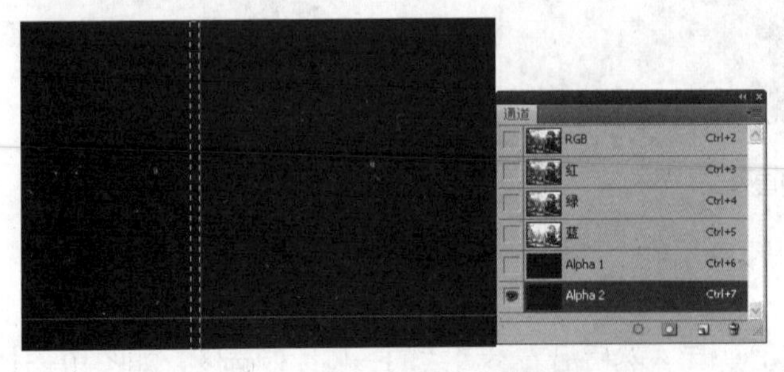

图10-34　移动选区

图10-35　渐变填充选区

STEP 9　单击“新建通道”按钮，新建“Alpha3”通道，利用矩形选框工具沿着横向参考线上方创建一个矩形选区，然后再使用渐变填充工具按照步骤5到步骤6所示进行渐变填充设置，完成后效果如图10-36所示。

STEP 10 按照步骤7到步骤8的方法在横向参考线的下方创建渐变填充选区，效果如图10-37所示。

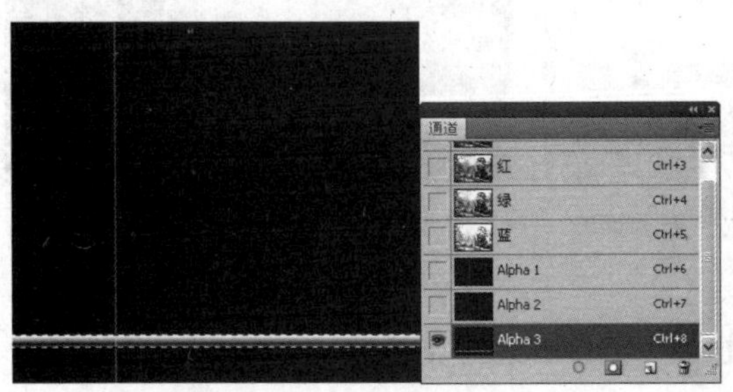

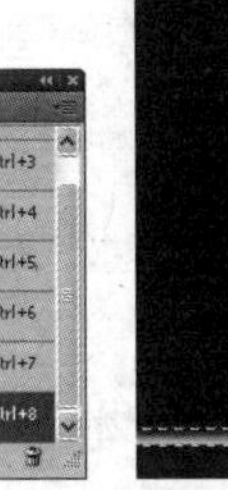

图 10-36 创建参考线上方填充对象

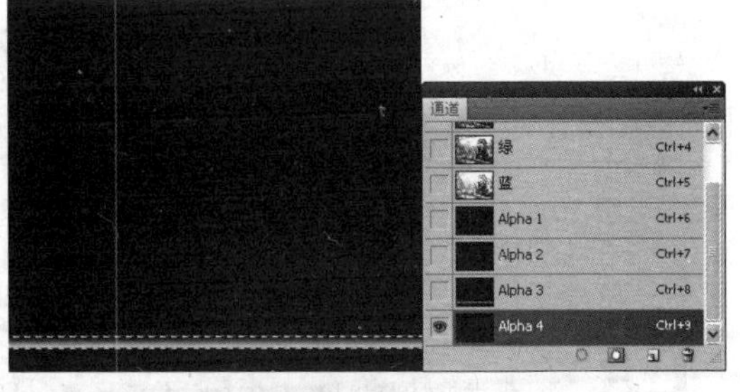

图 10-37 创建参考线下方填充对象

在为选区进行渐变填充时，需要注意所添加的渐变方向，若忽视方向，那么在Alpha通道之间进行计算时，将会获得错误的计算结果。

STEP 11 将标尺和参考线隐藏，选择【图像】/【计算】菜单命令，打开"计算"对话框，在其中按照如图10-38所示设置参数。

STEP 12 设置完成后单击 确定 按钮，将"Alpha1"通道和"Alpha3"通道进行计算，得到新的"Alpha5"通道，如图10-39所示，计算通道后的图像效果如图10-40所示。

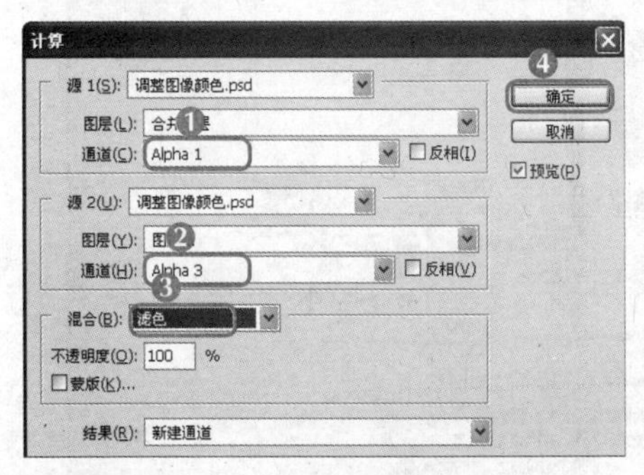

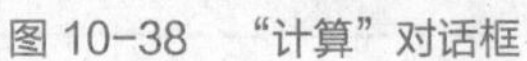

图 10-38 "计算"对话框

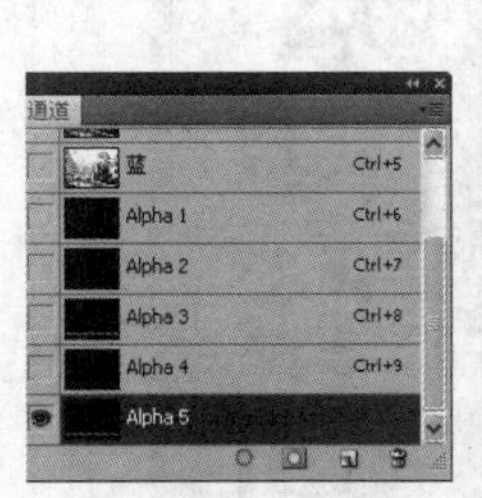

图 10-39 计算通道

图 10-40 计算通道后的图像效果

STEP 13 再次选择【图像】/【计算】菜单命令，打开"计算"对话框，按照图10-41所示设置参数。

STEP 14 设置完成后单击 确定 按钮，将"Alpha2"通道和"Alpha4"通道进行计算，得到新的"Alpha6"通道，如图10-42所示，计算通道后的图像效果如图10-43所示。

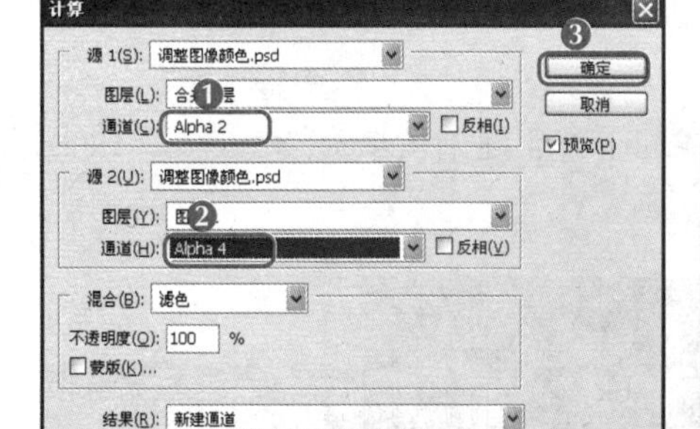

图 10-41 “计算”对话框

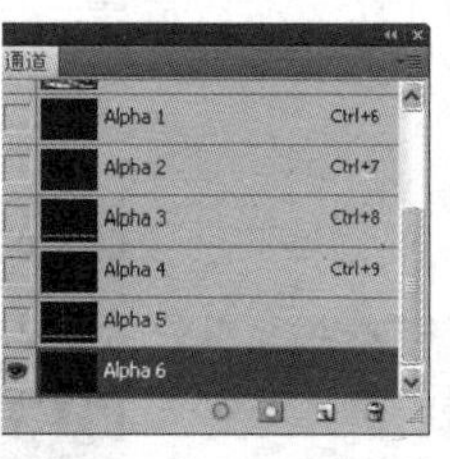

图 10-42 计算通道

图 10-43 计算通道后的图像效果

在“计算”对话框中，当“混合”下拉列表框中的文字为蓝底白字时，表示可以直接使用键盘上的方向键进行模式选择。

STEP 15 按住【Ctrl】键的同时单击“Alpha6”通道缩略图，载入选区。

STEP 16 返回“图层”面板，按【Ctrl+~】组合键返回图像RGB模式，效果如图10-44所示。

STEP 17 选择“图层1”图层，选择【图像】/【调整】/【曲线】菜单命令，打开“曲线”对话框，在其中按照如图10-45所示设置参数。

图10-44 载入选区

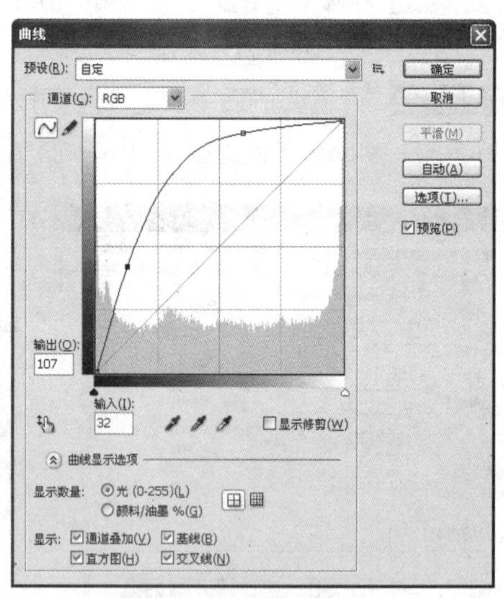

图10-45 设置曲线亮部值

创建选区后，在进行“曲线”命令调整颜色时只对选区内的图像有效，而不影响其他图像。

STEP 18 按【Ctrl+D】组合键取消选区，得到的图像效果如图10-46所示。

STEP 19 切换到“通道”面板，按住【Ctrl】键的同时单击“Alpha5”通道缩略图，载入选区，效果如图10-47所示。

STEP 20 返回“图层”面板，按【Ctrl+M】组合键打开“曲线”对话框，在其中按照如图10-48所示设置参数。

STEP 21 按【Ctrl+D】组合键取消选区，得到图像效果如图10-49所示。

图10-46 调整亮部曲线后的效果

图10-47 载入选区

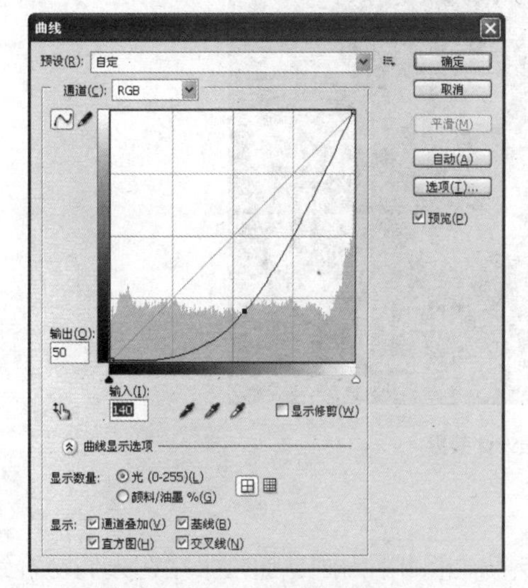

图10-48 设置曲线暗部值

图10-49 调整暗部曲线后的图像效果

STEP 22 在“图层”面板中将“图层1”图层的不透明度设置为“60%”，完成调整图像颜色的制作，得到的图像效果如图10-50所示。

图10-50 调整图像不透明度

10.3 实训——制作电影海报

10.3.1 实训目标

本实训要求为一部即将上映的电影制作一张海报，本例完成后的参考效果如图10-51所示，主要运用了通道抠图操作、设置图层混合模式操作、添加文字操作、添加图层蒙版操作以及调整颜色操作等。

素材所在位置 光盘:\素材文件\第10章\实训\冰块.jpg、水滴.jpg、水波.jpg…
效果所在位置 光盘:\效果文件\第10章\电影海报.psd

图10-51 电影海报设计效果

10.3.2 专业背景

海报又称招贴或宣传画，是用于宣传商品或传播信息的平面画，通常张贴在人们易看到的地方，从而达到广告宣传的目的。海报按用途大致可以分为3类：一是社会公益海报，一般由政府或企业的宣传活动，常用于宣传政治活动、节日、环保、交通和社会公德等，一般时间周期短，目的性强；二是文化事业海报，用于宣传文艺方面的活动，包括影视、戏剧、音乐、体育、美术、科研和展览等；三是商业海报，主要是工商企业用于产品或宣传企业形象，包括影视海报、杂志海报、食品海报和服饰海报等。

海报作为常见的一种招贴形式，有其固定的格式和内容要求，一般由标题、正文和落款组成。具体讲解如下。

（1）标题：海报的标题写法较多，常见的有单独由文件名构成，如在第一行中间写上“海报”字样；直接由活动的内容作为题目，如画展、影讯和球讯等，以一些描述性的文字为标题，如“×××旧事重提，敲开记忆之门”等。

（2）正文：海报的正文要求明确写出活动的目的和意义，活动的主要项目、时间和地点、参加的具体方法以及一些必要的注意事项等。

（3）落款：在海报上写出主办单位的名称及海报的发文日期。

另外，海报的语言要求简明扼要，形式要做到新颖美观，有时为了海报的视觉效果需要，也会适当省略一些部分，可视具体情况来决定。

但对于一些特殊的海报设计，如电影海报设计则可根据效果需要适当增减文字。

10.3.3 操作思路

了解好海报设计的要点后，就可以开始构思海报的大致结构，并开始创作。本例的操作思路如图10-52所示。

图10-52 电影海报的操作思路

【步骤提示】

STEP 1 打开“水波.jpg”素材，新建图层，然后进行由蓝到黑的径向渐变填充。

STEP 2 利用通道扣取冰块图像，将其复制到图像中，进行自由变换，通过添加图层蒙版来隐藏不需要的图像部分。

STEP 3 创建“色相/饱和度”调整图层，并将其转换为剪贴蒙版，然后调整色相和饱和度参数。

STEP 4 打开“人物.jpg”图像文件，将其移动到图像中，并进行自由变换调整到合适大小位置。

STEP 5 通过创建图层蒙版隐藏不需要的图像部分，然后调整人物图像的色彩平衡，使其与图像的整体颜色相符。

STEP 6 打开“红玫瑰.jpg”图像文件，将其选取并移动到图像文件中，通过自由变换调整大小和位置。

STEP 7 复制一层，将原图像所在的图层混合模式改为“滤色”。

STEP 8 为复制的红玫瑰图层创建图层蒙版，隐藏不需要的图像部分。

STEP 9 在图像中创建文字图层并输入文字，设置字符格式，并调整到合适的位置，然后为标题文字创建一个底纹图像，完成制作。

10.4 疑难解析

问：存储包含Alpha通道的图像会占用更多的磁盘空间，该怎么办呢？

答：在制作完图像后，用户可以删除不需要的Alpha通道。方法是用鼠标把需要删除的通道拖到通道面板底部的“删除当前通道”按钮上，也可在要删除的通道上单击鼠标右键，在弹出的快捷菜单中选择“删除通道”菜单命令。

问：在Photoshop中处理图像时，创建好的选区现在不用，需要取消，但在之后如果还要使用该选区怎么办？

答：创建选区后，选择【选择】/【存储选区】菜单命令，会打开一个名称设置对话框，可以输入文字作为这个选区的名称。如果不命名，Photoshop会自动以Alpha1、Alpha2和Alpha3这样的文字来命名。使用选区存储功能后，选区存储到通道中。想要再次使用该选区时，选择【选择】/【载入选区】菜单命令即可方便使用之前存储的选区。

问：怎样才能载入通道选区？

答：通过通道载入选区是通道应用中最广泛的操作之一，常用于较复杂的图像处理中，在“通道”面板中选择一个通道，单击其底部的“将通道作为选区载入”按钮，即可将通道载入选区。

问：还可以使用什么命令快速合成两幅图像的颜色吗？

答：“应用图像”菜单命令也可以对两个不同图像中的通道进行同时运算，以得到更丰富的图像效果，其方法是打开需要合成颜色的两幅图像，选择【图像】/【应用图像】命令，打开“应用图像”对话框，设置源图像、目标图像和混合模式，然后确认操作即可，效果如图10-53所示。

图10-53　应用图像命令进行同时计算

问：快速创建通道的快捷键有哪些？

答：按【Ctrl+数字键】可以快速选择通道，若图像在RGB模式下，按【Ctrl+3】组合键即可快速选择“红”通道，按【Ctrl+5】组合键即可快速选择“蓝”通道，按【Ctrl+6】组合键即可快速选择“蓝”通道下面的Alpha通道，按【Ctrl+2】组合键又可返回RGB通道。

10.5 习题

本章主要介绍了通道的相关知识，如使用通道扣取复杂的图像，使用分离通道、合并通道、计算通道，以及调整图像颜色等。对于本章的内容，读者需要熟练掌握路径和形状的创建与编辑操作。

素材所在位置 光盘:\素材文件\第10章\习题\向日葵.jpg、跳水台.jpg……
效果所在位置 光盘:\效果文件\第10章\撕裂的照片.psd、文化书籍.psd……

（1）为一张普通的照片制作撕裂的效果，要求照片的撕裂边缘要真实，并且具有立体感，完成后的参考效果如图10-54所示，主要通过在通道中对图像进行编辑，得到撕裂的基本图像，然后再对该图像添加效果。

图10-54 撕裂的照片效果

（2）要求为名为“拼搏的世界”一书设计封面图像，本例完成后的参考效果如图10-55所示。本例主要通过绘图和文字，并结合本章介绍的图层相关知识进行制作。

图10-55 书籍封面效果

（3）要求将提供的素材文件中的树木图像扣取出来，参考效果如图10-56所示。

图10-56　在通道中抠取图像

课后拓展知识

在“通道”面板中主要显示有3种通道，分别为颜色通道、Alpha通道和专色通道。前面已经介绍过Alpha通道，下面简单介绍颜色通道和专色通道。

- 颜色通道：它是指摄影胶片记录的图像内容和颜色信息，图像的颜色模式不同，颜色通道的数量也不相同，RGB图像包含红、绿、蓝和一个用于编辑图像内容的复合通道，如图10-57所示；CMYK图像包含青色、洋红、黄色、黑色和一个复合通道，如图10-58所示；而Lab图像则包含一个明度、a、b和一个复合通道，如图10-59所示。

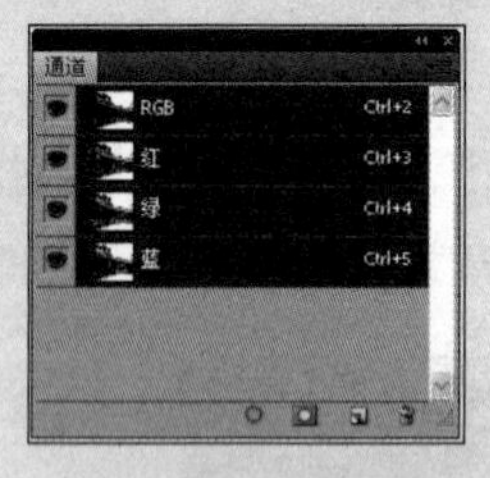

图10-57　RGB通道

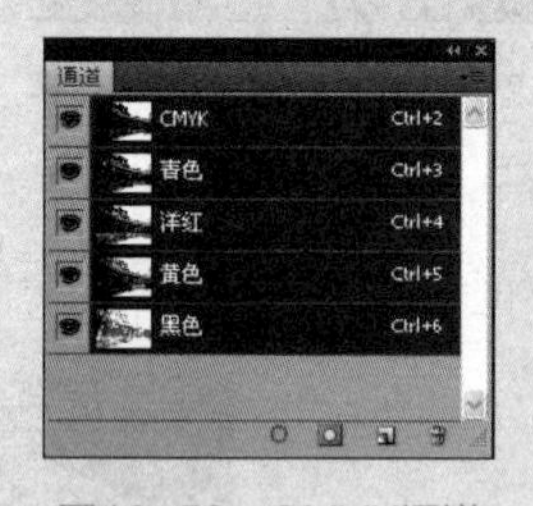

图10-58　CMYK通道

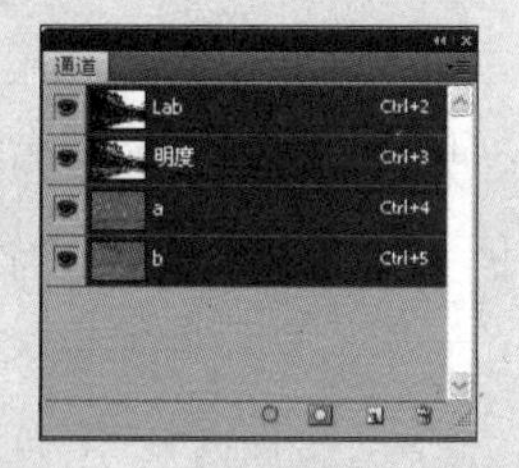

图10-59　Lab通道

- 专色通道：专色通道主要用于存储印刷用的专用颜色，专色是特殊的预混油墨，如金属金银色油墨和荧光油墨等，用于替换或补充普通的印刷色，通常情况下专色通道都以专色的名称来命名，创建专色通道的方法为单击“通道”面板的“面板选项”按钮，在弹出的菜单中选择“新建专色通道”菜单命令，打开“专色通道”对话框，在其中输入名称，单击确定按钮即可。另外，按住【Ctrl】键的同时单击“通道”面板中的“新建通道”按钮也可新建专色通道。

PART 11

第11章 滤镜的应用

情景导入

老张对小白的图像处理要求越来越严格，近段时间，更是让小白完成一些图像的特效制作，虽然遇到过困难，但老张从未放弃小白。

知识技能目标

- 掌握滤镜库与滤镜的基本使用方法。
- 熟悉各种滤镜结合可实现的效果。

- 提高图像特殊效果制作，能使用滤镜处理一些特殊的图像。
- 掌握“放射光束”作品、“棒棒糖效果”作品、“水彩画效果”作品和“下雨效果”作品的制作方法。

课堂案例展示

放射光束

棒棒糖效果

水彩画效果

下雨效果

11.1 滤镜库与滤镜使用基础

小白对老张要求制作的特殊效果图像感到很陌生，老张告诉小白："Photoshop CS5的滤镜功能非常强大，使用它可以制作出各种各样的特殊图像效果，虽然你前面制作的作品也很美观，但是，若能结合滤镜菜单下的滤镜命令来处理图像，那么，就可以制作出更加精美、绚丽的图像画面，在使用之前你可以先熟悉一下滤镜库与滤镜的一些基本操作。"

小白听了老张的建议，对滤镜充满了好奇，回到自己座位上便迫不及待地打开滤镜库，查看其中的命令和参数。

素材所在位置 光盘:\素材文件\第11章\课堂案例1\素材1.jpg、素材2.jpg、素材3.jpg

11.1.1 滤镜的一般使用方法

Photoshop CS5中的滤镜命令位于"滤镜"菜单中，当用户要使用滤镜命令时，只需单击"滤镜"菜单，在打开的菜单中选择相应的滤镜命令即可。下面讲解滤镜的一般使用方法，其具体操作如下。

STEP 1 打开"素材1.jpg"素材文件，选择【滤镜】/【镜头校正】菜单命令，打开"镜头校正"对话框。

STEP 2 单击右侧的"自定"选项卡，在其中可进行相应的参数设置，并且在左侧将显示图像应用设置后的预览效果，如图11-1所示。

STEP 3 设置完成后单击 确定 按钮即可。

图11-1 镜头校正滤镜

11.1.2 滤镜库的设置与应用

Photoshop CS5中的滤镜库整合了“扭曲”、“画笔描边”、“素描”、“纹理”、“艺术效果”和“风格化”6种滤镜功能，通过该滤镜库，可对图像应用这6种滤镜功能的效果。其具体操作如下。

STEP 1 打开“素材1.jpg”图像文件，选择【滤镜】/【滤镜库】菜单命令，打开“滤镜库”对话框。

STEP 2 在该对话框中间的列表框中单击左侧的▶按钮可展开相应的滤镜组，并提供了常用的滤镜缩略图，单击选择需要的滤镜样式。这里选择“扭曲”下面的“扩散亮光”选项，再次单击左侧的▼按钮可将其收回，效果如图11-2所示。

STEP 3 设置完参数后单击[确定]按钮即可。

图11-2 使用滤镜库添加滤镜

若要同时使用多个滤镜，可在对话框的右下角单击“新建效果图层”按钮，在原效果图层上再新建一个效果图层，然后单击需要的滤镜即可；若不需要应用某个滤镜效果则选中该效果图层，然后单击下方的“删除效果图层”按钮即可删除该滤镜效果。

11.1.3 液化滤镜的设置与应用

使用“液化”滤镜可以对图像的任何部分进行各种各样液化效果的变形处理，如收缩、膨胀、旋转等。在液化过程中可对各种效果程度进行随意控制。下面讲解液化滤镜的设置与应用的方法，其具体操作如下。

STEP 1 打开“素材2.jpg”图像文件，选择【滤镜】/【液化】菜单命令，或按【Shift+Ctrl+X】组合键，打开“液化”对话框，如图11-3所示。

STEP 2 选择对话框左上侧的变形工具，然后在图像预览框中涂抹，可使图像中的颜色产生流动效果，如图11-4所示。

图11-3 “液化”对话框

STEP 3 选择顺时针旋转扭曲工具，在预览框中单击并按住鼠标左键不放，可使光标处图像产生顺时针旋转扭曲效果，如图11-5所示。

STEP 4 选择褶皱工具，在预览框中单击并按住鼠标左键不放进行涂抹，可使光标处图像产生向内收缩变形效果，如图11-6所示。

图11-4 颜色流动效果

图11-5 顺时针旋转效果

图11-6 褶皱效果

STEP 5 选择膨胀工具，在预览框中单击并按住鼠标左键不放进行涂抹，可使光标处图像产生向外膨胀放大的效果，如图11-7所示。

STEP 6 选择左推工具，在预览框中拖动鼠标，可使鼠标经过处的图像像素产生位移变形的效果，如图11-8所示。

图11-7 膨胀效果

图11-8 位移效果

11.1.4 消失点滤镜的设置与应用

使用“消失点”滤镜可以在选定的图像区域内进行克隆、喷绘、粘贴图像等操作，使对象根据选定区域内的透视关系自动进行调整，以适配透视关系。其具体操作如下。

STEP 1 打开“素材3.jpg”素材图像，选择【滤镜】/【消失点】菜单命令，打开“消失点”对话框，如图11-9所示。

图11-9 “消失点”对话框

STEP 2 选择“创建平面工具”按钮，在画面上定义一个透视框，沿着4个角拉一个平行四边形。使网格覆盖住要修改的范围，然后继续使用创建平面工具创建透视框，效果如图11-10所示。

STEP 3 选择图章工具，按住【Alt】键在第一个透视框里单击鼠标左键设置源点，拖动鼠标复制，遮盖小提琴上面部分，效果如图11-11所示。

STEP 4 继续使用相同的方法在其他的透视框中获取源点，复制图像遮盖小提琴，效果如图11-12所示。

图11-10 创建多个透视框

图11-11 遮盖小提琴上面部分

图11-12 遮盖小提琴

11.2 制作放射光束效果

小白正在思考如何将一张普通的素材图片处理出特殊的效果，老张告诉小白，通常在图像处理过程中，制作特殊的图像效果，为图像添加一个滤镜常常不能满足图像的效果需要，可同时添加多个滤镜组合使用，制作出特殊的图像效果。

小白听后茅塞顿开，决定将一张落叶照片处理出特殊的效果，以达到练习滤镜使用方法的目的。参考效果如图11-13所示，下面将具体讲解其制作方法。

效果所在位置 光盘:\效果文件\第11章\课堂案例2\落叶.jpg
效果所在位置 光盘:\效果文件\第11章\放射光束效果.psd

图11-13 放射光束效果

11.2.1 相关滤镜组的作用介绍

要完成本例需要用到风格化滤镜组、画笔描边滤镜组和模糊滤镜组，下面简单介绍这些滤镜组中的相关滤镜。

1. 风格化滤镜组

风格化滤镜组主要通过移动和置换图像的像素并增加图像像素的对比度，生成绘画或印象派的图像效果，该滤镜组提供了9种滤镜，下面分别进行讲解。

- **查找边缘**：该滤镜可以突出图像边缘，该滤镜无参数设置对话框。打开如图11-14所示的素材文件。选择【滤镜】/【风格化】/【查找边缘】菜单命令，得到如图11-15所示的效果。
- **等高线**：使用"等高线"滤镜可以沿图像的亮区和暗区的边界绘出线条比较细和颜色比较浅的线条效果。选择【滤镜】/【风格化】/【等高线】菜单命令，打开其参数设置对话框，如图11-16所示，在预览框中可以查看图像效果。

图11-14 打开素材文件

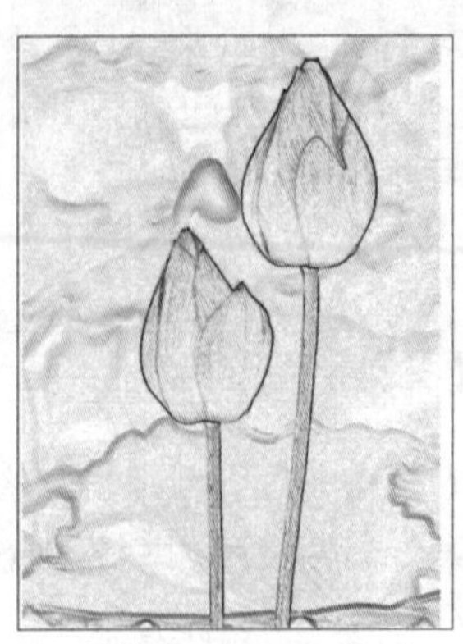

图11-15 查找边缘效果

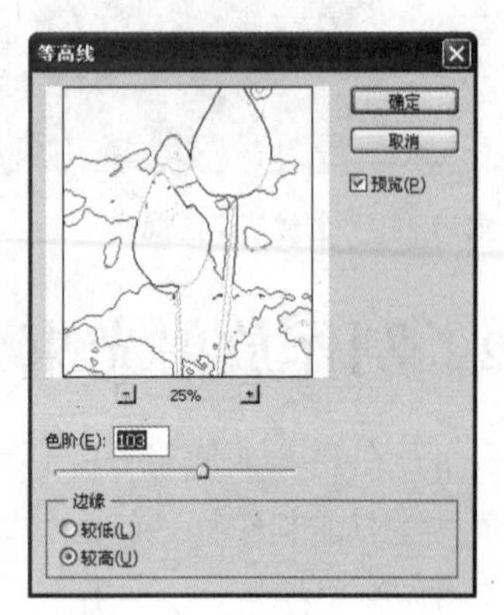

图11-16 "等高线"对话框

- **风**：使用"风"滤镜可在图像中添加一些短而细的水平线来模拟风吹效果。选择【滤镜】/【风格化】/【风】菜单命令，打开其参数设置对话框，如图11-17所示，在预览框中可以预览滤镜效果。
- **浮雕效果**：该滤镜可以通过勾划选区的边界并降低周围的颜色值，使选区显得凸起或压低，生成浮雕效果。选择【滤镜】/【风格化】/【浮雕效果】菜单命令，打开其参数设置对话框，如图11-18所示，在预览框中可以预览滤镜效果。
- **扩散**：该滤镜可以根据在其参数对话框所选择的选项搅乱图像中的像素，使图像产生模糊的效果。选择【滤镜】/【风格化】/【扩散】菜单命令，打开其参数设置对话框，如图11-19所示，在预览框中可以预览滤镜效果。

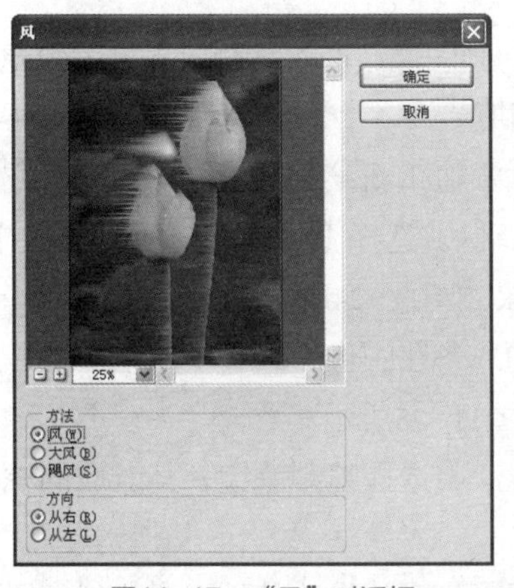

图11-17 "风"对话框

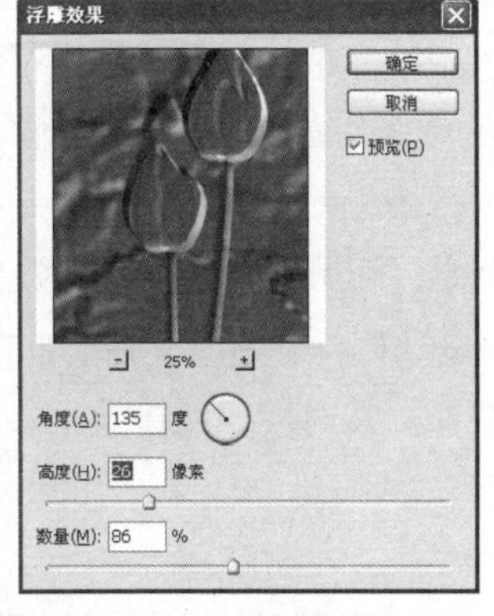

图11-18 "浮雕效果"对话框

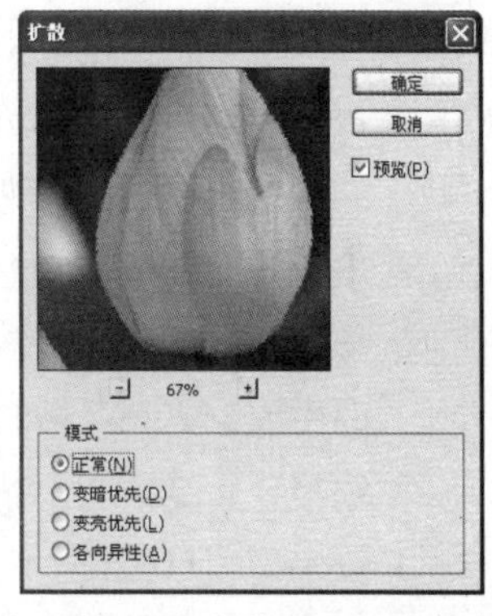

图11-19 "扩散"对话框

- **拼贴**：该滤镜可以将图像分解成许多小贴块，并使每个方块内的图像都偏移原来的位置，看上去好像整幅图像是画在方块瓷砖上一样。选择【滤镜】/【风格化】/【拼贴】菜单命令，打开其参数设置对话框，设置参数后单击 确定 按钮，效果如图11-20所示。
- **曝光过度**：该滤镜可以产生图像正片和负片混合的效果，类似于显影过程中将摄影照片短暂曝光，该滤镜无参数设置对话框。选择【滤镜】/【风格化】/【曝光过度】菜单命令即可应用，效果如图11-21所示。
- **凸出**：该滤镜可以将图像分成一系列大小相同但有机叠放的三维块或立方体，生成一种3D纹理效果。选择【滤镜】/【风格化】/【凸出】菜单命令，在打开的对话框中设置参数，完成后单击 确定 按钮，效果如图11-22所示。
- **照亮边缘**：该滤镜可以使图像边缘添加类似霓虹灯的光亮效果。选择【滤镜】/【风格化】/【照亮边缘】菜单命令，打开"照亮边缘"对话框，在对话框中可预览图像效果，如图11-23所示。

知识提示

在"拼贴"对话框中，"拼贴数"用于设置在图像每行和每列中要显示的最小贴块数；"最大位移"用于设置允许贴块偏移原始位置的最大距离；"填充空白区域用："栏用于设置贴块间空白区域的填充方式。

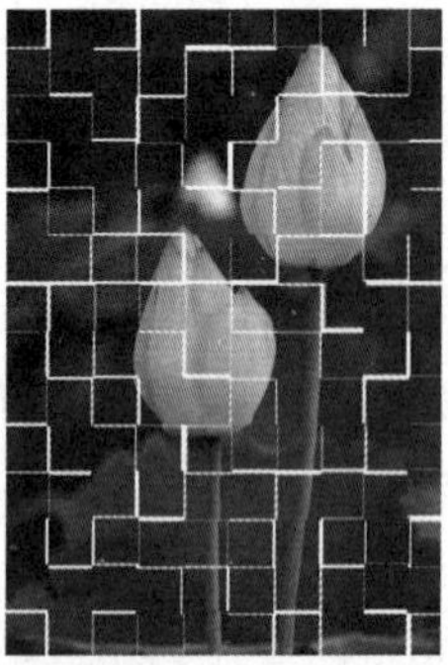

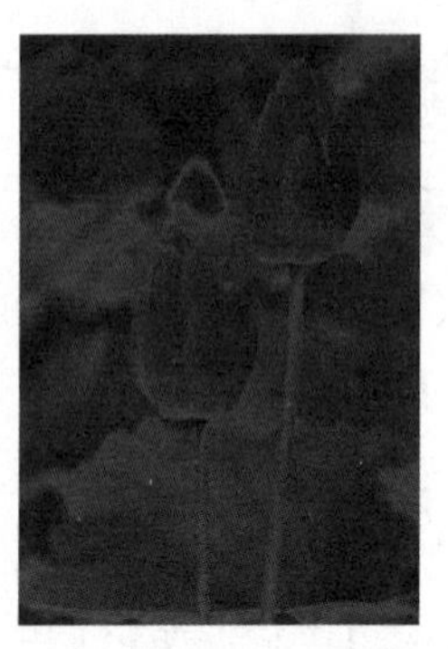

图11-20 “拼贴”效果

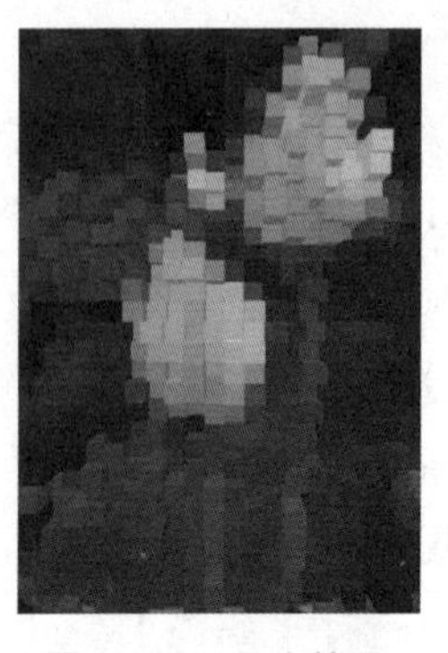

图11-21 “曝光过度”效果

图11-22 凸出效果

图11-23 照亮边缘效果

2. 画笔描边滤镜组

画笔描边滤镜组用于模拟不同的画笔或油墨笔刷来勾画图像，产生绘画效果。该组滤镜提供了8种滤镜效果，全部位于滤镜库中，下面分别进行讲解。

- 成角的线条：“成角的线条”滤镜可以使用对角描边重新绘制图像，即用一个方向的线条绘制图像的亮区，用相反方向的线条绘制暗区。选择【滤镜】/【画笔描边】/【成角的线条】菜单命令，即可打开滤镜库，效果如图11-24所示。
- 墨水轮廓：使用“墨水轮廓”滤镜可以用纤细的线条在图像原细节上重绘图像，从而生成钢笔画风格的图像。其对应的滤镜效果如图11-25所示。
- 喷溅：该滤镜可以模拟喷溅喷枪的效果。在滤镜库中选择喷溅滤镜，其对应的滤镜效果如图11-26所示。
- 喷色描边：使用“喷色描边”滤镜可以在喷溅滤镜生成效果的基础上增加斜纹飞溅效果，其对应的滤镜效果如图11-27所示。
- 强化边缘：使用“强化的边缘”滤镜可在图像边缘处产生高亮的边缘效果，其对应的滤镜效果如图11-28所示。
- 深色线条：“深色线条”滤镜将用短而密的线条来绘制图像中的深色区域，用长而白的线条来绘制图像中颜色较浅的区域，从而产生一种很强的黑色阴影效果。对应的滤镜效果如图11-29所示。

图11-24 成角的线条

图11-25 墨水轮廓

图11-26 喷溅

图11-27 喷色描边

- 烟灰墨：使用“烟灰墨”滤镜可以模拟饱含墨汁的湿画笔在宣纸上进行绘制的效

果。其参数控制区和对应的滤镜效果如图11-30所示。

- 阴影线：使用“阴影线”滤镜可在图像表面生成交叉状倾斜划痕效果，跟成角线条滤镜相似。其对应的滤镜效果如图11-31所示。

图11-28 强化边缘

图11-29 深色线条

图11-30 烟灰墨

图11-31 阴影线

3．模糊滤镜组

使用模糊滤镜组可以通过削弱相邻像素的对比度，使相邻像素间过渡平滑，从而产生边缘柔和及模糊的效果。在“模糊”子菜单中提供了“动感模糊”、“径向模糊”、“高斯模糊”等11种模糊效果，下面分别进行讲解。

- 表面模糊：该滤镜模糊图像时保留图像边缘，可用于创建特殊效果，以及用于去除杂点和颗粒。选择【滤镜】/【模糊】/【表面模糊】菜单命令，效果如图11-32所示。
- 动感模糊：该滤镜可以使静态图像产生运动的效果，原理是通过对某一方向上的像素进行线性位移来产生运动的模糊效果，效果如图11-33所示。
- 方框模糊：该滤镜以邻近像素颜色平均值为基准模糊图像。选择【滤镜】/【模糊】/【方框模糊】菜单命令，打开“方框模糊”对话框，其中“半径”选项用于设置模糊效果的强度，值越大，模糊效果越强，如图11-34所示。

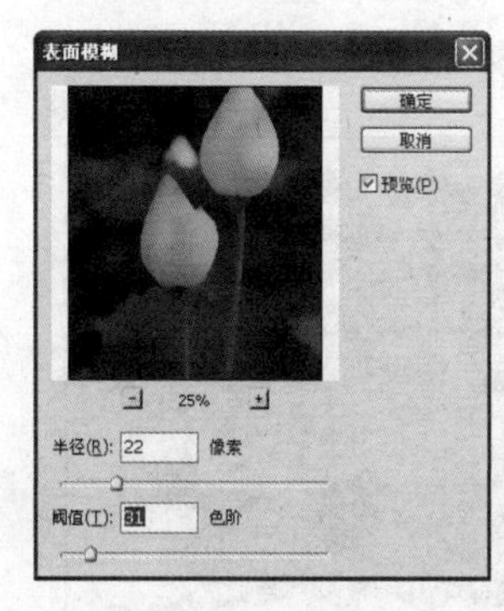

图11-32 表面模糊

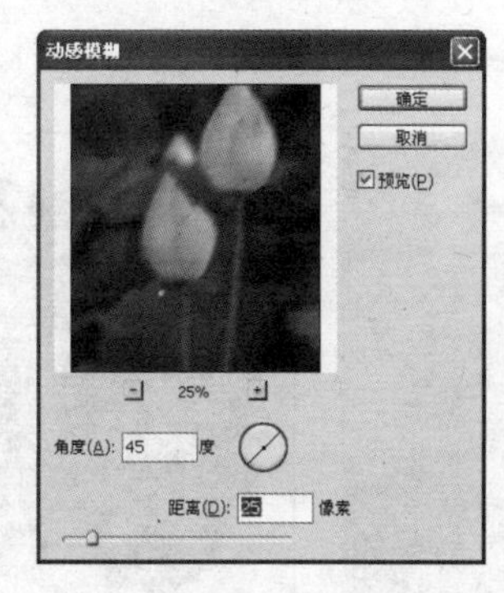

图11-33 动感模糊

图11-34 方框模糊

- 高斯模糊：该滤镜可以对图像总体进行模糊处理，效果如图11-35所示。
- 径向模糊：该滤镜可以使图像产生旋转或放射状模糊效果，模糊后的图像效果如图11-36所示。
- 镜头模糊：该滤镜可以使图像模拟摄像时镜头抖动产生的模糊效果，效果如图11-37

所示。

- **特殊模糊**：该滤镜用于对图像进行精确模糊，是唯一不模糊图像轮廓的模糊方式，效果如图11-38所示。

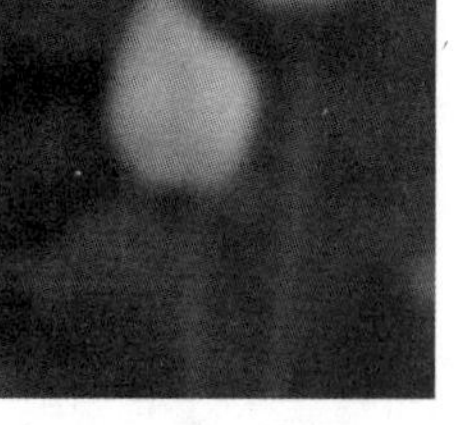
图11-35　高斯模糊

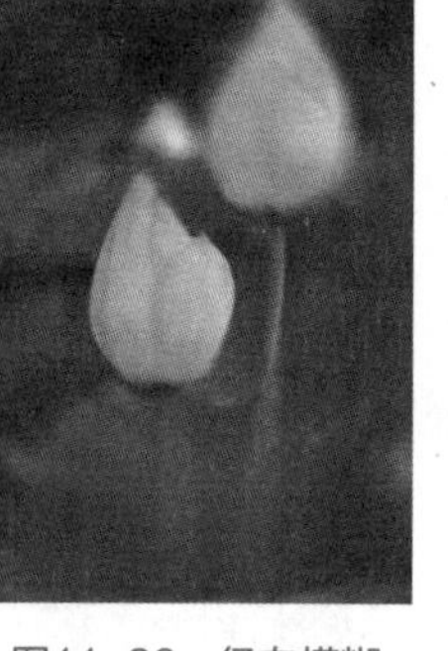
图11-36　径向模糊

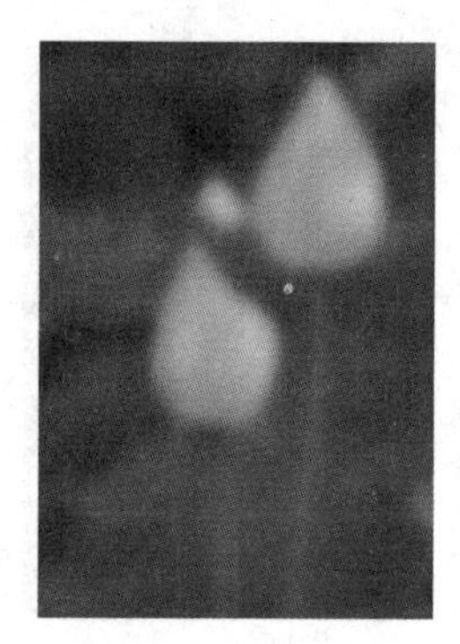
图11-37　镜头模糊

图11-38　特殊模糊

- **形状模糊**：使用“形状模糊”滤镜可以使图像按照某一形状进行模糊处理。
- **平均**：该滤镜可以对图像的平均颜色值进行柔化处理，从而产生模糊效果。
- **模糊和进一步模糊**：“模糊”和“进一步模糊”滤镜都用于消除图像中颜色明显变化处的杂色，使图像更加柔和，并隐藏图像中的一些缺陷，柔化图像中过于强烈的区域。“进一步模糊”滤镜产生的效果比“模糊”滤镜强。这两个滤镜都没有选项，可多次应用这两个滤镜来加强模糊效果。

11.2.2　用滤镜制作放射光束效果

下面通过凸出滤镜、径向模糊滤镜和深色线条滤镜来完成放射光速效果的制作，其具体操作如下。

STEP 1 打开“落叶.jpg”素材文件，如图11-39所示。

STEP 2 设置前景色为白色，使用“硬边源笔刷”在图像周围单击。

STEP 3 设置前景色为黑色，在图像中间单击，效果如图11-40所示。

图 11-39　素材文件效果

图 11-40　绘制边缘和中间图像

STEP 4 选择【滤镜】/【风格化】/【凸出】菜单命令，打开“凸出”对话框，在其中按照图11-41所示设置参数。

STEP 5 完成后单击 确定 按钮，效果如图11-42所示。

STEP 6 将背景图层复制得到图层1，选择【滤镜】/【风格化】/【查找边缘】菜单命令，效果如图11-43所示。

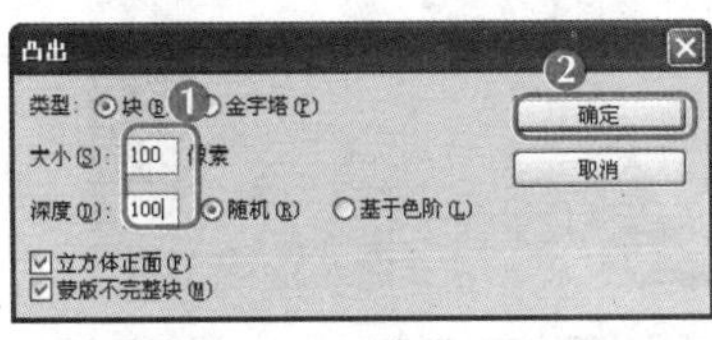

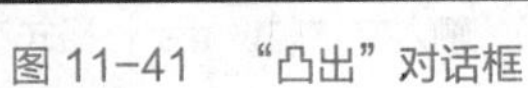
图 11-41 “凸出”对话框

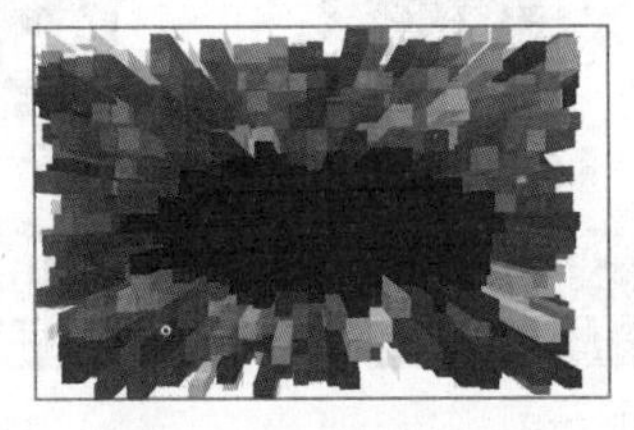
图 11-42 凸出效果

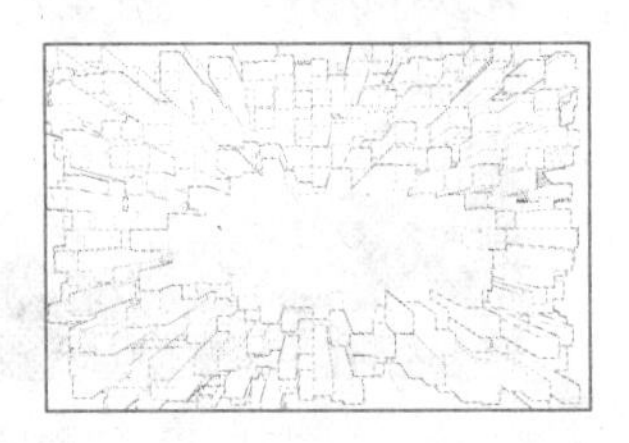
图11-43 “查找边缘”效果

STEP 7 按【Ctrl+I】组合键反相颜色，然后设置图层混合模式为“线性减淡（添加）”，效果如图11-44所示。

STEP 8 按【Ctrl+Shift+Alt+E】组合键盖印图层，然后选择【滤镜】/【模糊】/【径向模糊】菜单命令，打开“径向模糊”对话框，按照图11-45所示进行设置。

STEP 9 完成后单击确定按钮，效果如图11-46所示。

图 11-44 设置图层混合模式后效果

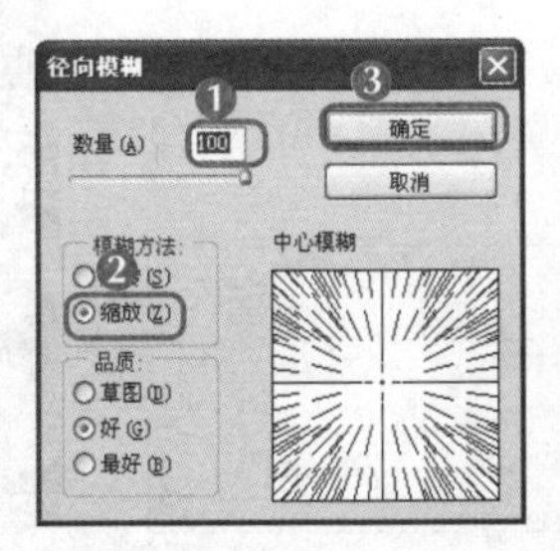

图 11-45 “径向模糊”对话框

图 11-46 “径向模糊”效果

STEP 10 再次执行两次径向模糊命令，得到如图11-47所示效果。

STEP 11 将图层2复制一层，选择【滤镜】/【画笔描边】/【深色线条】菜单命令，在打开的对话框中直接单击确定按钮，效果如图11-48所示。

图11-47 多次径向模糊效果

图11-48 “深色线条”效果

STEP 12 设置“图层2 副本”的混合模式为“叠加”，效果如图11-49所示。

STEP 13 利用横排文字工具在图像中心输入“创新思维”文本，设置字符格式为“方正琥珀简体、黑色”，通过自由变换调整文字大小，效果如图11-50所示。

图11-49 “叠加”效果

图11-50 输入文本并设置字符格式

STEP 14 为文字图层添加投影、内发光、斜面浮雕、颜色叠加、渐变叠加、图案叠加、描边图层等样式，其中斜面浮雕和颜色叠加参数设置如图11-51所示，其他保持默认设置。

STEP 15 完成后单击 确定 按钮，效果如图11-52所示。

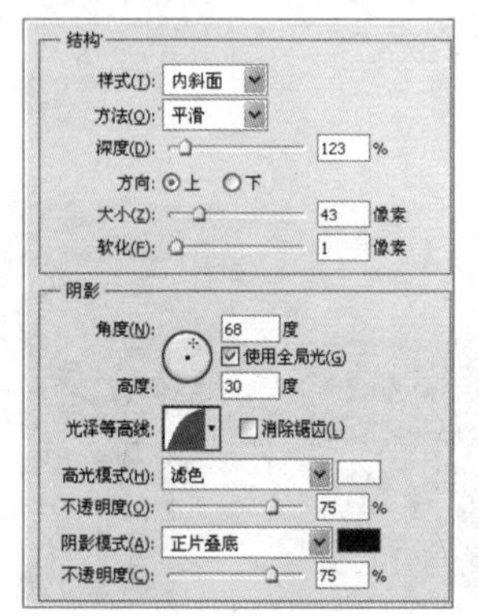

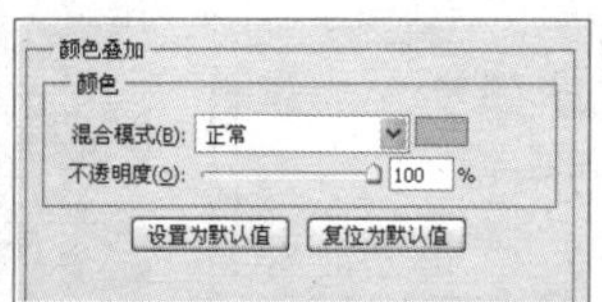

图11-51 斜面浮雕和颜色叠加的参数设置

图11-52 完成效果

11.3 制作棒棒糖效果

老张交给小白几个任务，要求使用滤镜制作棒棒糖效果，小白打算使用扭曲、素描和纹理滤镜组的相关滤镜来完成。参考效果如图11-53所示，下面将具体讲解其制作方法。

效果所在位置 光盘:\效果文件\第11章\棒棒糖效果.psd

图11-53 棒棒糖效果

11.3.1 相关滤镜组的作用介绍

要完成本例需要用到扭曲滤镜组和素描滤镜组，下面简单介绍这些滤镜组和纹理滤镜组中相关滤镜的实现效果。

1. 扭曲滤镜组

扭曲滤镜组主要用于对图像进行扭曲变形，该组滤镜提供了12种滤镜效果，下面利用“扭曲”滤镜组中的滤镜，制作出玻璃效果。

STEP 1 打开任意一张素材图像，选择【滤镜】/【扭曲】/【玻璃】菜单命令，在打开的“玻璃”对话框中按照图11-54所示进行设置。

STEP 2 设置完成后单击 确定 按钮，最终效果如图11-55所示。

图11-54 设置“玻璃”参数

图11-55 “玻璃滤镜”效果

除了“玻璃”滤镜外，扭曲滤镜组中还有11种滤镜，其作用介绍如下。

- 扩散亮光滤镜：主要使图像中的较亮的区域产生一种光照效果。
- 海洋波纹滤镜：主要使图像产生一种在海水中漂浮的效果。
- 切变滤镜：主要使图像在竖直方向产生弯曲效果。
- 挤压滤镜：主要使图像产生向内或向外挤压变形效果。
- 旋转扭曲滤镜：主要使图像沿中心产生顺时针或逆时针的旋转风轮效果。
- 极坐标滤镜：主要将图像从直角坐标系转化成极坐标系，或从极坐标系转化为直角坐标系，产生一种图像极端变形效果。
- 水波滤镜：可模仿水面上产生起伏状的波纹效果。
- 波浪滤镜：主要是根据设定的波长产生波浪效果。
- 波纹滤镜：使图像产生水波荡漾的涟漪效果。
- 球面化滤镜：模拟将图像包在球上的效果，从而产生球面化效果。
- 置换滤镜：使图像产生位移效果，其移位方向和对话框中的参数设置及位移图密切相关，该滤镜需要两个文件来完成，一是要编辑的图像文件，二是位移图文件，位移图文件充当移位模板，用来控制位移的方向。

2. 素描滤镜组

素描滤镜组用于在图像中添加纹理，使图像产生素描、速写和三维的艺术效果。该组滤镜提供了14种滤镜效果，下面利用“素描”滤镜组中的滤镜，制作水彩画纸效果。

STEP 1 打开任意一张素材图像，选择【滤镜】/【素描】/【水彩画纸】菜单命令，在打开的“水彩画纸”对话框中按照如图11-56所示进行设置。

STEP 2 设置完成后单击 确定 按钮，最终效果如图11-57所示。

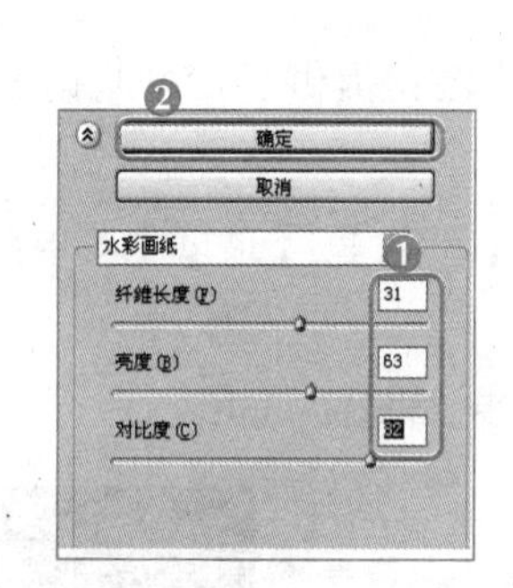

图11-56 设置“水彩画纸”参数

图11-57 “水彩画纸”效果

除了“水彩画纸”滤镜外，素描滤镜组中还有13种滤镜，其作用介绍如下。

- 便条纸滤镜：可以模拟凹陷压印图案，产生草纸画效果。
- 半调图案滤镜：可使用前景色或背景色在图像中产生网板图案效果。
- 图章滤镜：可使前景色或背景色在图像中产生图章效果。
- 基底凸现滤镜：可使图像产生粗糙的浮雕效果。
- 石膏效果滤镜：与基底凸现滤镜使用的参数一样，可使图像产生石膏效果。
- 影印效果滤镜：主要是用前景色来填充图像的高亮度区，用背景色来填充图像的暗区。
- 撕边滤镜：主要是用前景色来填充图像的暗部区，用背景色来填充图像的高亮度区，并在颜色相交处产生粗糙及撕破的纸片形状效果。
- 炭笔滤镜：主要使图像产生用炭笔绘画的效果。
- 炭精笔滤镜：使用前景色和背景色在图像上模拟浓黑和纯白的炭精笔纹理。
- 粉笔和炭笔滤镜：可使图像产生被粉笔和炭笔涂抹的草图效果，在应用时，粉笔使用背景色，用来处理图像较亮的区域，而炭笔使用前景色，用来处理图像较暗的区域。
- 绘图笔滤镜：可使图像产生钢笔绘制后的效果。
- 网状滤镜：主要是用前景色或背景色填充图像，在图像中产生一种网眼覆盖效果。
- 铬黄滤镜：可使图像产生液态金属效果。

3. 纹理滤镜组

纹理滤镜组与素描滤镜组的作用相同，都是在图像中添加纹理，以表现出纹理化的图像效果。该组滤镜提供了6种滤镜效果，下面利用“纹理”滤镜组中的滤镜制作毛玻璃效果。

STEP 1 打开任意一张素材图像，选择【滤镜】/【纹理】/【染色玻璃】菜单命令，在打开的“染色玻璃”对话框中按照图11-58所示进行设置。

STEP 2 设置完成后单击 确定 按钮，最终效果如图11-59所示。

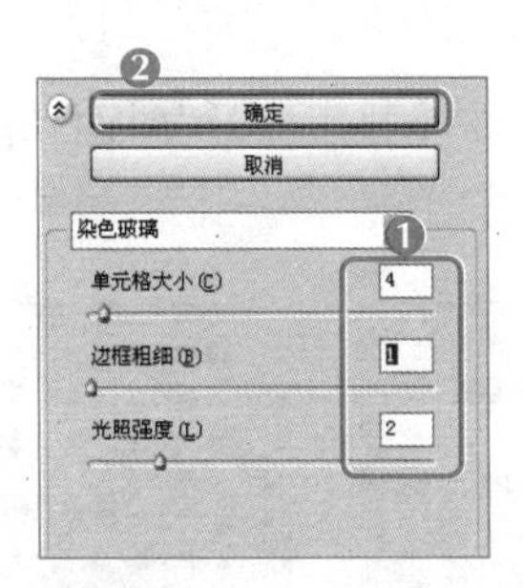

图11-58 设置“染色玻璃”参数

图11-59 “染色玻璃”效果

11.3.2 用滤镜制作棒棒糖效果

下面通过半调图案滤镜和极坐标滤镜来完成棒棒糖效果的制作，其具体操作如下。

STEP 1 新建一个文件，设前景色为橙色，背景色为黄色，选择【滤镜】/【素描】/【半调图案】菜单命令，在打开的对话框中设置参数如图11-60所示，得到橙黄色相间的条纹图案如图11-61所示。

STEP 2 选择【滤镜】/【扭曲】/【旋转扭曲】菜单命令，在打开的对话框中按照图11-62所示设置参数。

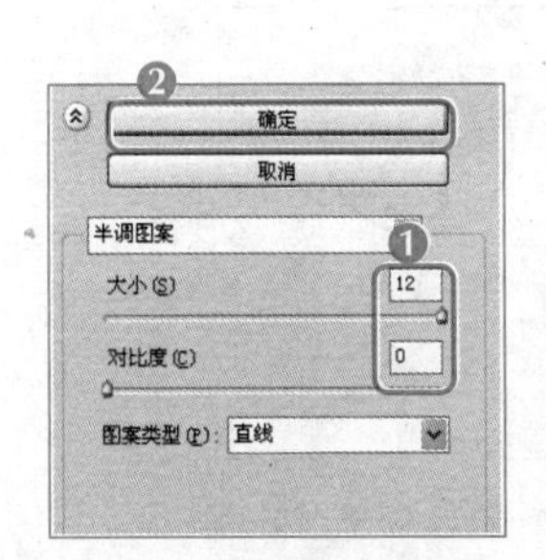

图 11-60 设置半调图案参数

图 11-61 橙黄相间效果

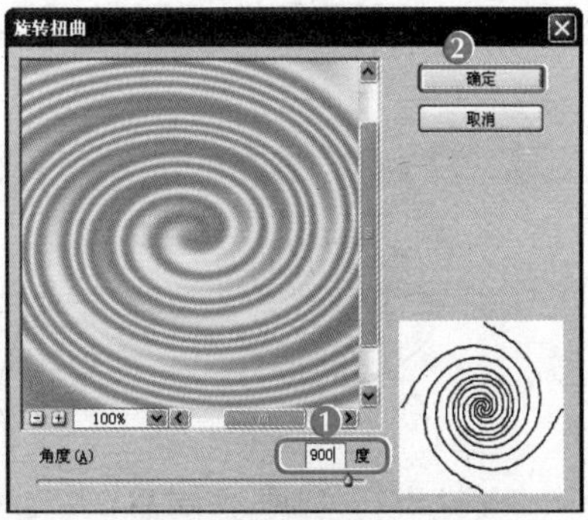

旋转扭曲
确定
取消
100%
角度(A)
900
度

图 11-62 “旋转扭曲”对话框

STEP 3 完成后单击 确定 按钮，效果如图11-63所示。

STEP 4 按【Ctrl+T】组合键将椭圆形的涡旋变形为接近圆形，效果如图11-64所示。

STEP 5 选择椭圆选区工具，按住【Shift】键创建圆形选区，选取涡旋图案，效果如图11-65所示。

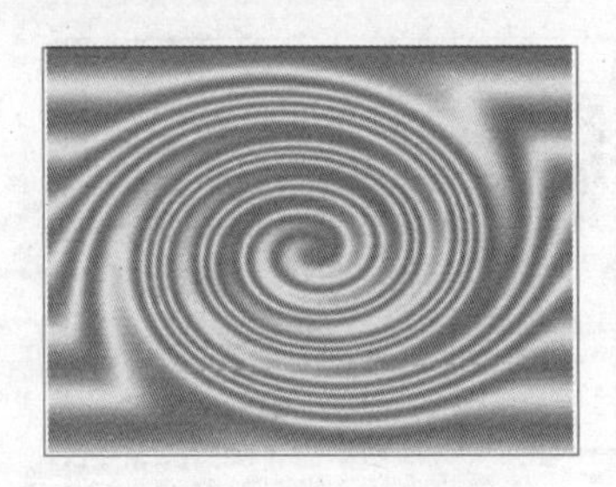

图 11-63 扭曲效果

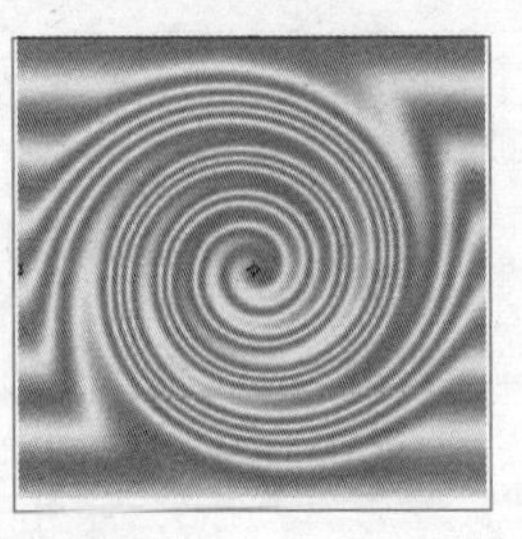

图 11-64 变形为圆形

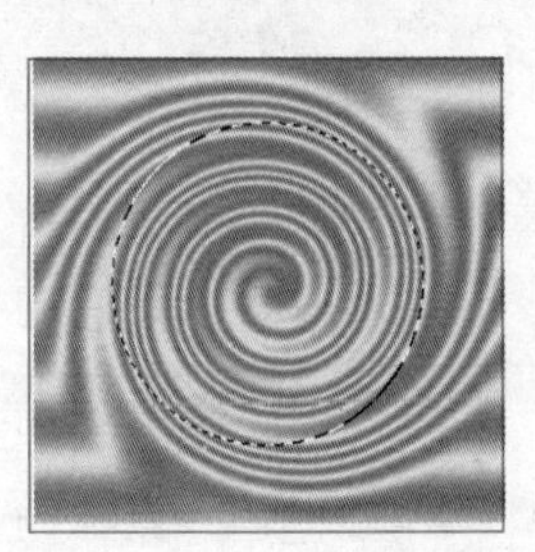

图 11-65 创建圆形选区

STEP 6 按【Ctrl+J】组合键将选区复制为新的图层，然后将背景图层填白，效果如图11-66所示。

STEP 7 为新建的糖果图层添加图层样式，选中“内阴影”和“斜面和浮雕”复选框，其中对应的参数设置如图11-67所示。

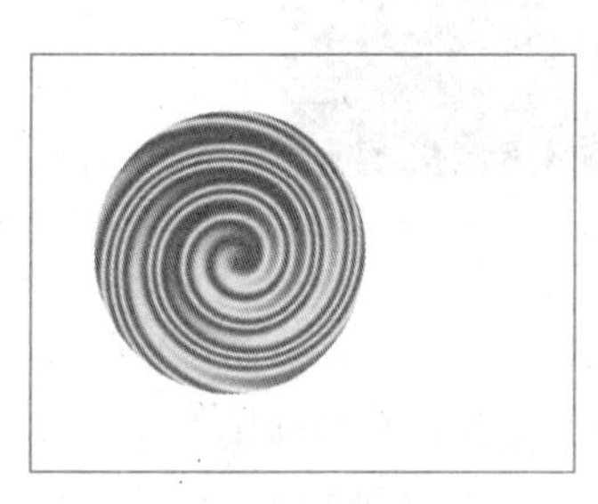

图 11-66　复制图层

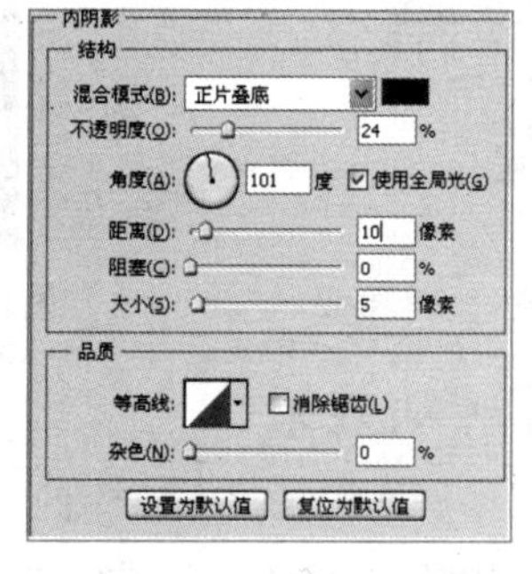

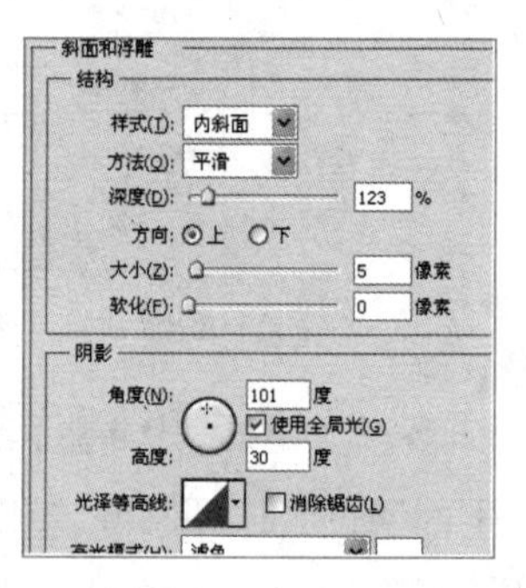

图 11-67　添加图层样式

STEP 8 完成后依次单击完成后单击 确定 按钮，效果如图11-68所示。

STEP 9 选择背景图层，设前景色为绿色，背景色为白色，选择【滤镜】/【素描】/【半调图案】菜单命令，直接单击 确定 按钮，效果如图11-69所示。

STEP 10 在工具箱中选择矩形选框工具，创建一个矩形，按【Ctrl+J】组合键复制并新建图层，将该图层置于糖果图层之下，然后将背景图层填充为白色，效果如图11-70所示。

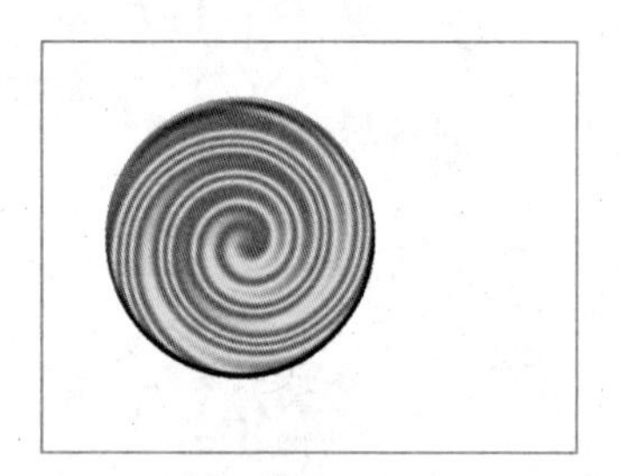

图 11-68　添加图层样式后的效果

图 11-69　“半调图案”效果

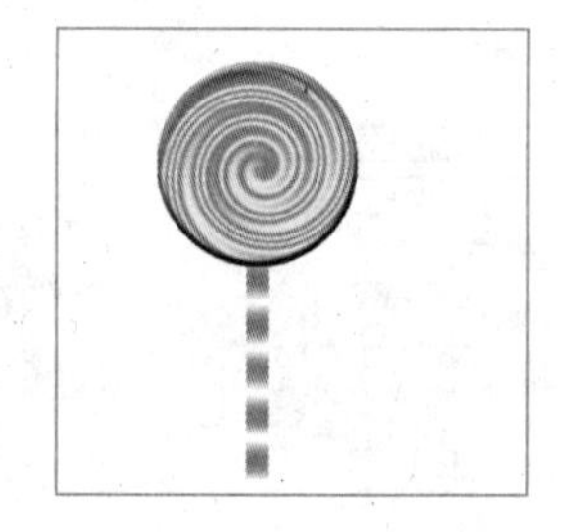

图 11-70　创建糖果的杆子

STEP 11 按住【Alt】键的同时将糖果图像上的图层样式拖曳到糖果杆子所在的图层上，效果如图11-71所示。

STEP 12 合并糖果和糖果杆子所在的图层，然后为其添加投影效果，如图11-72所示。

STEP 13 将合并后的图层多复制几层，然后通过自由变换调整到合适位置即可，效果如图11-73所示。

图 11-71　复制图层样式

图 11-72　添加阴影

图 11-73　完成制作

11.4 制作水彩画效果

老张交给小白的另一个任务便是使用滤镜制作国画效果，通过对滤镜的学习，小白使用像素化滤镜组、渲染滤镜组和艺术效果滤镜组来完成任务。参考效果如图11-74所示，下面将具体讲解其制作方法。

效果所在位置 光盘:\效果文件\第11章\水彩画效果.psd

图11-74 水彩画效果

11.4.1 相关滤镜组的作用介绍

要完成本例需要用到渲染滤镜组和艺术效果滤镜组，下面简单介绍这些滤镜组中相关滤镜的效果。

1. 渲染滤镜组

渲染滤镜组主要用于模拟不同的光源照明效果，该滤镜组提供了5种滤镜，下面分别进行讲解。

- 云彩滤镜：将在当前前景色和背景色间随机地抽取像素值，生成柔和的云彩图案效果，该滤镜无参数设置对话框。需要注意的是，应用此滤镜后，原图层上的图像会被替换。
- 分层云彩滤镜：其效果与原图像的颜色有关，主要用于在图像中添加一个分层云彩效果。
- 光照效果滤镜：可对平面图像产生类似三维光照的效果。
- 镜头光晕滤镜：可在图像中模拟镜头产生的眩光效果。
- 纤维滤镜：可将前景色和背景色混合生成一种纤维效果。

2. 艺术效果滤镜组

艺术效果滤镜组主要是为用户提供模仿传统绘画手法的途径，可以为图像添加天然或传统的艺术图像效果，该组滤镜提供了15种滤镜效果，下面利用“艺术效果”滤镜组中的滤镜，制作简易海报效果。

STEP 1 打开任意一张素材图像，选择【滤镜】/【艺术效果】/【海报边缘】菜单命令，在打开的“海报边缘”对话框中按照如图11-75所示进行设置。

STEP 2 设置完成后单击 确定 按钮，最终效果如图11-76所示。

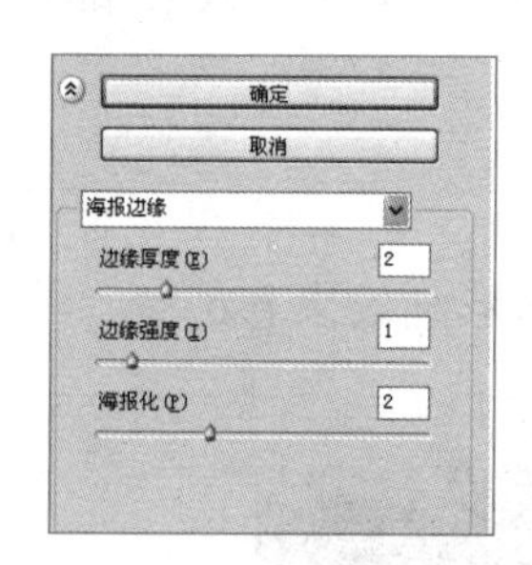

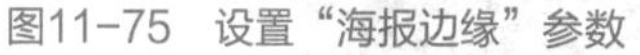

图11-75 设置“海报边缘”参数

图11-76 “海报边缘”效果

除了海报边缘滤镜外，艺术效果滤镜组中还有14种滤镜，其作用介绍如下。

- 塑料包装滤镜：可使图像表面产生类似透明塑料袋包裹物体时的效果。
- 干画笔滤镜：可使图像产生一种不饱和的、干燥的油画效果。
- 底纹效果滤镜：可使图像产生喷绘效果。
- 彩色铅笔滤镜：可使图像产生彩色铅笔在纸上绘图的效果。
- 木刻滤镜：可使图像产生木雕画效果。
- 水彩滤镜：可使图像产生水彩笔绘图时的效果。
- 壁画滤镜：该滤镜将用短而圆的、粗略轻涂的小块颜料涂抹图像，产生风格较粗犷的效果。
- 海绵滤镜：可使图像产生海绵吸水后的效果。
- 涂抹棒滤镜：可模拟使用粉笔或蜡笔在纸上涂抹的效果。
- 粗糙蜡笔滤镜：可模拟蜡笔在纹理背景上绘图，产生一种纹理浮雕效果。
- 绘画涂抹滤镜：可使图像产生类似于用手在湿画上涂抹的模糊效果。
- 胶片颗粒滤镜：可在图像表面产生胶片颗粒状纹理效果。
- 调色刀滤镜：可使图像中相近的颜色融合以减少细节，产生类似写意画效果。
- 霓虹灯光滤镜：可使图像产生类似霓虹灯发光效果。

3. 像素化滤镜组

像素化滤镜组主要通过将图像中相似颜色值的像素转化成单元格的方法，使图像分块或平面化。像素化滤镜组包括7种滤镜，下面分别进行讲解。

- 彩块化滤镜：可使图像中纯色或相似颜色的像素结为彩色像素块而使图像产生类似宝石刻画的效果。
- 彩色半调滤镜：可将图像分成矩形栅格，并向栅格内填充像素，模拟在图像的每个通道中使用放大的半调网屏的效果。
- 点状化滤镜：可在图像中随机产生彩色斑点效果，点与点间的空隙将用当前背景色填充。

- 晶格化滤镜：该滤镜将相近的像素集中到一个纯色有角多边形网格中。
- 碎片滤镜：可将图像的像素复制4倍，然后将它们平均移位并降低不透明度，从而产生模糊效果。
- 铜版雕刻滤镜：在图像中随机分布各种不规则线条和斑点，以产生镂刻版画效果。
- 马赛克滤镜：在图像中把具有相似色彩的像素合成更大的方块，产生马赛克效果。

11.4.2 用滤镜制作水彩画效果

下面通过分层云彩滤镜、壁画滤镜和查找边缘滤镜来完成水彩画效果的制作，其具体操作如下。

STEP 1 新建一个文件，复位前景色和背景色，选择渐变工具，然后在图像中创建有白到黑的渐变效果，如图11-77所示。

STEP 2 选择【滤镜】/【渲染】/【分层云彩】菜单命令，执行分层云彩滤镜，效果如图11-78所示。

STEP 3 选择【滤镜】/【艺术效果】/【壁画】菜单命令，在打开的对话框中按照图11-79所示设置参数。

图 11-77 渐变填充

图 11-78 “分层云彩”效果

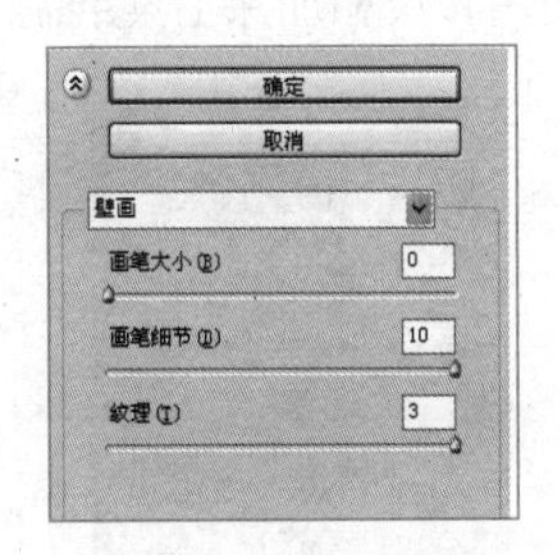

图 11-79 设置“壁画”参数

STEP 4 完成后单击 确定 按钮，效果如图11-80所示。

STEP 5 选择【滤镜】/【风格化】/【查找边缘】菜单命令，执行查找边缘滤镜，效果如图11-81所示。

STEP 6 将该图层复制一层，名称为“图层1”，更改混合模式为“正片叠底”，效果如图11-82所示。

图 11-80 壁画效果

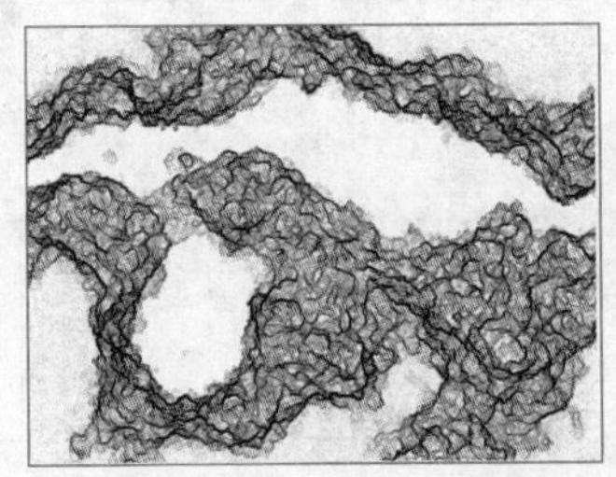

图 11-81 查找边缘效果

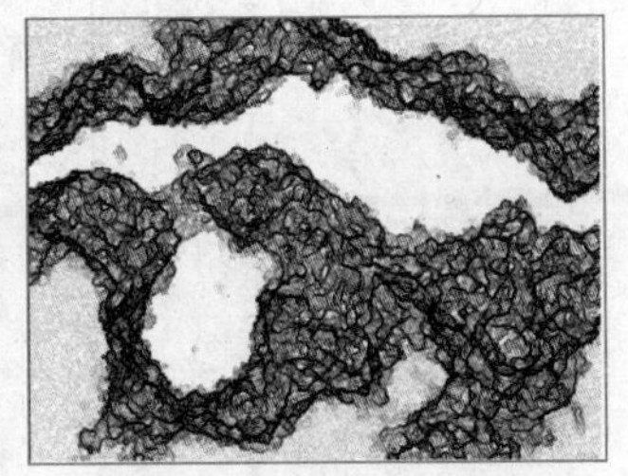

图 11-82 更改混合模式效果

STEP 7 向下合并图层1，然后再次复制图层1，并向下合并，效果如图11-83所示。

STEP 8 选择魔棒工具，在工具属性栏中设置容差为“50”，单击选中“连续”复选框，选择白色部分，将其全部填充为纯白色，效果如图11–84所示。

STEP 9 通过复制、变形等方法将图像拼接成树干的形状，效果如图11–85所示。

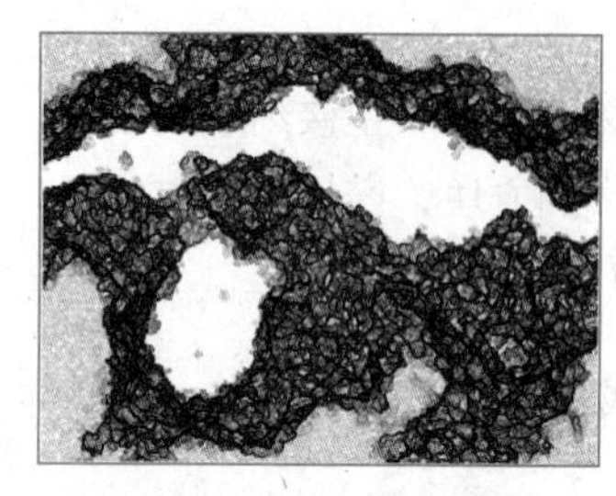

图 11–83 多次合并图层

图 11–84 填充白色选区

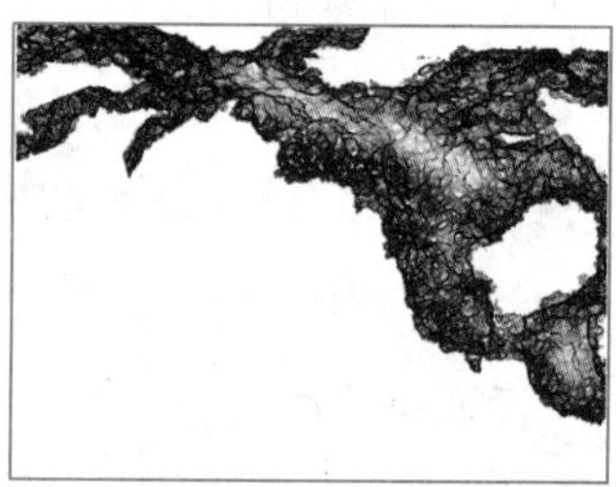

图 11–85 拼接树干形状

STEP 10 在“调整”面板中单击“色相/饱和度”按钮，然后按照图11–86所示设置参数。

STEP 11 使用加深和减淡工具调整树干的明暗度，效果如图11–87所示。

STEP 12 合并树干所在的图层，然后将其隐藏，新建一个图层，使用钢笔工具绘制一条路径。

STEP 13 选择画笔工具，设置画笔样式为“柔角圆20像素”，然后对路径进行描边，再使用减淡和加深工具绘制出柳枝效果，如图11–88所示。

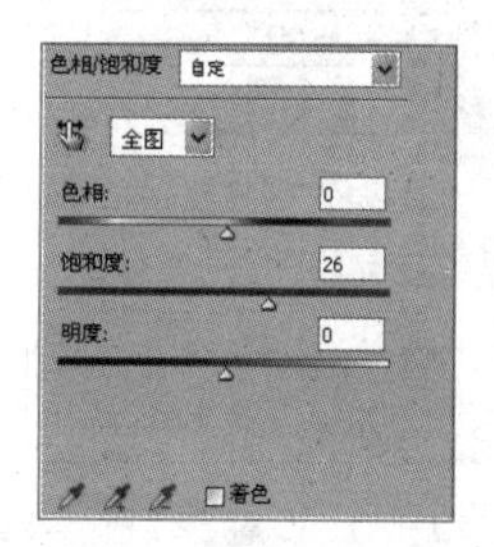

图 11–86 设置色相/饱和度参数

图 11–87 调整树干明暗度

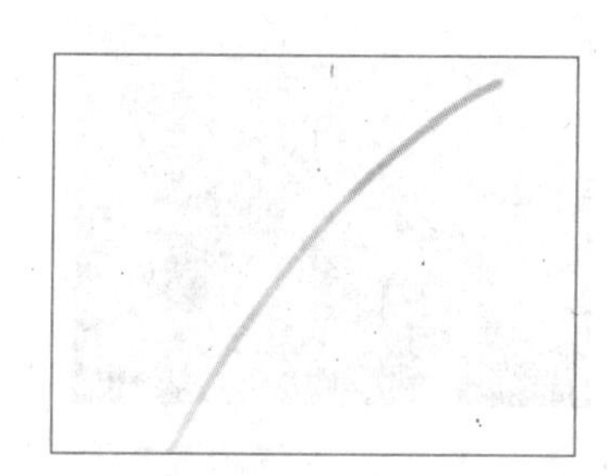

图 11–88 绘制柳枝

STEP 14 新建图层，创建一个20像素的椭圆选区，填充为绿色，将其定义为画笔，然后在柳枝上单击绘制柳叶，效果如图11–89所示。

STEP 15 将柳枝和柳叶图层合并，然后通过复制和变换得到如图11–90所示效果。

STEP 16 将树干图层显示出来，效果如图11–91所示。

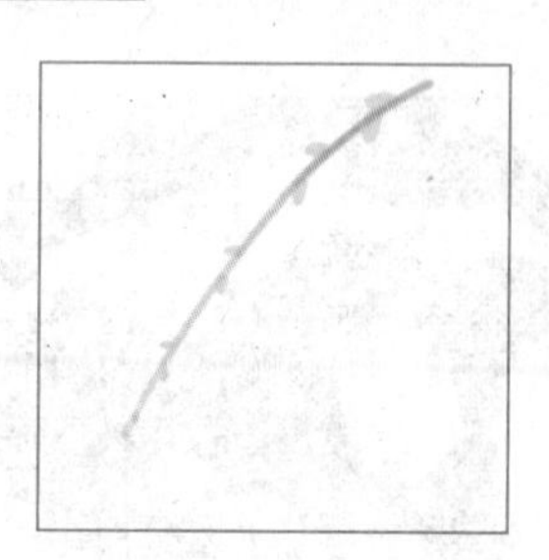

图 11–89 制作柳叶

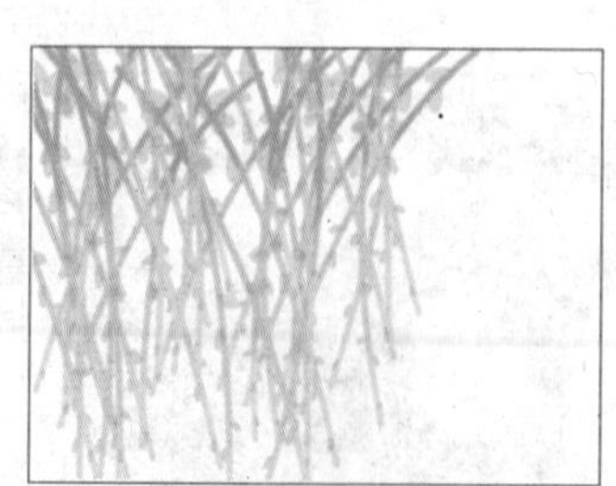

图 11–90 复制柳枝图像

图 11–91 显示树干

STEP 17 复制背景图层，并将其移动到最顶层，选择【滤镜】/【渲染】/【云彩】菜单命令，效果如图11–92所示。

STEP 18 创建“色相/饱和度”调整图层，参数设置如图11–93所示。

STEP 19 更改“背景 副本”图层混合模式为正片叠底，如图11-94所示。

STEP 20 使用橡皮擦擦出不需要的部分，完成水彩画的制作，效果如图11-95所示。

图 11-92 云彩效果

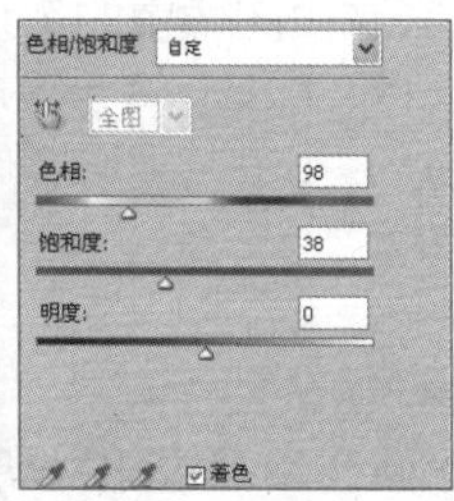

图 11-93 调整色相/饱和度

图 11-94 调整混合模式

图 11-95 完成制作

11.5 制作下雨效果

小白完成了老张交代的任务，闲暇之余，决定用滤镜制作下雨的效果，来巩固滤镜的相关操作。参考效果如图11-96所示，下面将具体讲解其制作方法。

效果所在位置 光盘:\效果文件\第11章\课堂案例5\荷花.jpg
效果所在位置 光盘:\效果文件\第11章\下雨效果.psd

图11-96 下雨效果

11.5.1 相关滤镜组的作用介绍

要完成本例需要用到杂色滤镜组和锐化滤镜组，下面简单介绍这些滤镜组中相关滤镜的效果。

1. 杂色滤镜组

杂色滤镜组主要用于向图像中添加杂点或去除图像中的杂点，通过混合干扰，制作出着色像素图案的纹理。另外，杂色滤镜组还可以创建一些具有特点的纹理效果，或去掉图像中有缺陷的区域，该组滤镜提供了5种滤镜效果，下面进行简单讲解。

- **去斑滤镜：** “去斑”滤镜可以对图像或选择区内的图像进行轻微的模糊和柔化处理，从而实现移去杂色的同时保留细节。

- 蒙尘与划痕滤镜：该滤镜可以将图像中有缺陷的像素融入周围的像素，达到除尘和隐藏瑕疵的目的。
- 中间值滤镜：可通过混合选区中像素的亮度来减少图像中的杂色。
- 减少杂色滤镜：可消除非图像本身的、随机产生的外来像素。
- 添加杂色滤镜：可向图像随机地混合彩色或单色杂点。

2. 锐化滤镜组

锐化滤镜组主要是通过增强相邻像素间的对比度来减弱甚至消除图像的模糊，使图像轮廓分明、效果清晰。锐化滤镜组提供了5种滤镜，下面利用“锐化”滤镜组中的滤镜，制作纹理效果。

STEP 1 打开任意一张素材图像，选择【滤镜】/【锐化】/【智能锐化】菜单命令，在打开的“智能锐化”对话框中按照图11-97所示进行设置。

STEP 2 设置完成后单击 确定 按钮，最终效果如图11-98所示。

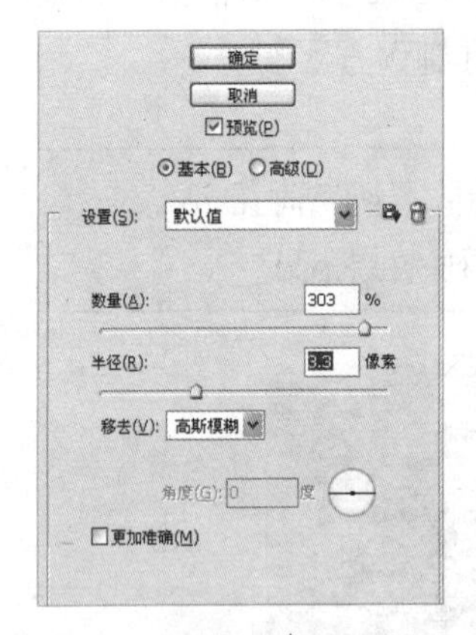

图11-97 设置“智能锐化”参数

图11-98 智能锐化效果

除了智能锐化滤镜外，锐化滤镜组中还有4种滤镜，其作用介绍如下。

- USM 锐化滤镜：可在图像中相邻像素之间增大对比度，使图像边缘清晰。
- 进一步锐化滤镜：和锐化滤镜功效相似，只是锐化效果更加强烈。
- 锐化滤镜：可增加图像像素间的对比度，使图像更加清晰。
- 锐化边缘滤镜：主要用于锐化图像的轮廓，使不同颜色之间分界更明显。

3. 智能滤镜

选择【滤镜】/【转换为智能滤镜】菜单命令，可以将图层转换为智能对象，应用于智能对象的任何滤镜都是智能滤镜。智能滤镜将出现在“图层”面板中应用这些智能滤镜的智能对象图层的下方。普通滤镜在设置好后效果不能再进行重新编辑，但如果将滤镜转换为智能滤镜后，就可以对原来应用的滤镜效果进行编辑。单击“图层”面板中的添加滤镜效果可以开启设置的滤镜命令，对其进行重新编辑。

知识提示

应用智能滤镜之后，可以将其（或整个智能滤镜组）拖动到“图层”面板中的其他智能对象图层上，但无法将智能滤镜拖动到常规图层上。

11.5.2 用滤镜制作下雨效果

下面通过杂色滤镜和模糊滤镜来完成下雨效果的制作，其具体操作如下。

STEP 1 打开“荷花.jpg”素材文件，新建图层，按【Shift+F5】组合键打开“填充”对话框，按照图11-99所示进行设置。

STEP 2 选择【滤镜】/【杂色】/【添加杂色】菜单命令，在打开的对话框中按照图11-100所示设置参数。

STEP 3 按【Shift+Ctrl+L】组合键应用自动色阶，使画面上的小斑点变得更明显。调整图层混合模式为“滤色”，效果如图11-101所示。

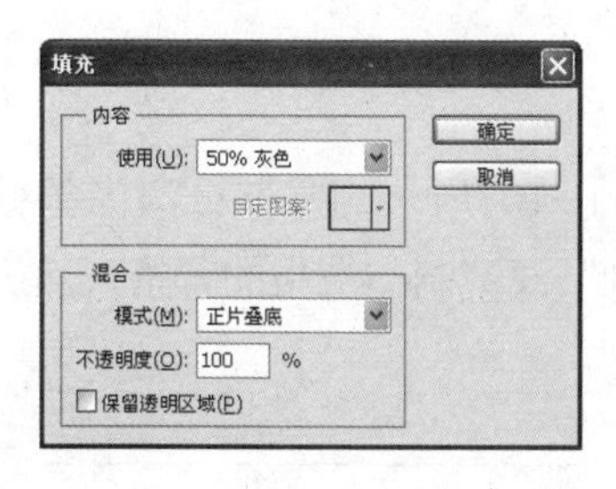

图 11-99 设置填充颜色

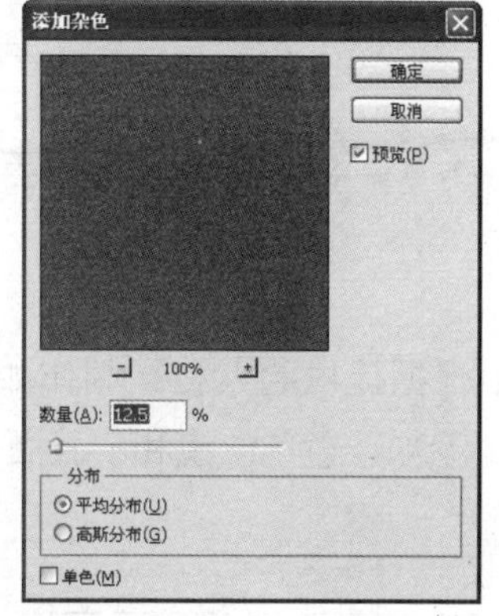

图 11-100 设置“添加杂色”参数

图 11-101 调整混合模式效果

STEP 4 选择【滤镜】/【模糊】/【动感模糊】菜单命令，在打开的对话框中按照图11-102所示设置参数。

STEP 5 设置完成后单击 确定 按钮，按【Ctrl+L】组合键打开“色阶”对话框，按照图11-103所示设置参数。

STEP 6 设置完成后的效果如图11-104所示。

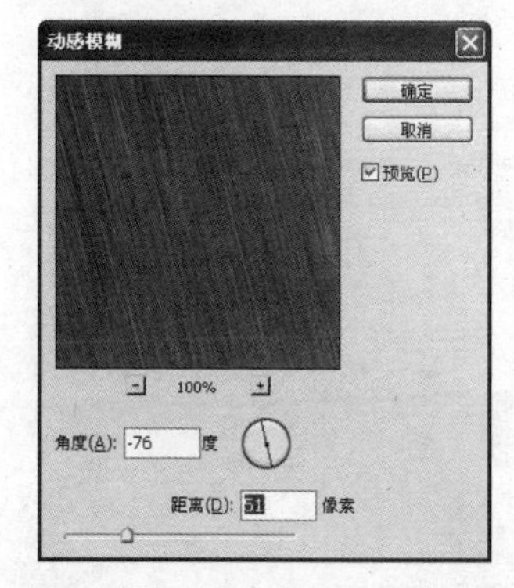

图 11-102 设置“动感模糊”参数

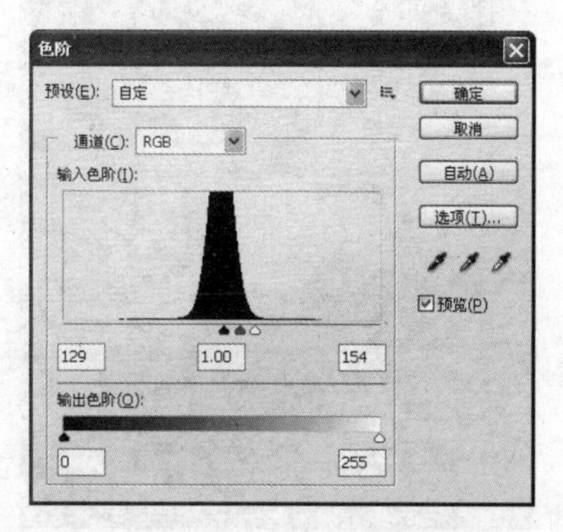

图 11-103 设置“色阶”参数

图 11-104 查看效果

STEP 7 选择【滤镜】/【模糊】/【高斯模糊】菜单命令，在打开的对话框中按照图11-105所示设置参数。

STEP 8 完成后单击 确定 按钮，将图层不透明度为设置为“50%”，效果如图11-

106所示。

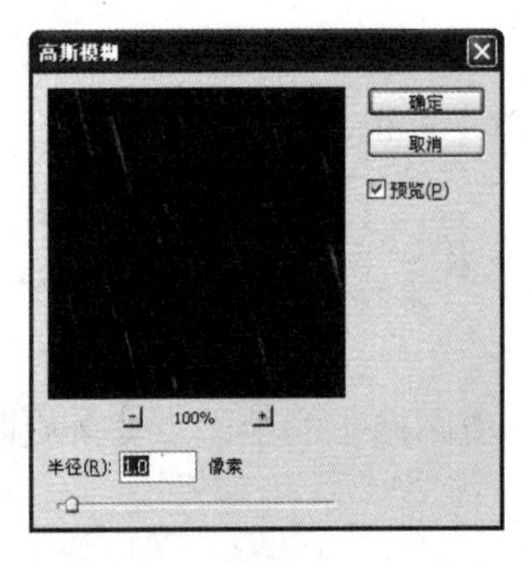

图 11-105　设置“高斯模糊”参数

图 11-106　完成效果

11.6 实训——制作文艺公演海报

11.6.1 实训目标

本实训要求在Photoshop中根据提供的素材，制作如图11-107所示的文艺公演海报效果，主要使用“云彩”滤镜、“添加杂色”滤镜和“表面模糊”滤镜制作海报的背景，然后添加素材，最后添加文字。

素材所在位置　光盘:\素材文件\第11章\实训\梅.jpg、琵琶.jpg、山.jpg
效果所在位置　光盘:\效果文件\第11章\文艺公演海报.psd

图11-107　文艺公演海报效果

11.6.2 专业背景

海报一般应包含标题、正文、落款等内容，在本例中制作的是公演海报，因此，制作之前，首先需要了解海报的相关信息。

- 本例将制作一文艺公演的海报，因此，通常在海报中要写清活动的性质，活动的主办单位、时间和地点等内容。
- 海报的语言要求简明扼要，形式要做到新颖美观。

11.6.3 操作思路

海报重点是突出公演的主题及相关信息等。根据制作要求和提供的素材来完成制作，本例的操作思路如图11-108所示。

①制作背景

②添加素材

③完成制作

图11-108 文艺公演海报的操作思路

【步骤提示】

STEP 1 新建一个空白图像文件，设置前景色和背景色分别为“棕色”和“浅棕色”，执行云彩、添加杂色和表面模糊滤镜制作背景。

STEP 2 调入素材，然后调整色彩，并合成图像。

STEP 3 添加相应的文字，并设置字符格式，完成制作。

11.7 疑难解析

问：如何巧妙去除扫描时图像上产生的网纹？

答：有3种方法。一是减少杂色法：选择【滤镜】/【杂色】/【减少杂色】菜单命令，这是最快速方便的去网纹方法。二是放大缩小法：先用较高的解析度扫描图片，然后再用Photoshop把图片缩小为所需的大小。比如原来的图片是用200dpi扫描的，图片大小为“240×160”，网纹明显。此时，可用300dpi来扫描，图片大小增加为“360×240”，画面仍有轻微的网纹。然后执行“图像/图像大小”命令把图片缩小为“240×160”，同时将“重定图像像素”选项参数设定为“两次立方”。缩小后图片的网纹几乎完全消除，画面颜色平整，品质提高不少。 三是模糊法：模糊法对细密的网纹特别有效。选择【滤镜】/【模糊】/【高斯模糊】菜单命令，再打开的“菜单”对话框中设定模糊的程度，使用此方法的缺点是网纹减轻了，但画面也模糊了，使用时要小心。

问：为什么使用相同的滤镜命令处理同一张图像，有时处理后的图像效果却不同？

答：滤镜对图像的处理是以像素为单位进行的，即使是同一张图像在进行同样的滤镜参数设置时，也会因为图像的分辨率不同而造成处理后的效果不同。

11.8 习题

本章主要介绍了滤镜的相关应用。对于本章的内容，读者需要熟练掌握各种滤镜大致能够实现的效果，并掌握各种滤镜的相关操作方法。

效果所在位置 光盘:\效果文件\第11章\手镯.psd、火焰字.psd

（1）使用滤镜和图层样式的相关知识，制作出如图11-109所示的手镯效果。

（2）使用滤镜库中的相关滤镜来制作火焰字，参考效果如图11-110所示。

图11-109 手镯

图11-110 火焰字

课后拓展知识

Photoshop CS5提供了一个开放的平台，用户可以将第三方滤镜安装在Photoshop CS5中使用，称为外挂滤镜，外挂滤镜不仅可以轻松完成各种特效，还能完成许多内置滤镜无法完成的效果，使用外挂滤镜前还需要对其进行安装。

安装外挂滤镜的方法是将在网上下载的滤镜解压，然后复制到Photoshop CS5安装文件的“Plug-in”目录下即可。需要注意的是，安装的滤镜越多，软件的运行速度将越慢。安装外挂滤镜后启动软件，即可在滤镜菜单中查看安装的滤镜。

第12章 使用动作与输出图像

情景导入

老张让小白对公司的素材添加水印，结果发现小白竟然在一张一张地添加，于是他告诉小白可使用Photoshop的动作和批处理快速完成。

知识技能目标

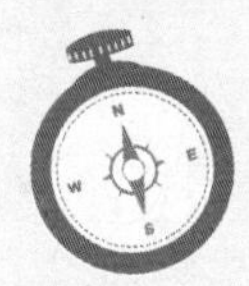

- 熟悉通过录制动作来批处理图像。
- 掌握印刷图像设计的基本流程 。
- 掌握输出图像的相关操作。

- 能够通过动作和批处理快速完成相同操作。
- 掌握制作“添加水印标志”作品的方法。

课堂案例展示

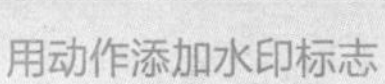

用动作添加水印标志

12.1 录制“水印”动作

小白听了老张的提醒，觉得使用动作和批处理图像来完成相同的操作真是提高工作效率的有效方法。但是对于录制动作，小白还不是很熟悉，老张说：“其实和平常处理图像的方法相似，你可以先试着做一下，如果有不懂的问题，可以问我”。

小白决定录制一个“水印效果”的动作。本例完成后的参考效果如图12-1所示，下面具体讲解其制作方法。

素材所在位置 光盘:\素材文件\第12章\课堂案例1\照片1.jpg、照片2.jpg……
效果所在位置 光盘:\效果文件\第12章\照片1.jpg、照片2.jpg

图12-1 添加水印的最终效果

12.1.1 认识“动作”面板

在Photoshop中，自动应用的一系列命令称为“动作”。在“动作”面板中，程序提供了很多自带的动作，如图像效果、处理、文字效果、画框、文字处理等，如图12-2所示。其中各选项的含义如下。

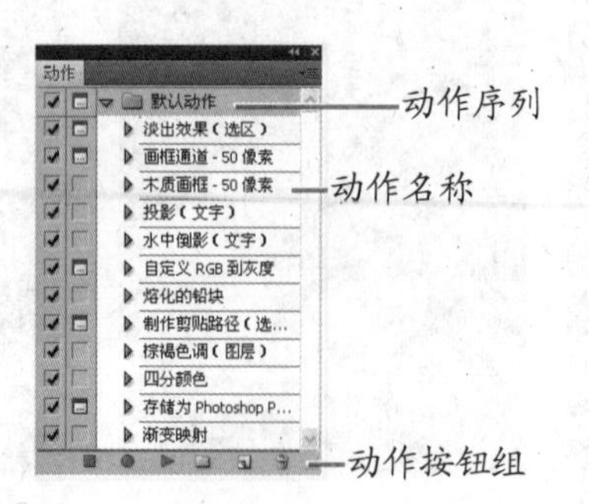

图12-2 “动作”面板

- **动作序列**：也称动作集，Photoshop提供了“默认动作”、“图像效果”、“纹理”等多个动作序列，每一个动作序列中又包含多个动作，单击“展开动作”按钮▶，可以展开动作序列或动作的操作步骤及参数设置，展开后单击▼按钮便可再次折叠动作序列。
- **动作名称**：每一个运作序列或动作都有一个名称，以便于用户识别。
- **“停止播放/记录”按钮■**：单击该按钮，可以停止正在播放的动作，或在录制新动作时单击暂停动作的录制。
- **“开始记录”按钮●**：单击该按钮，可以开始录制一个新的动作，在录制的过程中，该按钮将显示为红色。
- **“播放选定的动作”按钮▶**：单击该按钮，可以播放当前选定的动作。
- **“创建新组”按钮**：单击该按钮，可以新建一个动作序列。
- **“创建新动作”按钮**：单击该按钮，可以新建一个动作。
- **“删除”按钮**：单击该按钮，可以删除当前选定的动作或动作序列。
- **☑按钮**：用于显示面板中的动作或命令能否被执行。当按钮中的勾形为黑色时，表示该命令可以执行；当勾形为红色时，表示该动作或命令不能被执行。
- **图标**： 用于控制当前所执行的命令是否需要弹出对话框。当图标显示为灰色时，表示暂停要播放的动作，并打开一个对话框，用户可在其中进行参数设置；当图标显示为红色时，表示该动作的部分命令中包含了暂停操作。
- 在动作组和动作名称前都有一个三角按钮，当三角按钮呈▶状态时，单击该按钮可展开组中的所有动作或动作所执行的命令，此时该按钮变为▼状态；再次单击该按钮，可隐藏组中的所有动作和动作所执行的命令。

12.1.2 创建“水印”动作

通过“动作”面板可以发现，系统自带了大量动作，但在具体的工作中不一定就适合图像的需要，这时就需要用户录制新的动作，以满足图像处理的需要。这里以为图像添加水印标志来介绍动作的录制，其具体操作如下。

STEP 1 打开提供的“照片1.jpg”素材文件，如图12-3所示。

STEP 2 在工具相中选择“横排文字工具”按钮T，在图像中单击定位文本插入点，然后输入文本“花间摄影”，设置字符格式为“汉仪柏青体简，72点，红色”。

STEP 3 按【Ctrl+T】组合键放大文本大小到如图12-4所示效果。

STEP 4 在“图层”面板中的文字图层上单击鼠标右键，在弹出的快捷菜单中选择“创建工作路径”菜单命令，对文字图层创建工作路径，如图12-5所示。

STEP 5 在工具箱中选择“椭圆工具”按钮，然后在工具属性栏中选择“路径”按钮，按住【Shift】键在图像中拖曳鼠标绘制形状，如图12-6所示。

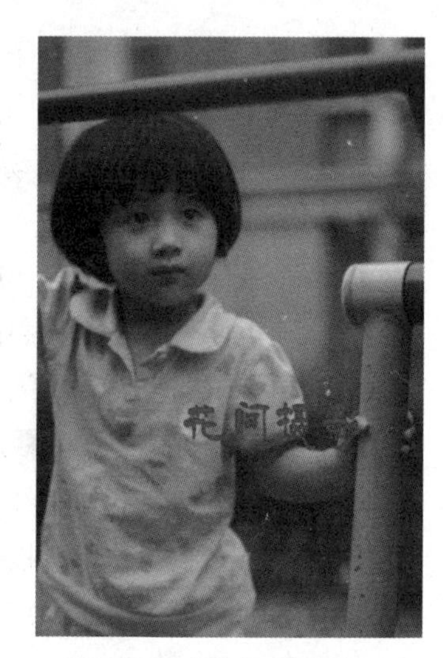

图12-3　素材文件　　图12-4　输入文本并设置字符格式　　图12-5　创建工作路径

STEP 6 在工具箱中选择“自定形状工具”按钮，在工具属性栏中选择“花4”形状，然后按住【Shift】键在圆形图像中拖曳鼠标绘制花朵形状，如图12-7所示。

STEP 7 在“图层”面板中新建一个空白图层，然后切换到“路径”面板，选择绘制的路径层。

STEP 8 在工具箱中选择“路径选择工具”按钮，选择圆形路径，然后对其填充白色，效果如图12-8所示。

图12-6　创建圆形路径　　图12-7　创建花瓣形状路径　　图12-8　填充圆形路径

知识提示

在填充路径前需要先创建一个图层是因为当前选中图层为文字图层，Photoshop对文字图层有很多限制，若不创建图层，则“填充子路径”命令将不可用。

STEP 9 设置前景色为红色，保持圆形路径的选中状态，在其上单击鼠标右键，在弹出的快捷菜单中选择“描边子路径”菜单命令，打开“描边子路径”对话框，在其中选择“画笔”选项，单击 确定 按钮，效果如图12-9所示。

STEP 10 使用路径选择工具选择“路径选择工具”按钮，选择花瓣形状路径，然后对其填充红色，效果如图12-10所示。

STEP 11 再次利用“路径选择工具”，选择文字路径，并同时按住【Shift】键依次选择，然后对其填充白色，并设置描边颜色为红色，效果如图12-11所示。

图12-9 描边圆形路径颜色

图12-10 填充花瓣形状路径

图12-11 填充并描边文字路径

STEP 12 选择“背景”图层，单击“动作”控制面板底部的“创建新组”按钮，在打开的“新建组”对话框中的“名称”文本框输入“我的动作组”文本，单击 确定 按钮，新建组效果如图12-12所示。

STEP 13 单击“动作”控制面板底部的“创建新动作”按钮，在打开的“新建动作”对话框中输入“添加水印标志”文本，如图12-13所示。

STEP 14 单击 记录 按钮退出“新建动作”对话框，这时接下来的任何操作都将被记录到新建的动作中，其标志“开始记录”按钮 呈红色显示，如图12-14所示。

图12-12 新建动作组

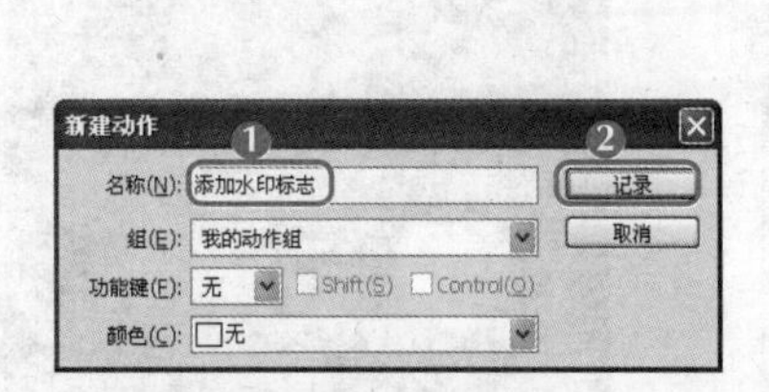

图12-13 “新建动作”对话框

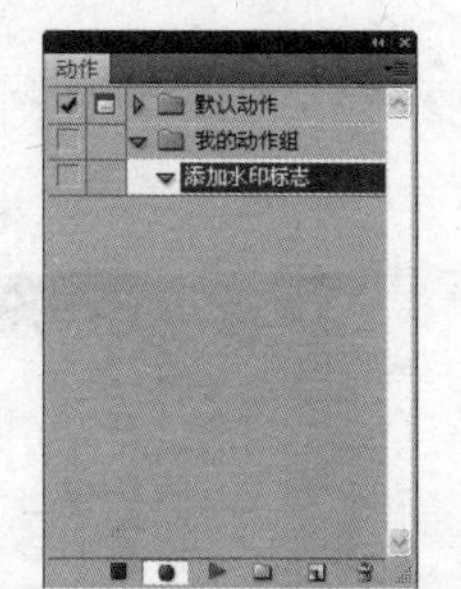

图12-14 开始新建动作

STEP 15 选择【图像】/【图像大小】菜单命令，在打开的对话框中撤销选中“重定图像像素”复选框，并设置分辨率为72，如图12-15所示。

知识提示

新建动作组是为了将接下来要创建的动作放置在该组内，如果不创建动作组，则创建的动作将放置在当前默认的动作组内，这样不便于管理。

STEP 16 单击 确定 按钮关闭“图像大小”对话框，此时刚才所做的操作已被记录在“添加水印标志”动作中，如图12-16所示。

STEP 17 单击“动作”控制面板右上角的快捷菜单按钮，在弹出的下拉菜单中选择“插入路径”菜单命令，此时的“动作”面板效果如图12-17所示。

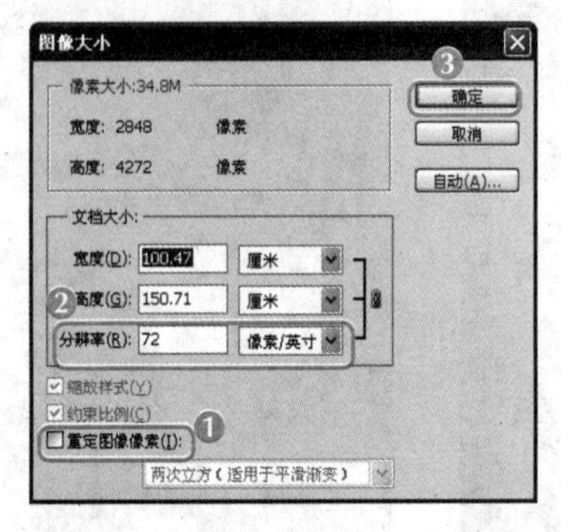

图12-15 “图像大小”对话框

图12-16 记录操作

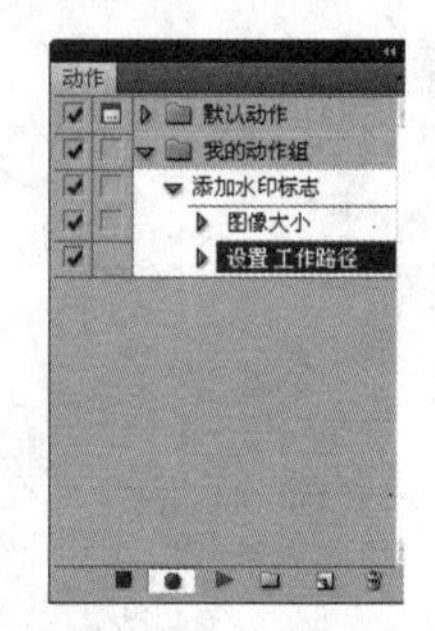

图12-17 插入路径

多学一招

在“图像大小”对话框中应设置一个统一的分辨率，否则播放动作时，如果被处理的图像分辨率不一致，就会出现路径变大或变小的情况，造成添加在不同图像中的水印标志大小不统一。

STEP 18 新建“图层3”，按【Ctrl+Enter】组合键将路径转换为选区，按【D】键复位前景色为黑色，背景色为白色，此时的“动作”面板如图12-18所示。

STEP 19 按【Ctrl+Delete】组合键删除背景色填充选区，按【Ctrl+D】组合键取消选区，此时的“动作”面板如图12-19所示。

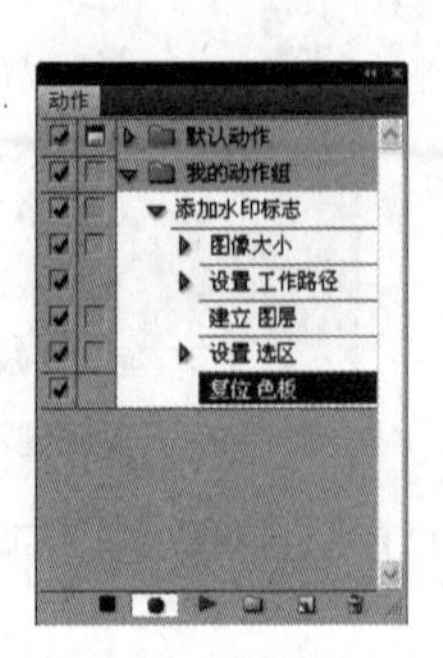

图12-18 记录操作

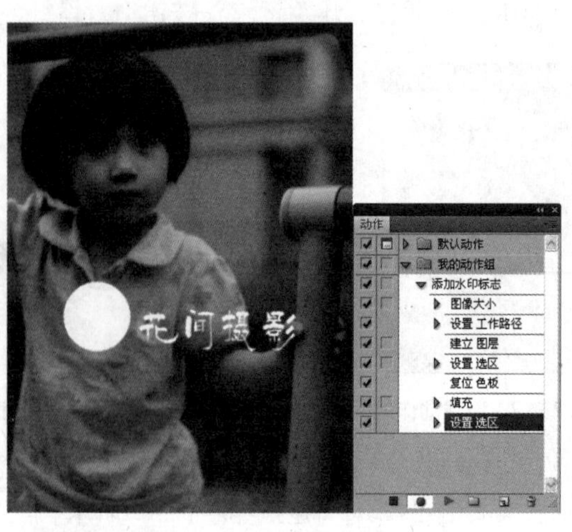

图12-19 删除填充选区

STEP 20 在“图层”控制面板中同时选择“图层3”和“背景”图层，单击“动作”控制面板右上角的快捷菜单按钮，在弹出的下拉菜单中选择“插入菜单项目”菜单命令，打开如图12-20所示的对话框。

STEP 21 选择【图层】/【对齐】/【垂直居中】菜单命令，此时“插入菜单项目”对话框变成如图12-21所示。单击 确定 按钮关闭该对话框，此时的“动作”控制面板如图12-22所示。

图12-20 “插入菜单项目”对话框

图12-21 插入“垂直居中”命令

STEP 22 按照步骤20和步骤21的操作方法，继续插入【图层】/【对齐】/【水平居中】菜单命令，此时的“动作”控制面板如图12-23所示。

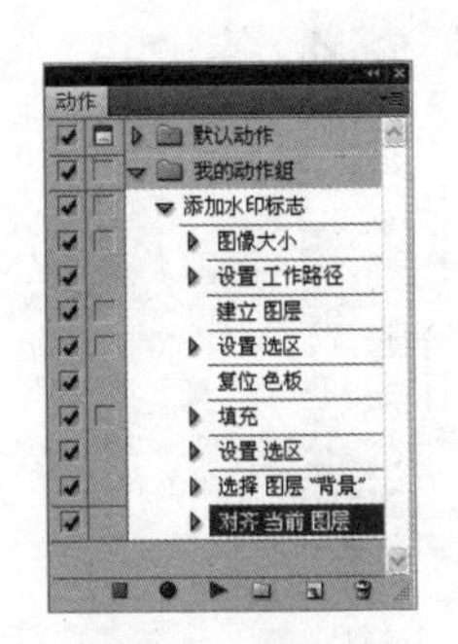

图12-22 垂直居中

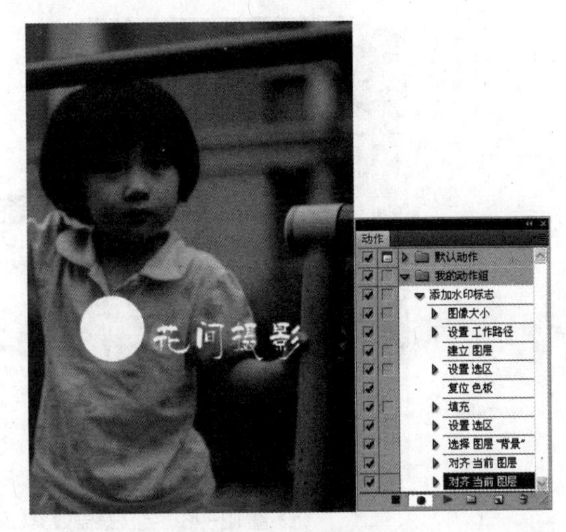

图12-23 水平居中

因为Photoshop不能直接记录该操作，所以要通过插入对齐命令来使水印标志在图像窗口中居中显示。

STEP 23 再次在动作面板中插入路径，使用路径选择工具选择花瓣图像，在其上单击鼠标右键，在弹出的快捷菜单中选择“填充子路径”菜单命令，在打开的对话框中设置颜色为红色，如图如图12-24所示。

STEP 24 单击 确定 按钮关闭该对话框，效果如图12-25所示。

STEP 25 在“图层”控制面板中将“图层3”的不透明度设置为30%，然后按【Ctrl+E】组合键合并“图层3”到“背景”图层上。

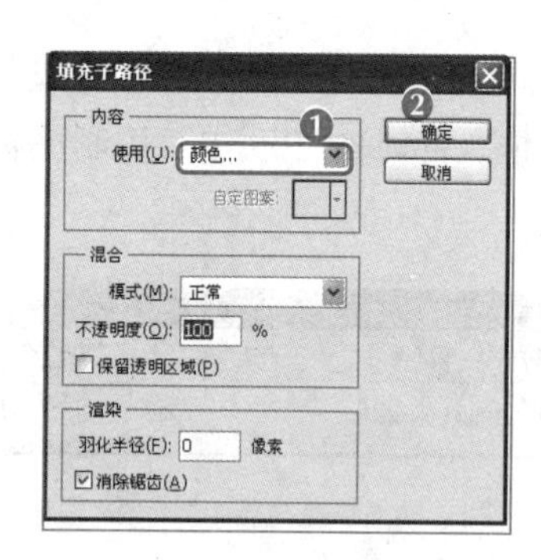

图12-24　设置填充颜色

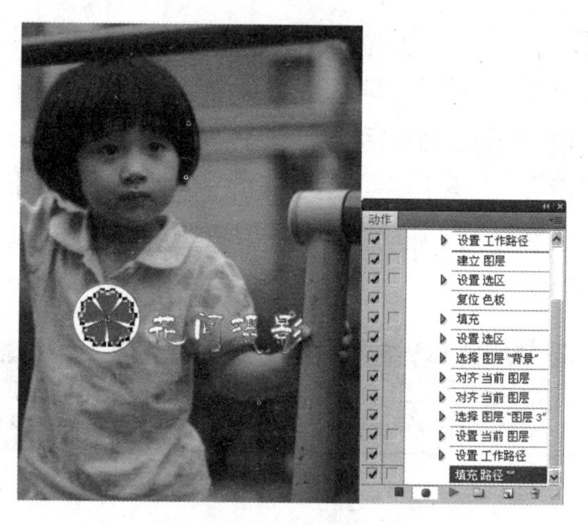

图12-25　填充效果

STEP 26 单击“动作”面板底部的停止■按钮以完成此次录制，效果如图12-26所示。

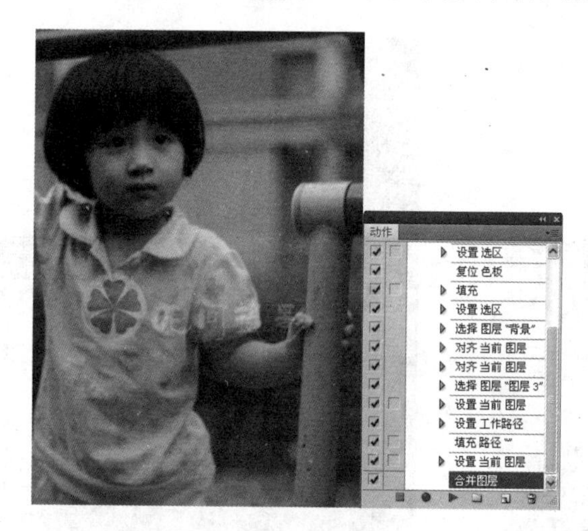

图12-26　完成录制效果

12.1.3 播放动作

“动作”面板主要用来存储和编辑动作，要将动作包含的图像处理操作应用于图像中，必须通过该面板来完成。在录制并保存对图像进行处理的操作过程后，即可将该动作应用到其他的图像中。下面将录制的“水印标志”动作应用到其他素材文件上，其具体操作如下。

STEP 1 打开“照片2.jpg”图像文件，如图12-27所示。

STEP 2 在“动作”面板中选择“添加水印标志”动作选项。

STEP 3 单击“播放选定动作”按钮▶，播放该动作，即可见该图像自动添加水印的标志，效果如图12-28所示。

多学一招

若只需要播放动作中的部分操作，可选择需要播放的操作后，再单击“播放选定动作”按钮▶，即可只播放选定操作后的动作。

图12-27 素材文件效果

图12-28 播放动作后的效果

12.1.4 保存和载入动作

除了可以在Photoshop CS5中录制和播放动作外，还可以保存录制的动作，载入预设动作或是载入网上下载的动作。下面将“添加水印标志”动作保存，然后载入预设动作，其具体操作如下。

STEP 1 打开“动作”面板，在其中单击右上角的按钮，在弹出的下拉菜单中选择“存储动作”菜单命令，如图12-29所示。

STEP 2 在打开的“存储”对话框的“保存在”下拉列表框中设置动作的保存位置，在“文件名”文本框中输入“我的动作组”文字，如图12-30所示。

STEP 3 单击 保存(S) 按钮即可将动作保存到计算机中。

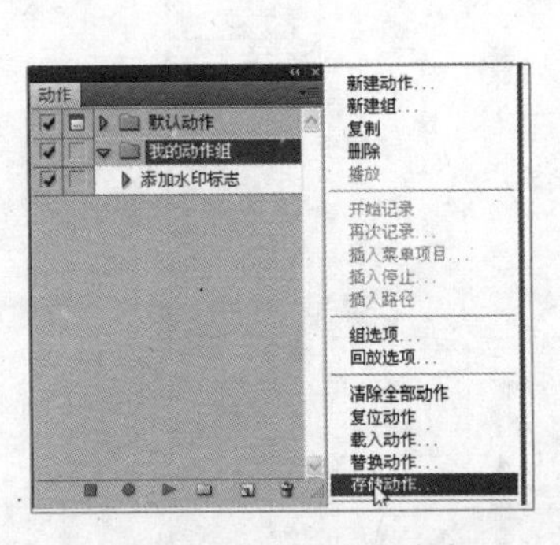

图12-29 选择菜单命令

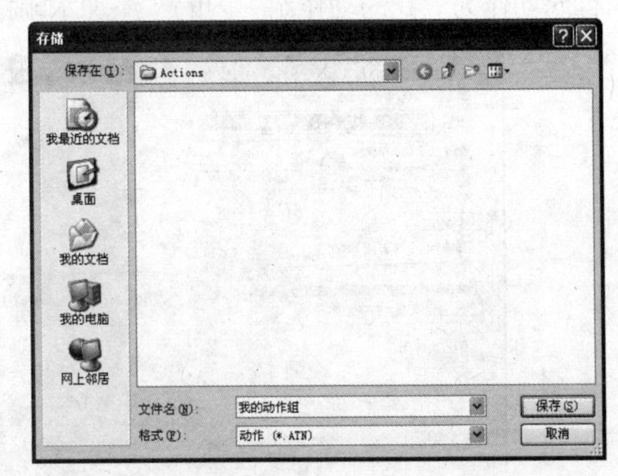

图12-30 “存储”对话框

STEP 4 在“动作”面板中单击右上角的按钮，在弹出的下拉菜单中选择“画框”菜单命令，如图12-31所示。

STEP 5 此时选中的动作将载入动作面板中，如图12-32所示。

STEP 6 打开一个素材图像，在其中单击“播放选定动作”按钮▶，播放该动作，即可见该图像自动添加水印的标志，效果如图12-33所示。

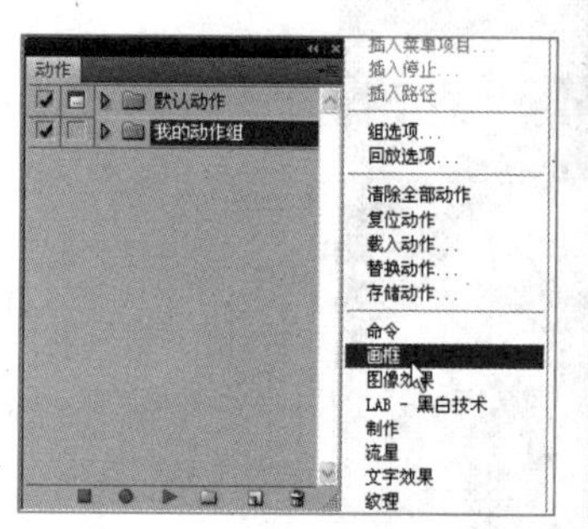

图12-31 选择命令

图12-32 载入动作

图12-33 播放动作效果

如果预设动作不能满足日常设计需要，用户还可以在网上下载一些动作，载入到“动作”面板中，方法是在“动作”面板中单击右上角的▾≡按钮，在弹出的下拉菜单中选择“载入动作”菜单命令，打开“载入”对话框，选择需要载入的动作，单击 载入(L) 按钮即可。

12.1.5 使用批处理命令

使用“动作”面板一次只能对一个图像执行动作，若要对一个文件夹下的所有图像同时应用动作，可通过“批处理”命令来实现。下面对提供的素材文件使用批处理的方法快速添加水印标志动作，其具体操作如下。

STEP 1 选择【文件】/【自动】/【批处理】菜单命令，在打开的“批处理”对话框中设置要执行的动作为“我的动作组”内的“添加水印标志”动作，如图12-34所示。

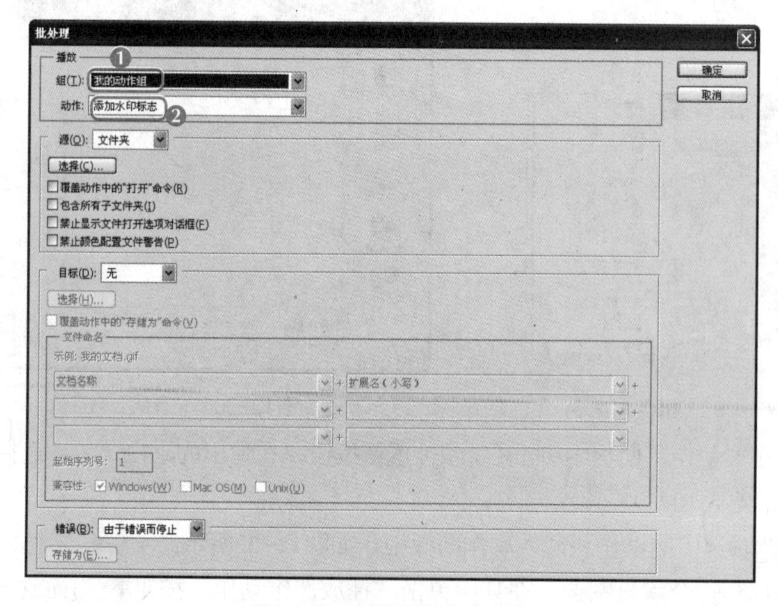

图12-34 选择要播放的动作

STEP 2 单击[选择(C)...]按钮，在打开的“浏览文件夹”对话框中选择“课堂案例1”文件夹，如图12-35所示。

STEP 3 单击[确定]按钮，“批处理”文件夹内包含了6个图像文件，如图12-36所示。

图12-35 选择批处理文件夹

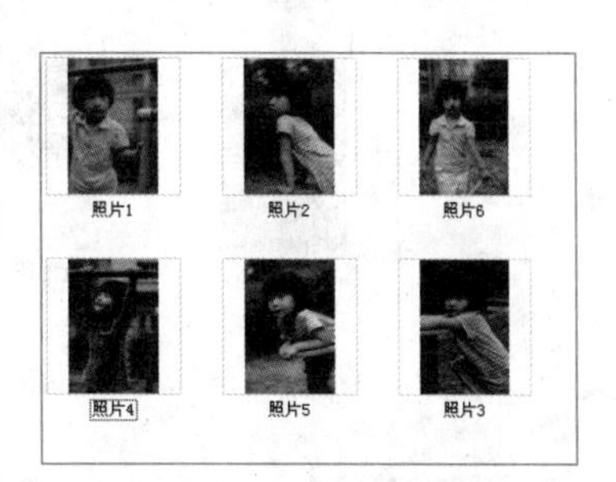

图12-36 要批处理的图片

STEP 4 在“批处理”对话框中的“目标”下拉列表中选择“文件夹”，然后单击[选择(C)...]按钮，将设置处理后的图像存放在“批处理”空文件夹中，如图12-37所示。

STEP 5 按照文件浏览器批量重命名的方法，在“文件命名”栏下设置起始文件名为“批处理01.gif”，如图12-38所示。

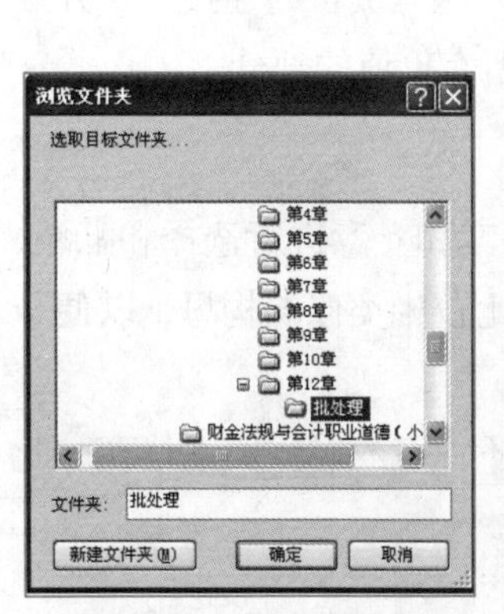

图12-37 设置目标文件

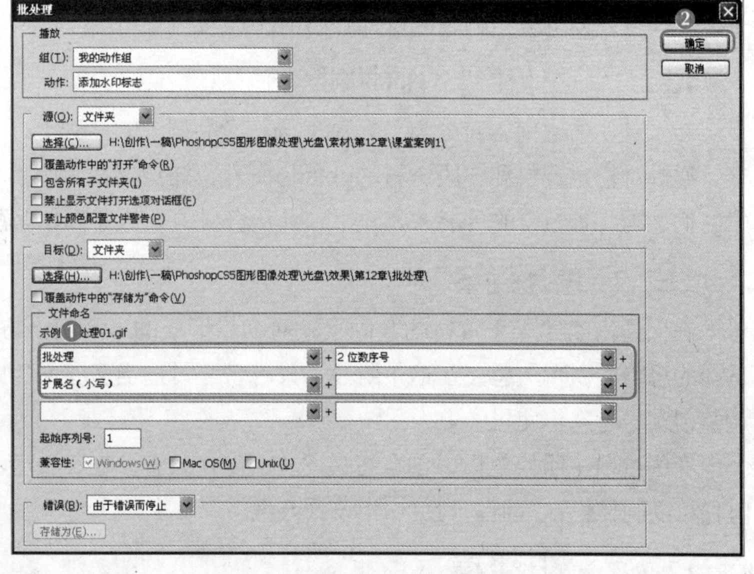

图12-38 设置文件名

STEP 6 单击[确定]按钮，系统自动对源文件夹下的每个图像添加水印标志动作，并将处理后的文件存储到目标文件下，处理完成后的效果如图12-39所示。

知识提示

由于动作中没有包含存储动作，所以在批处理时需要手动单击[确定]按钮存储图像，另外，默认的输出格式是PSD格式的文件，若要修改为图片格式，可在打开的“存储为”对话框中设置保存为“.jpg”格式。

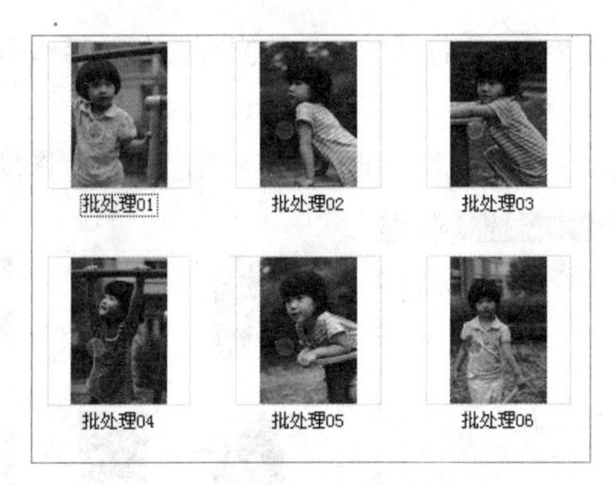

图12-39　批处理后的效果

12.2　印刷图像设计与印前流程

小白出色地完成了老张交代的任务，并且在图像设计方面也有一定的设计心得，老张说："你现在已经具备一名设计师的能力了，不过，你还需要熟悉一下印刷图像设计与印前的相关流程，完善自己的设计水平。"

老张找了一些这方面的相关资料给小白，希望小白能够学以致用，提高自己的制作水平。下面就具体讲解印刷图像设计和印前流程的相关知识。

12.2.1　设计稿件的前期准备

在设计广告之前，首先需要在对市场和产品调查的基础上，对获得的资料进行分析与研究，通过对特定资料和一般资料的分析与研究，初步寻找出产品与这些资料的连接点，并探索它们之间各种组合的可能性和效果，并从资料中去伪存真、保留有价值的部分。

12.2.2　设计提案

在大量占有第一手资料的基础上，对初步形成的各种组合方案和立意进行选择和酝酿，从新的思路去获得灵感。在这个阶段，设计者还可适当多参阅、比较相类似的构思，以便于调整创意与心态，使思维更为活跃。

在经过以上阶段之后，创意将会逐步明朗化，它会在设计者不注意的时候突然涌现。此时便可以制作设计草稿，制定初步设计方案。

12.2.3　设计定稿

从数张设计草图中选定一张作为最后方案，然后在计算机中做设计正稿。针对不同的广告内容可以选择使用不同的软件来制作，现在运用的最为广泛的是 Photoshop 软件，它能制作出各种特殊图像效果，为画面增添丰富的色彩。

12.2.4　色彩校准

如果显示器显示的颜色有偏差或者打印机在打印图像时造成的图像颜色有偏差，将导致印刷后的图像色彩与在显示器中所看到的颜色不一致。因此，图像的色彩校准是印刷前处理工作中不可缺少的一步。色彩校准主要包括以下几种。

- **显示器色彩校准**：如果同一个图像文件的颜色在不同的显示器或不同时间在同一显示器上的显示效果不一致，就需要对显示器进行色彩校准。有些显示器自带色彩校准软件，如果没有，用户可以通过手动调节显示器的色彩。
- **打印机色彩校准**：在计算机显示屏幕上看到的颜色和用打印机打印到纸张上的颜色一般不能完全匹配，这主要是因为计算机产生颜色的方式和打印机在纸上产生颜色的方式不同。要让打印机输出的颜色和显示器上的颜色接近，设置好打印机的色彩管理参数和调整彩色打印机的偏色规律是一个重要途径。
- **图像色彩校准**：图像色彩校准主要是指图像设计人员在制作过程中或制作完成后对图像的颜色进行校准。当用户指定某种颜色后，在进行某些操作后颜色有可能发生变化，这时就需要检查图像的颜色和当时设置的CMYK颜色值是否相同，如果不同，可以通过“拾色器”对话框调整图像颜色。

12.2.5 分色和打样

图像在印刷之前必须进行分色和打样，二者也是印刷前处理工作中的重要步骤，下面将分别进行讲解。

- **分色**：在输出中心将原稿上的各种颜色分解为黄色、品红色、青色和黑色4种原色，在计算机印刷设计或平面设计软件中，分色工作就是将扫描图像或其他来源图像的颜色模式转换为CMYK模式。
- **打样**：印刷厂在印刷之前，需要将所印刷的作品交给出片中心。出片中心先将CMYK模式的图像进行青色、品红色、黄色和黑色4种胶片分色，再进行打样，从而检验制版阶调与色调能否取得良好再现，并将复制再现的误差及应达到的数据标准提供给制版部门，作为修正或再次制版的依据，打样校正无误后交付印刷中心进行制版和印刷。

12.3 图像的打印与输出

熟悉了印刷图像设计与印前流程后，老张让小白将一张图像进行打印输出，以检查小白的图像输出技术。

小白打开之前设计的电影海报图像，通过设置，将图像打印出来，并交给了老张，老张看后非常满意。下面就具体讲解图像的打印输出的相关知识。

素材所在位置 **光盘:\素材文件\第12章\课堂案例2\电影海报.psd**

12.3.1 设置打印图像

打印的常规设置包括选择打印机的名称，设置“打印范围”、“份数”、“纸张尺寸大小”、“送纸方向”等参数，设置完成后即可进行打印。下面将“电影海报 .psd”图像打印出来，其具体操作如下。

STEP 1 打开“电影海报.psd”素材图像，选择【文件】/【打印】菜单命令，打开“打印”对话框，在“打印机”下拉列表框中选择连接到计算机的打印机。

STEP 2 单击打印设置...按钮，在打开的对话框中设置纸张大小、来源和方向等参数，如图12-40所示。

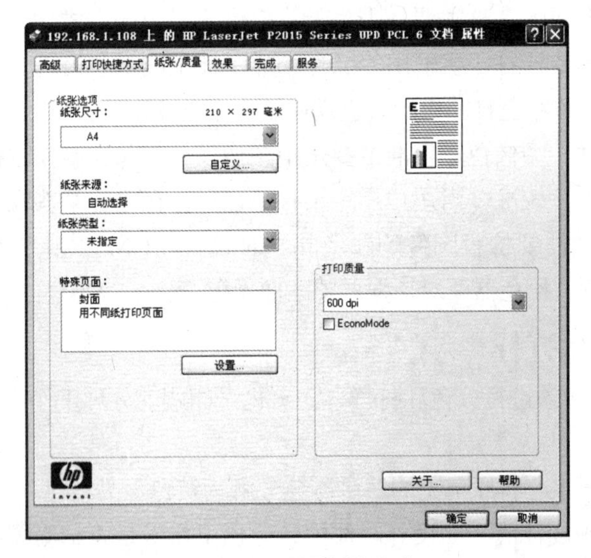

图12-40　设置纸张尺寸

STEP 3 单击确定按钮，返回“打印”对话框，在其中可查看图像的预览效果，如图12-41所示。

STEP 4 确认无误后单击打印(P)按钮即可将图像打印输出。

图12-41　预览打印效果

知识提示

当打印的图像区域超出了页边距，执行打印操作后，将打开一个提示对话框，提示用户图像超出边界，如果要继续，则需要进行裁切操作，单击［取消］按钮取消打印，并重新设置打印图像的大小和位置。另外，对于不能在同一纸张上完成的较大图形的打印，可使用打印拼接功能，将图形平铺打印到几张纸上，再将其拼贴起来，形成完整的图像。

12.3.2 Photoshop与其他软件的文件交换

Photoshop可以与很多软件结合使用，这里主要介绍Photoshop与Illustrator软件和CorelDRAW等其他设计软件结合使用的方法，下面将进行具体讲解。

1．将Photoshop路径导入到Illustrator中

通常情况下，Illustrator能够支持许多图像文件格式，但有一些图像格式不行，包括raw和rsr格式。打开Illustrator软件，选择【文件】/【置入】菜单命令，找到所需的.psd格式文件即可将Photoshop图像文件置入到Illustrator中。

2．将Photoshop路径导入到CorelDRAW中

在Photoshop中绘制好路径后，选择【文件】/【导出】/【路径到Illustrator】菜单命令，将路径文件存储为AI格式，然后打开CorelDRAW软件，选择【文件】/【导入】菜单命令，即可将存储好的路径文件导入CorelDRAW中。

3．Photoshop与其他设计软件的配合使用

Photoshop除了与Illustrator、CorelDRAW配合起来使用之外，还可以在FreeHand和PageMaker等软件中使用。

将FreeHand置入Photoshop文件可以通过按【Ctrl+R】组合键来完成。如果FreeHand的文件是用来输出印刷的，置入的Photoshop图像最好采用TIFF格式，因为这种格式储存的图像信息最全，输出最安全，当然文件也最大。

在PageMaker中，多数常用的Photoshop图像都能通过置入命令来转入图像文件，但对于.psd、.png、.iff、.tga、.pxr、.raw和.rsr格式文件，由于PageMaker并不支持，所以需要将它们转换为其他可支持的文件来置入。其中Photoshop中的.eps格式文件可以在PageMaker中产生透明背景效果。

12.4 实训——处理和打印印刷小样

12.4.1 实训目标

本实训要求将一个需要印刷的作品进行处理，然后将其打印出来交给客户审查，参考效果如图12-42所示。

素材所在位置 光盘:\素材文件\第12章\实训\标志.psd

图12-42 打印印刷小样

12.4.2 专业背景

印刷小样是指优先交给客户确认稿件内容、图片、文字、设计等元素的稿件。客户签名确认后再交由印刷厂参考跟色印刷，因此，印刷小样在印刷作品中尤为重要。

12.4.3 操作思路

了解了印刷小样的作用后，根据实例目标，本例的操作思路如图12-43所示。

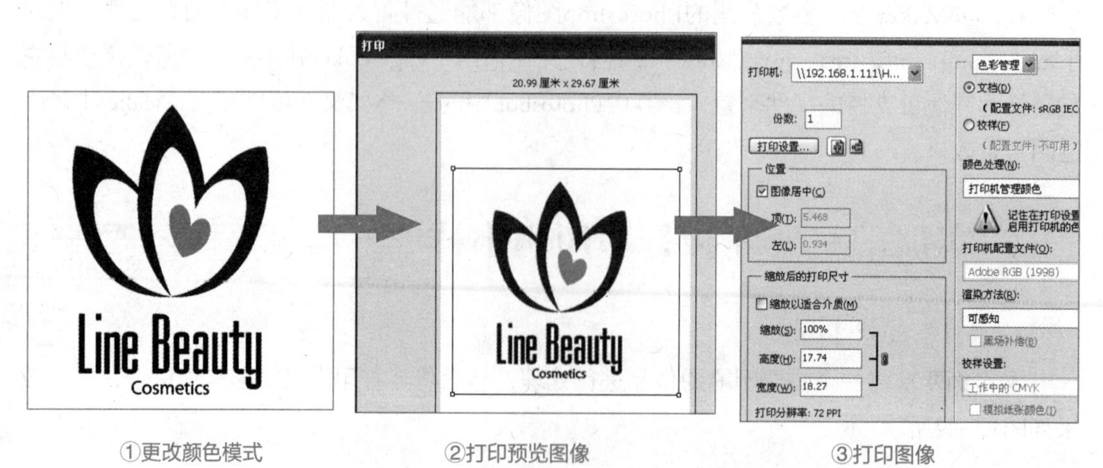

①更改颜色模式 ②打印预览图像 ③打印图像

图12-43 打印印刷小样的操作思路

【步骤提示】

STEP 1 打开“标志.jpg”素材文件，改变颜色模式为CMYK。

STEP 2 选择【文件】/【打印】菜单命令，在打开的对话框中设置打印参数。

STEP 3 设置完成后单击 打印(P) 按钮即可将图像打印输出。

12.5 疑难解析

问：打印图像时，如何设置打印药膜选项？

答：如果是在胶片上打印图像，应将药膜设置为朝下；若打印到纸张上，一般选择打印正片；若直接将分色打印到胶片上，将得到负片。

问：什么是偏色规律？如果打印机出现偏色，该怎么解决呢？

答：所谓偏色规律是指由于彩色打印机中的墨盒使用时间较长或其他原因，造成墨盒中的某种颜色偏深或偏浅，调整的方法是更换墨盒或根据偏色规律调整墨盒中的墨粉，如对偏浅的墨盒添加墨粉。为保证色彩正确也可以请专业人员进行校准。

12.6 习题

本章主要介绍了动作与输出图像的相关知识，如录制动作、播放动作、载入动作、批处理图像，以及印刷图像设计与印前流程和图像的打印输出等知识。对于本章的内容，读者需要熟练掌握各种操作，以提高工作效率和作品制作水平。

素材所在位置 光盘:\素材文件\第12章\习题\小屋.jpg、骏马.jpg
效果所在位置 光盘:\效果文件\第12章\旧照片.psd、骏马.psd

（1）对提供的素材图像制作旧照片效果，效果如图12-44所示。制作时首先要选择好所需的序列组，然后播放动作，即可得到旧照片效果。

（2）打开“骏马.jpg”素材图像，在“动作”面板中播放“拉丝铝画框”动作，观察当前图像应用该动作后的效果，制作完成后的效果如图12-45所示。

图12-44 旧照片效果

图12-45 骏马效果

课后拓展知识

制作完成后的作品不仅可以通过打印机打印输出，还可以通过印刷进行大批量的输出，如商场促销海报、电影宣传海报、图书等，这些并不能通过简单地打印输出来完成。

在对图像进行印刷输出前，需要做以下一些准备工作。

- 图像的颜色模式：用户在设计作品的过程中要考虑作品的用途和要通过某种输出设备，图像的颜色模式也会根据不同的输出路径而有所不同。例如，要输入到电视设备中播放的图像，必须经过NTSC颜色滤镜等颜色校正工具进行校正后，才能在电视中显示；如要输入到网页中进行观看，则可以选择RGB颜色模式；而对于需要印刷的作品，必须使用CMYK颜色模式。
- 图像的分辨率：一般用于印刷的图像，为了保证印刷出的图像清晰，在制作图像时，应将图像的分辨率设置为300～350像素/英寸。
- 图像的存储格式：在存储图像时，要根据要求选择文件的存储格式。若是用于印刷，则要将其存储为TIF格式，因为在出片中心都是以此格式来进行出片；若用于观看的图像，则可将其存储为JPG或RGB格式即可。由于高分辨率的图像大小一般都在几兆到几十兆，甚至几百兆，因此磁盘常常不能满足其储存需要。对于此种情况，用户可以使用可移动的大容量介质来传送图像。
- 图像的字体：当作品中运用了某种特殊字体时，应准备好该字体的字体安装文件，在制作分色胶片时提供给输出中心，因此一般情况下都不采用特殊的字体进行图像设计。
- 图像的文件操作：在提交文件输出中心时应将所有与设计有关的图片文件、字体文件，以及设计软件中使用的素材文件准备齐全，一起提交。
- 选择输出中心与印刷商：输出中心主要制作分色胶片，其价格和质量不等，在选择输出中心时应进行相应的调查。印刷商则根据分色胶片制作印版、印刷和装订。

常见的印刷工作流程如下。

- 理解用户的要求，收集图像素材，开始构思和创作。
- 对图像作品进行色彩校对和打印图像进行校稿。
- 再次打印校稿后的样稿，修改和定稿。
- 将无误的正稿送到输出中心进行出片和打样。
- 校正打样稿，若颜色和文字都正确，再送到印刷厂进行制版和印刷。

PART 13

第13章 综合案例

情景导入

小白经过不懈的努力后，对于平面设计行业有了较高的认识，并对设计各类作品有了莫大的信心。

知识技能目标

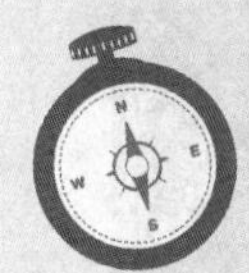

- 熟悉Photoshop CS5的相关操作。
- 掌握立体模型的设计方法。
- 掌握广告设计的相关知识。

- 能够通过Photoshop CS5来设计洗面奶的模型。
- 掌握“洗面奶广告”作品的制作方法。

课堂案例展示

洗面奶广告

13.1 实训目标

小白学习了前面的Photoshop CS5软件的相关设计知识后，已经成为了一名优秀的设计师，经过老张的推荐，现在任公司设计师一职。刚上任不久，就接到一位老客户的订单，要求为该公司生产的洗面奶产品制作一个广告，效果如图13-1所示。小白对该公司生产的洗面奶的相关资料进行了解后，便开始进行广告的初始设计。

制作本实例时，首先要绘制洗面奶的模型，瓶身是通过钢笔工具集合渐变工具绘制，然后再添加相关的文字和细节，以得到更为逼真的效果。通过本例的制作，读者可以熟练掌握钢笔工具、渐变工具、文本工具，以及图像的移动、复制等操作方法和技巧。然后将绘制的模型复制到背景图像中，通过添加并设置各种素材等操作完成洗面奶的制作。下面具体讲解其制作方法。

素材所在位置 光盘:\素材文件\第13章\课堂案例1\水底.jpg、苹果.jpg、冰块.psd
效果所在位置 光盘:\效果文件\第13章\洗面奶广告.psd

图13-1 制作洗面奶广告的最终效果

13.2 专业背景

使用Photoshop CS5能够制作出许多种平面广告设计，而到底什么是平面设计，平面设计的概念，以及平面广告的种类是什么，下面将做详细的介绍。

13.2.1 平面设计的概念

设计是有目的的策划，平面设计是这些策划将要采取的形式之一，在平面设计中需要用视觉元素来为人们传播设想和计划，用文字和图形把信息传达给大众，让人们通过这些视觉元素了解广告画面中的设想和计划。

13.2.2 平面设计的种类

平面设计包含的类型较广，归纳起来说，包含以下几大类。

1. DM单广告设计

DM单指以邮件方式，针对特定消费者寄送广告的宣传方式，仅次于电视、报纸的第三大平面媒体。DM单广告可以说是目前最普遍的广告形式。

2. 包装设计

包装设计就是要从保护商品、促进销售和方便使用的角度，进行容器、材料和辅助物的造型、装饰设计，从而达到美化生活和创造价值的目的。

3. 海报设计

海报又称为招贴，其意是指展示于公共场所的告示。海报特有的艺术效果及美感条件，是其他任何媒介无法比拟的，设计史上最具代表性的大师，大多因其在海报设计上的非凡成就而名垂青史。

4. 平面媒体广告设计

主流媒体包括广播、电视、报纸、杂志、户外、互联网等，与平面设计有直接关系的主体是报纸、杂志、户外、互联网，我们称之为平面媒体。广播主要是以文案取胜，影视则主要以动态的画面取胜，应该说包括互联网在内，我们通常称这三者为多媒体。

5. POP广告设计

POP广告是购物点广告或售卖点广告。总而言之，凡应用于商业专场，提供有关商品讯息，促使商品得以成功销售出去的所有广告、宣传品，都可称为POP广告。

6. 书籍设计

书籍设计又称之为书籍装帧设计，用于塑造书籍的“体”和“貌”。“体”就是为书籍制作装内容的容器，“貌”则是将内容传达给读者的外衣，书籍的内容就是通过装饰将“体”和“貌”构成完美的统一体。

7. VI设计

VI设计全称为VIS（Visual Identity System）设计，意为视觉识别系统设计，是CIS系统中最具传播力和感染力的部分。

8. 网页设计

网页设计包含静态页面设计与后台技术衔接两大部分，它与传统平面设计项目的最大区别，就是最终展示给大众的形式不是依靠印刷技术来实现的，而是通过计算机屏幕与多媒体的形式展示出来的。

13.2.3 洗面奶广告的创意设计

现在市场中，各类产品都面临着竞争，怎样从各式各样的产品中脱颖而出，成为各大品牌无时无刻不在思考的问题。因此制作产品广告时，要突出产品的优势、使用人群等。本例制作的是洗面奶广告，其具体制作分析如下。

- 确认洗面奶的主题颜色和大小等。

- 准备素材进行创意分析与设计，确定布局和色彩搭配。
- 开始制作。本例分为瓶子的绘制、添加文字和细节处理。在绘制瓶子时，首先要使用钢笔工具绘制整个瓶子，在绘制时，要注意瓶身与瓶盖相邻处的角度要平滑一些，然后再是填充颜色，完成后即可添加产品的相关文字信息，最后添加素材图像，再进行一些细节处理即可。

13.3 制作思路分析

了解上面的平面设计专业知识后，就可以开始设计制作了。根据上面的实训目标，本例的操作思路如图13-2所示。

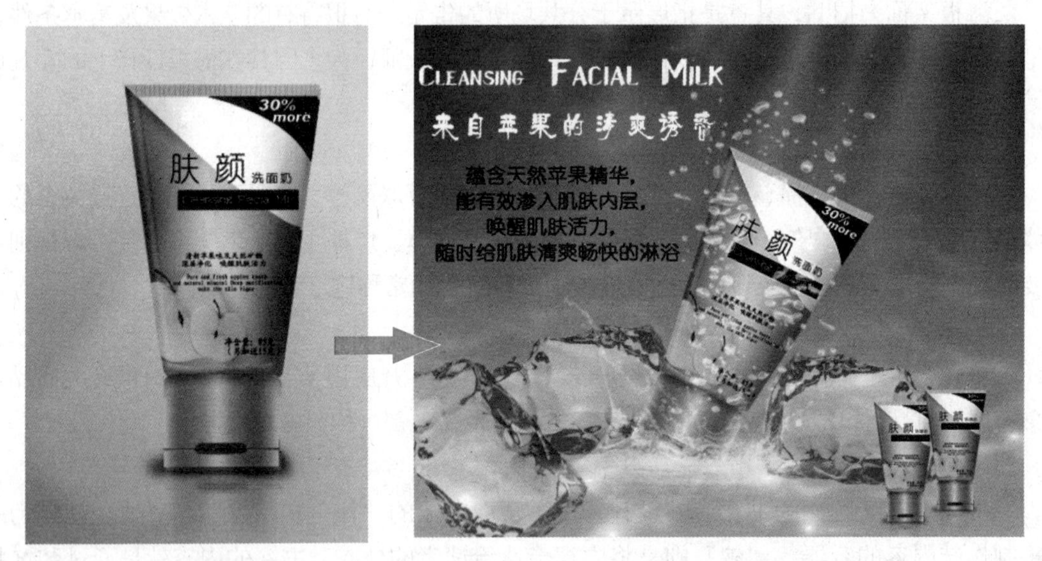

①绘制洗面奶模型　　②添加并设置素材和文字

图13-2　洗面奶广告设计思路

13.4 操作过程

根据对洗面奶广告制作过程的分析，相关操作可分为4部分，即绘制整个瓶子、添加文字、制作细节和合成广告图像，下面将分别进行绘制。

13.4.1 绘制整个瓶子

首先新建图像文件，然后使用钢笔工具、渐变工具等绘制洗面奶瓶子的大致效果。

STEP 1　新建一个“洗面奶广告”的图像文件，设置宽度和高度为700像素×1000像素，分辨率为300像素/英寸。

STEP 2　选择工具箱中的渐变工具，设置颜色分别为灰色（R:201、G:201、:201）和浅灰（R:241、G:241、B:241），然后进行径向渐变填充，效果如图13-3所示。

STEP 3　新建图层，选择工具箱中的钢笔工具绘制瓶身，并填充为灰色（R:212、

G:212、B:212），效果如图13-4所示。

STEP 4 新建图层，选择工具箱中的钢笔工具绘制瓶盖，并填充为灰色（R:202、G:202、B:202），效果如图13-5所示。

图13-3 填充背景

图13-4 绘制瓶身

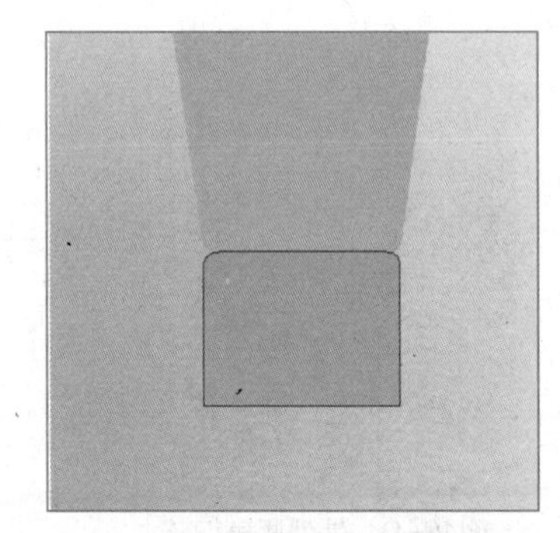

图13-5 绘制瓶盖

STEP 5 将瓶盖所在的图层载入选区，选择工具箱中的渐变工具，设置颜色分别为（R:253、G:220、B:186）、（R:247、G:161、B:66）、（R:247、G:161、B:66）、（R:253、G:220、B:186）、（R:247、G:161、B:66）、（R:247、G:161、B:66）和（R:253、G:220、B:186），然后进行线性渐变填充，效果如图13-6所示。

STEP 6 选择工具箱中的加深工具，在瓶盖的上边缘处进行涂抹，突出立体感，效果如图13-7所示。

STEP 7 继续使用相同的方法绘制瓶身，颜色依次设置为灰色（R:231、G:231、B:231）、白色、灰色（R:231、G:231、B:231），然后使用减淡工具和加深工具适当进行处理，效果如图13-8所示。

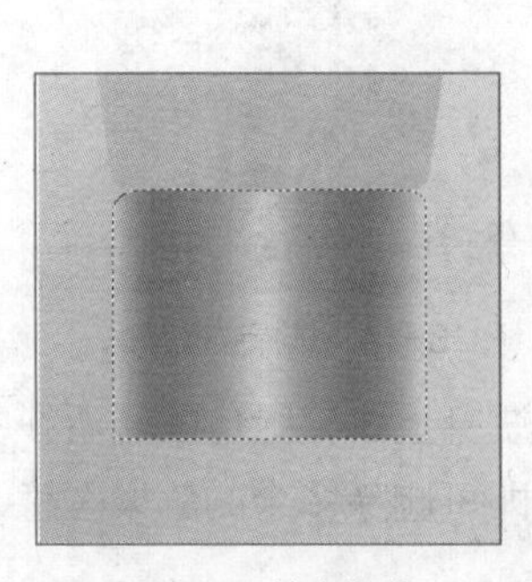

图13-6 填充瓶盖

图13-7 突出瓶盖立体感

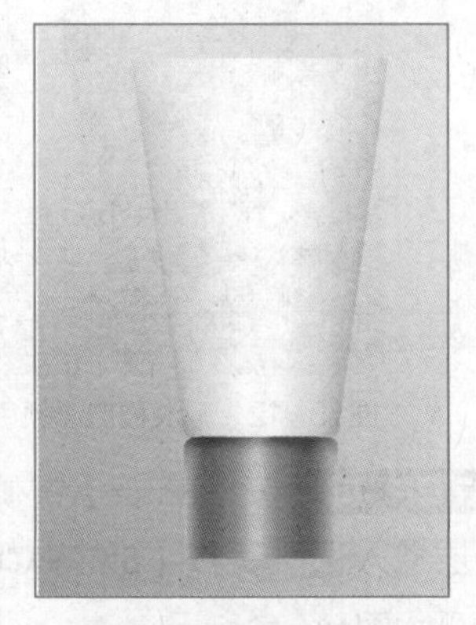

图13-8 填充瓶身并适当处理

STEP 8 将瓶身所在图层载入选区，然后将前景色设置为灰色（R:163、G:163、B:163），选择工具箱中的画笔工具，在瓶身的边缘处进行绘制，处理瓶身细节，取消选区后的效果如图13-9所示。

STEP 9 新建图层，使用钢笔工具绘制如图13-10所示的路径，然后将其进行线性渐变填充，颜色依次为绿色（R:100、G:135、B:3）、淡绿色（R:180、G:240、B:18）和绿色

（R:100、G:135、B:3），效果如图13-11所示。

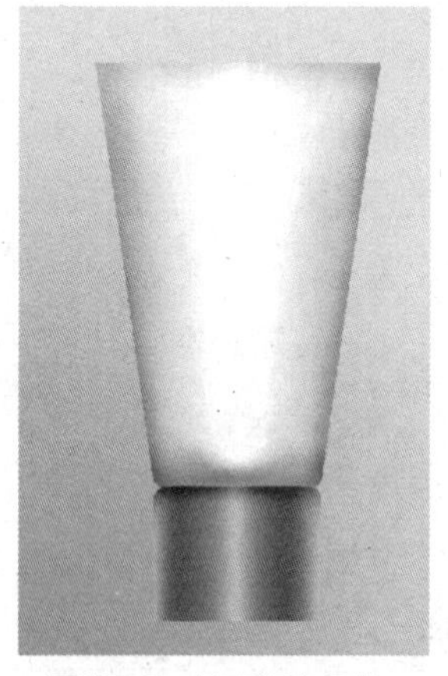

图13-9　处理瓶身细节

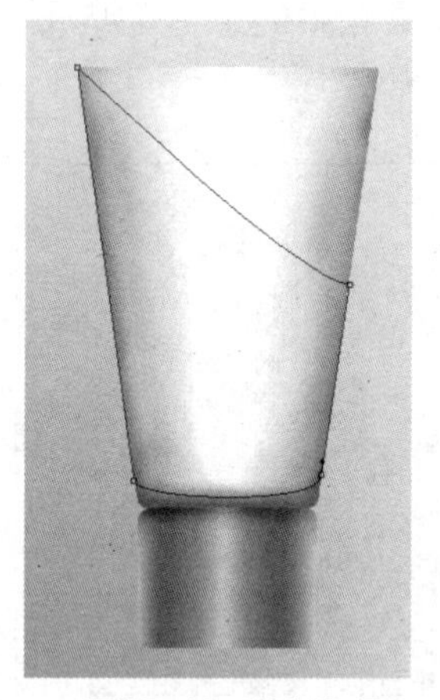

图13-10　绘制路径

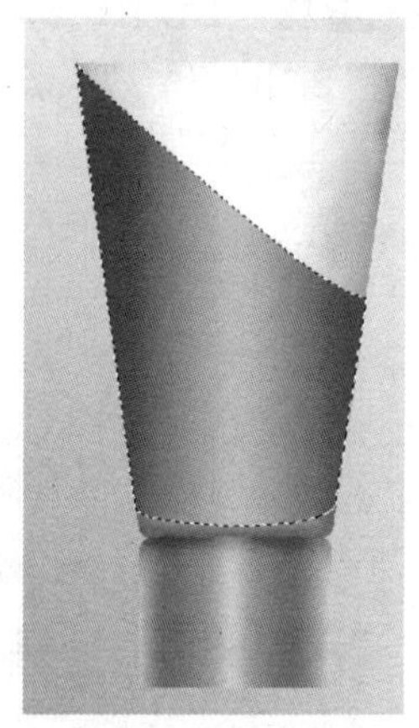

图13-11　填充颜色

STEP 10 同样使用加深工具和减淡工具进行适当处理，然后取消选区，如图13-12所示。

STEP 11 打开“苹果.jpg”图像文件，然后利用魔棒工具选中苹果的切面图像，将其拖动到要编辑的图像窗口中，效果如图13-13所示。

STEP 12 选中工具箱中的矩形选框工具，在苹果图像的左侧进行框选，然后按【Ctrl+T】组合键进行变换，效果如图13-14所示。

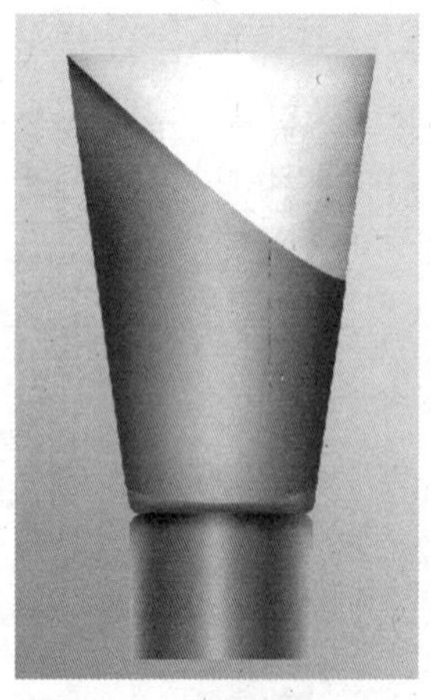

图13-12　减淡和加深颜色

图13-13　拖入素材图像

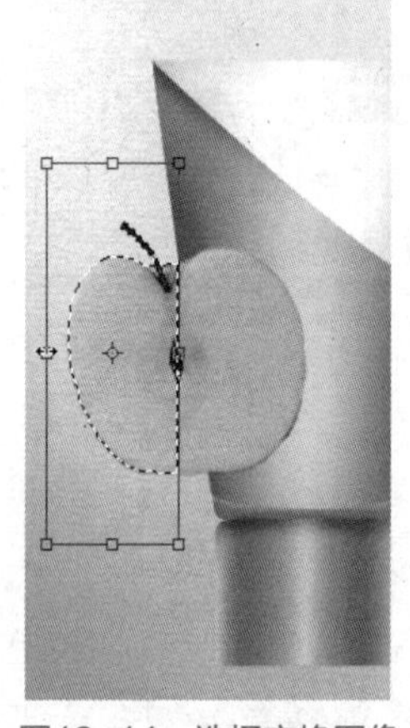

图13-14　选择变换图像

STEP 13 按【Enter】键确认变换，并取消选区，将其移到到瓶身上。将绿色区域所在的图层载入选区，按【Shift+Ctrl+I】组合键反选，按【Delete】键即可删除多余的苹果图像，效果如图13-15所示。

STEP 14 将苹果的切面图像拖入到要编辑的图像窗口中，将其移到到瓶身上，并缩放其大小，效果如图13-16所示。

STEP 15 设置前景色为黑色，选择绿色图像所在的图层，将其载入选区。使用画笔工具，设置不透明度为“10%”，在其中进行涂抹添加适当的阴影效果，效果如图13-17所示。

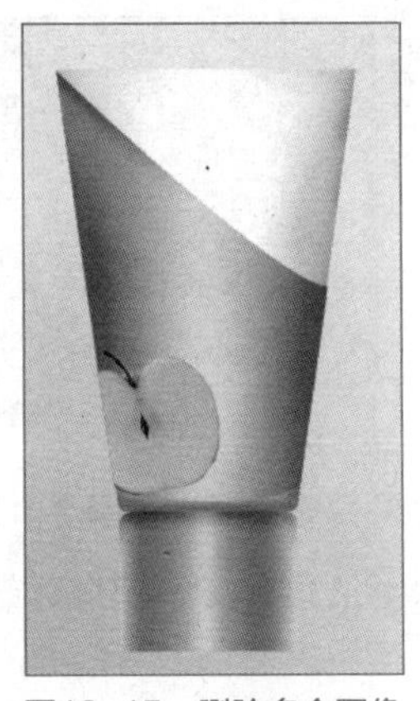

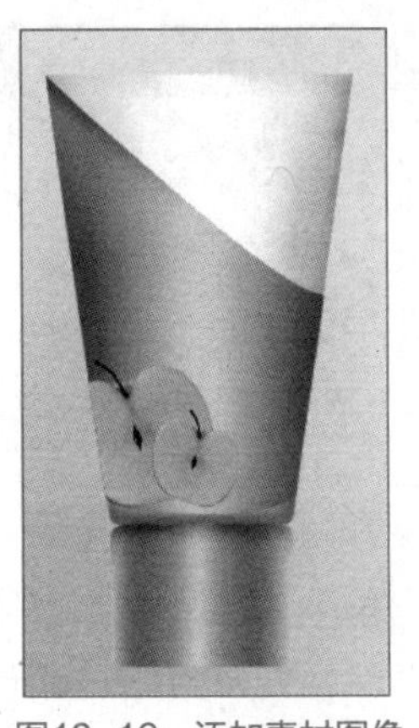

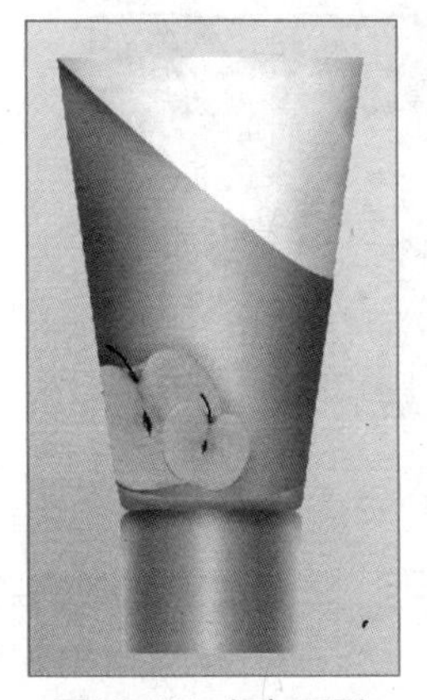

图13-15 删除多余图像　　图13-16 添加素材图像　　图13-17 添加阴影

STEP 16 选择瓶身所在的图层，选择工具箱中的矩形选框工具，在其工具属性栏中设置为与选区相交，然后再瓶身顶部绘制选区，并填充为灰色（R:221、G:221、B:221），效果如图13-18所示。

STEP 17 选择工具箱中的圆角矩形工具，设置圆角半径为“30px”，绘制一个圆角矩形，将路径载入选区。新建图层，然后将其填充为棕色（R:160、G:70、B:0），效果如图13-19所示。

STEP 18 取消选区，将该图层的不透明度设置为“80%”。接下来为图层添加“内阴影”和“斜面和浮雕”图层样式，参数设置如图13-20所示。

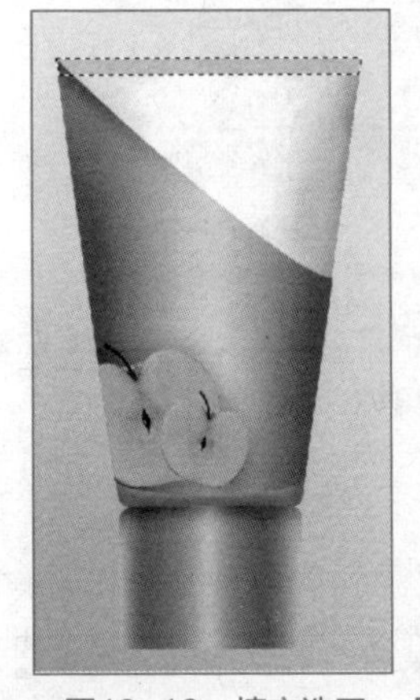

图13-18 填充选区

图13-19 绘制圆角矩形并填充

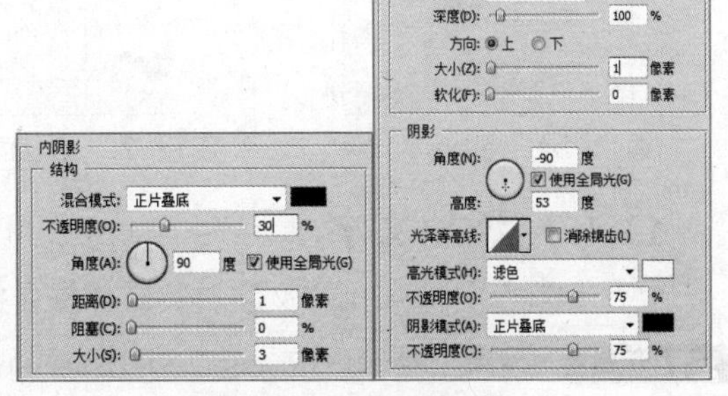

图13-20 设置图层样式

STEP 19 完成图层样式添加后按【Ctrl+T】组合键进行适当变换，移动到瓶盖相应位置处，效果如图13-21所示。

STEP 20 使用钢笔工具绘制一条水平路径，然后使用画笔描边路径，设置直径为“3像素”，颜色为橙色（R:185、G:90、B:1），效果如图13-22所示。

STEP 21 使用相同的方法继续绘制路径并描边，其中颜色为橙色（R:250、G:158、B:6），最后使用橡皮擦工具擦除多余的图像，效果如图13-23所示。

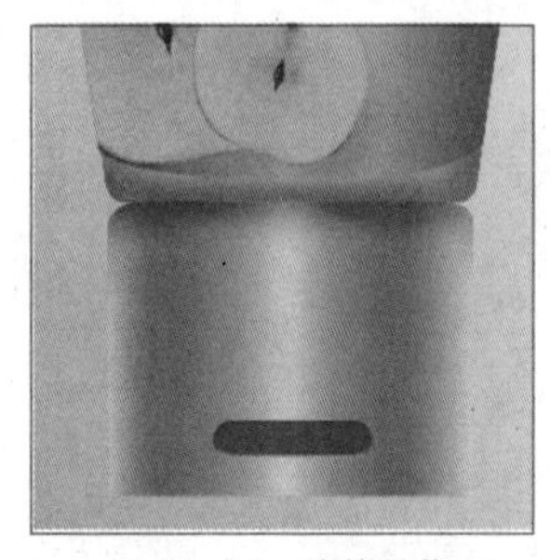
图13-21　变换图像

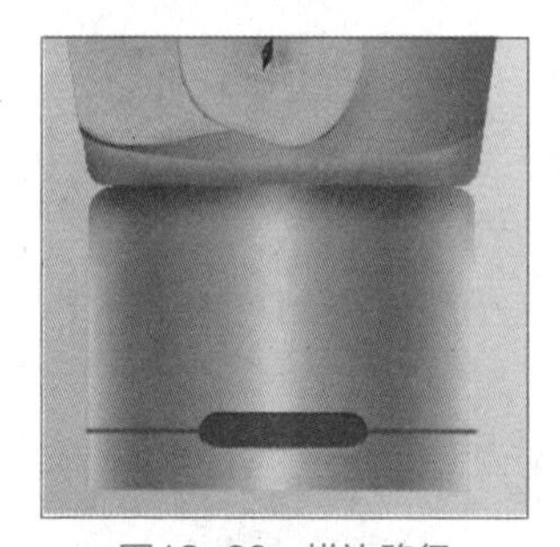
图13-22　描边路径

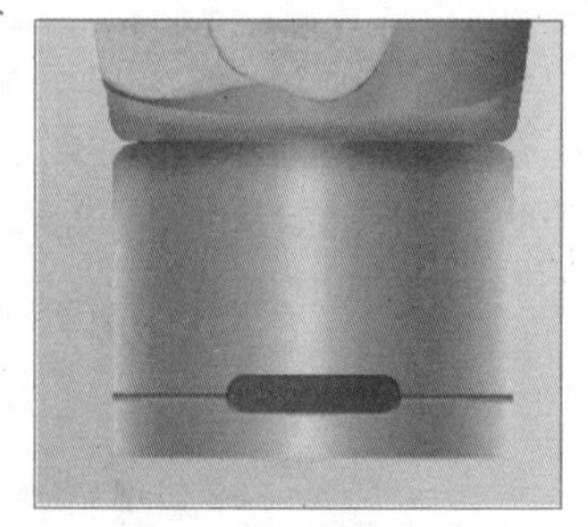
图13-23　擦除多余图像

STEP 22 继续使用钢笔工具在圆角矩形的图像上绘制路径，使用直径为“3像素”、颜色为深棕色（R:100、G:45、B:0）描边，效果如图13-24所示。

STEP 23 新建图层，使用钢笔工具在瓶身上绘制路径，并填充为白色，将图层的不透明度设置为“20%”，效果如图13-25所示。

STEP 24 新建图层，使用钢笔工具绘制直线路径，使用直径为“15像素”，颜色为白色的画笔描边路径，设置图层的不透明度为“30%”，效果如图13-26所示。

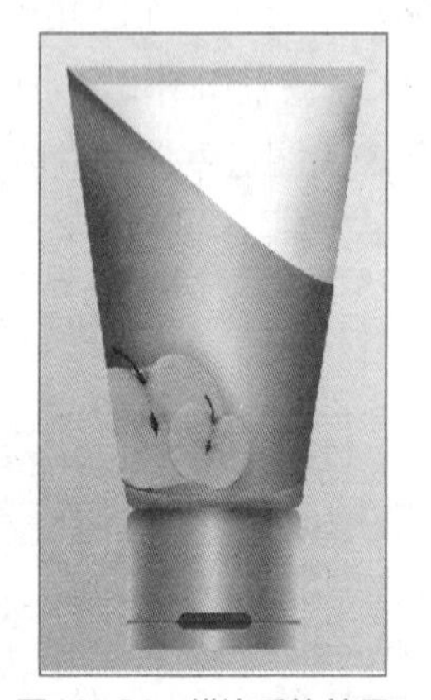
图13-24　描边后的效果

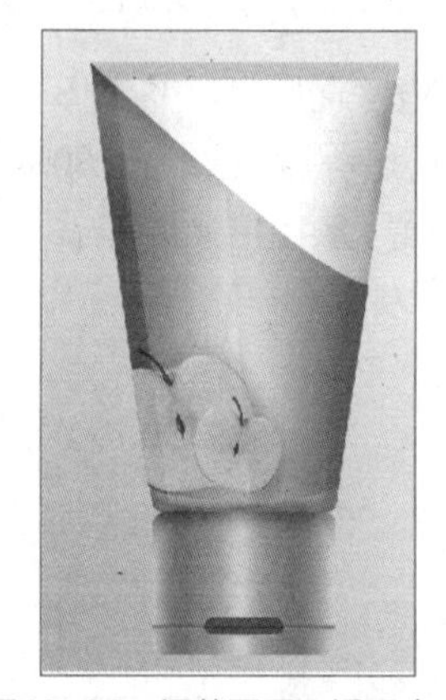
图13-25　调整图层不透明度

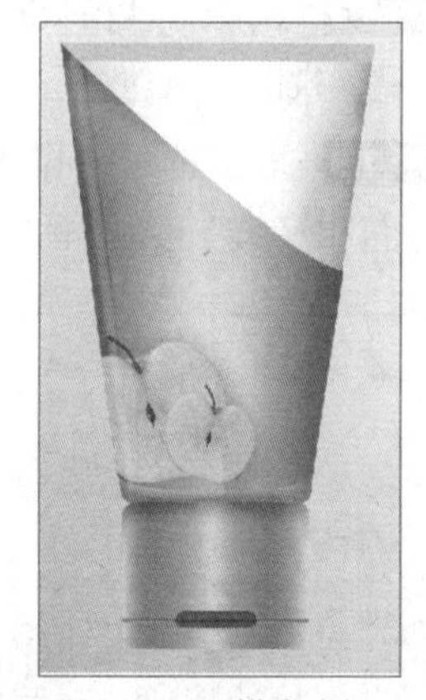
图13-26　描边路径

13.4.2 添加文字

使用文字工具添加相关文字，其具体操作如下。

STEP 1 选择工具箱中的横排文字工具T，在图像中输入文字，设置字体为“汉仪细圆简”，字体大小为“18点”，颜色为黑色，效果如图13-27所示。

STEP 2 在文字的下方绘制矩形选区，并填充为黑色，使用横排文字工具T输入英文字母，并按【Ctrl+T】组合键进行变换，效果如图13-28所示。

图13-27　输入文字并设置字符格式

图13-28　变换大小

STEP 3 继续使用横排文字工具T在中文字的旁边输入文字“洗面奶”，字体为“汉仪细圆简”，字体大小为“5点”，字距为“200”，颜色为黑色，效果如图13-29所示。

STEP 4 新建图层，选择工具箱中的钢笔工具，绘制一条直线路径，并使用直径为“2像素”，颜色为黑色的画笔进行描边。再次新建图层，使用白色的画笔进行描边，将白色描边的直线靠紧黑色的直线，然后合并两个图层。按【Ctrl+J】组合键复制图层，直至铺满整个封口区域，最后合并图层，并删除多余图像，效果如图13-30所示。

图13-29 输入文字并设置字符格式

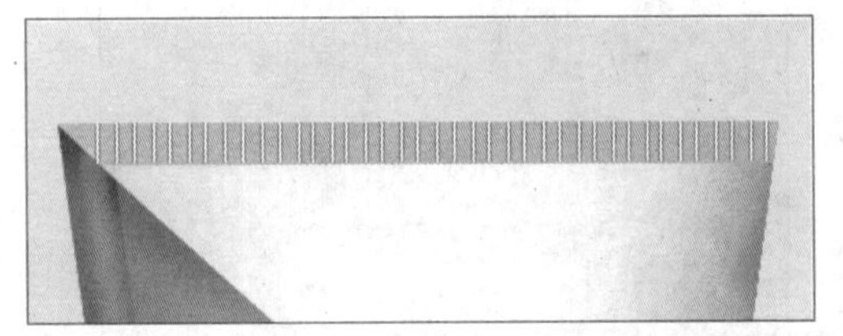

图13-30 制作封口

STEP 5 新建图层，选择工具箱中的钢笔工具并在瓶身的右上角处绘制路径，并填充为黑色，效果如图13-31所示。

STEP 6 选择工具箱中的横排文字工具T，在右上角输入文字，设置字体为“Arial Black”，字体大小为“6点”，颜色为白色，其中“30%”文本的字体大小为“7点”，效果如图13-32所示。

图13-31 绘制图形并填充

图13-32 输入文字并设置字符格式

STEP 7 继续输入文字，设置字体为“楷体-GB2312”，颜色为黑色，其中字体大小按【Ctrl+T】组合键进行调整，效果如图13-33所示。

STEP 8 使用相同的方法输入其他产品的相关文字，效果如图13-34所示。

图13-33 输入文字并设置字符格式

图13-34 输入其他相关文字

13.4.3 制作细节

输入文字后，洗面奶模型的大致效果已经完成了，下面再为其制作一些细节。

STEP 1 在背景图层上新建图层，选择工具箱中的画笔工具，设置不透明度为“60%”，在瓶盖下方绘制阴影，效果如图13-35所示。

STEP 2 选择瓶盖所包含的图层，复制图层，然后将其合并，垂直翻转图层，调整图层的不透明度为“20%”，再使用橡皮擦工具擦除多余图像，制作倒影，效果如图13-36所示。

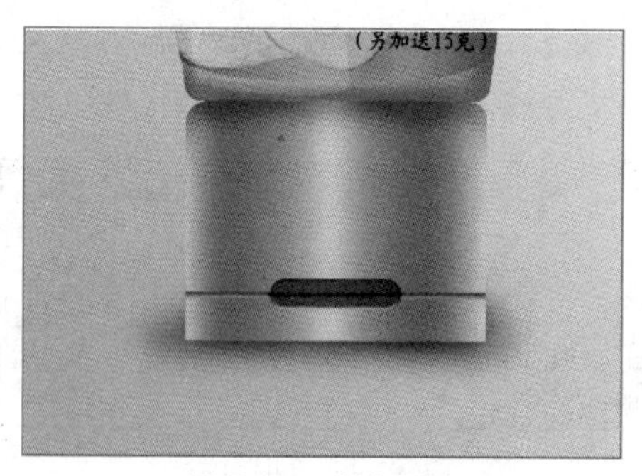

图13-35 制作阴影

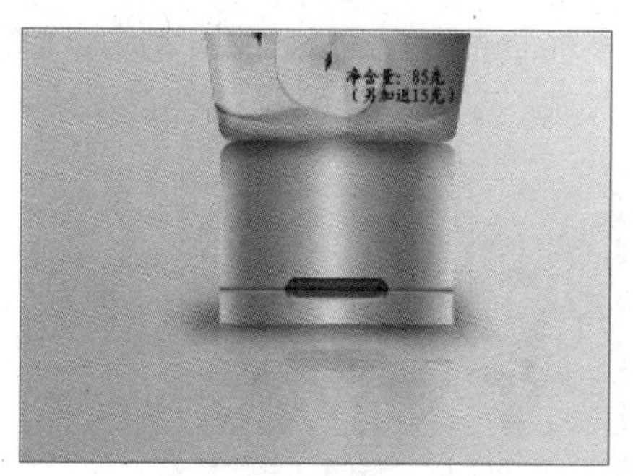

图13-36 制作倒影

13.4.4 合成广告图像

制作好洗面奶瓶体的模型后就可以对其进行合成广告，其具体操作如下。

STEP 1 在“图层”面板中将“背景”图层隐藏，按【Ctrl+Shift+Alt+E】组合键盖印图层，得到图层17，打开“水底.jpg”素材文件，如图13-37所示。

STEP 2 切换到洗面奶模型所在的图像文件，选择移动工具，将盖印的洗面奶模型拖入“水底.jpg”素材文件，并进行自由变换到如图13-38所示的效果。

图13-37 水底素材

图13-38 变换图像文件

STEP 3 在“图层”面板底部单击“添加图层蒙版”按钮为图层1添加一个图层蒙版，然后设置前景色为黑色。

STEP 4 在工具箱中选择柔角画笔工具，然后在图像的瓶底部分涂抹，隐藏不需要的图像部分，效果如图13-39所示。

STEP 5 在“图层”面板中新建一个透明图层，在工具箱中选择画笔工具，载入提供的水花笔刷素材，然后选择该画笔笔刷，设置笔刷大小为“400像素”，前景色为白色，在图像中单击，绘制水珠飞溅的效果，如图13-40所示。

图13-39 添加图层蒙版

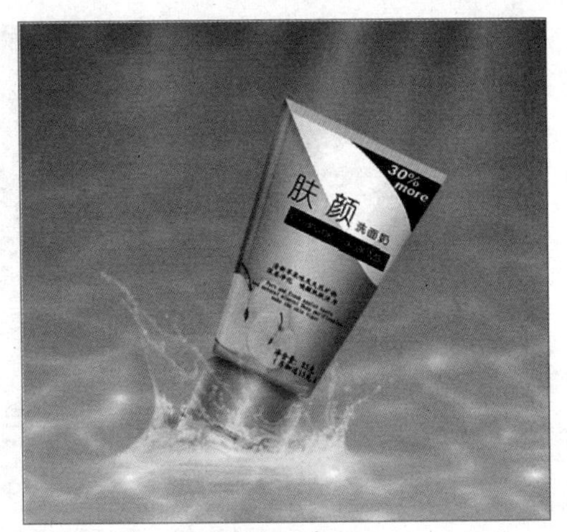

图13-40 绘制水花

STEP 6 打开“冰块.psd”图像文件，利用移动工具将其移动到水底图像文件中，生成图层3，并自由变换其位置和大小，效果如图13-41所示。

STEP 7 将“图层3”拖曳到图层面板底部的 按钮上，连续两次，复制两个副本图层，并对其进行自由变换，效果如图13-42所示。

图13-41 添加冰块图像

图13-42 复制冰块图像

STEP 8 选择3个冰块所在的图层，单击 按钮将其链接，然后将这3个图层拖曳到“图层1”下方，效果如图13-43所示。

STEP 9 在调整面板中单击“色相/饱和度”按钮 ，创建一个“色相/饱和度”调整图层，在其中按照如图13-44所示设置参数。

STEP 10 按【Ctrl+Alt+G】组合键将调整图层创建为剪贴蒙版。

STEP 11 将该调整图层复制两个，并分别将每个冰块图层创建为剪贴蒙版，效果如图13-45所示。

STEP 12 再次复制两个洗面奶模型到图像中，并对其进行自由变换，调整大小和位置到如图13-46所示效果。

图13-43 调整图层顺序

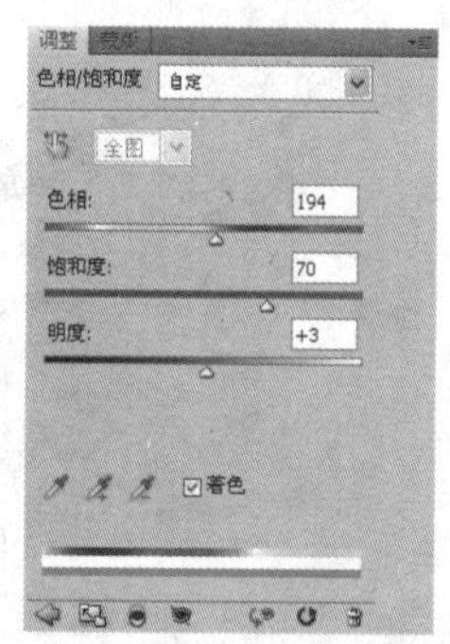

图13-44 调整色相/饱和度

图13-45 调整冰块颜色

图13-46 复制图像

STEP 13 新建一个空白图层4，载入提供的水珠画笔，然后设置画笔面板如图13-47所示效果。

STEP 14 然后在图像中单击鼠标，绘制水珠飞溅效果，如图13-48所示。

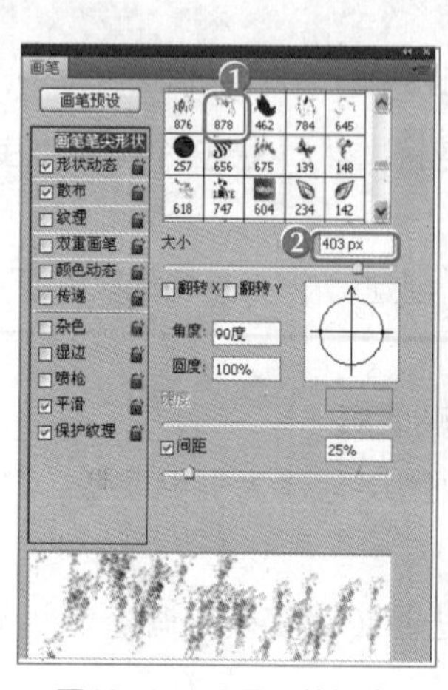

图13-47 设置画笔样式

图13-48 绘制水珠

STEP 15 在工具箱中选择横排文字工具，然后在图像中单击定位插入点，输入“Cleansing Facial Milk”，如图13-49所示。

STEP 16 选择输入的文本，设置字符格式为“汉仪柏青体简、白色、加粗、小型大写字母”然后设置“Cleansing ”为“30点”，“Facial Milk”为“40点”，效果如图13-50所示。

图13-49 输入文本

图13-50 设置文本格式

STEP 17 再次在图像中单击定位插入点，创建文字图层，输入“来自苹果的清爽诱惑”文本，并设置字符格式为“汉仪柏青体简、30点、白色”，效果如图13-51所示。

STEP 18 选择横排文字工具，在图像中按住鼠标左键，拖曳鼠标绘制文字区域，然后在其中输入段落文本，并设置字符格式为“幼圆、18点、黑色、加粗、居中对齐”，效果如图13-52所示。

图13-51 输入文本并设置字符格式

图13-52 设置文本格式

STEP 19 选择【文件】/【存储为】菜单命令，将文件另存为“洗面奶广告.psd”，完成制作。

知识提示

完成图像制作后，若要将图像印刷输出，还需要将图像转换为CMYK图像格式，然后打印印刷小样送客户确认，确认无误后才能送印刷中心印刷，这是设计师必备的行业知识。

13.5 实训——茶楼户外宣传广告

13.5.1 实训目标

本实训要求制作一个茶楼户外宣传广告，效果如图13-53所示。制作本实例时，首先使用了一个牡丹花作为背景图像，然后加以图像处理，然后再配以青花瓷的茶壶以及文字，让整个设计都能很好地表现出茶楼的文化底蕴。

素材所在位置 光盘:\素材文件\第13章\实训\牡丹.jpg、茶壶.psd
效果所在位置 光盘:\效果文件\第13章\茶楼广告.psd

图13-53 茶楼广告

13.5.2 专业背景

户外广告是能在露天或公共场合通过广告表现形式同时向许多消费者进行诉求，达到推销商品的目的。户外广告可分为平面和立体两大部类，平面的有路牌广告、招贴广告、壁墙广告、海报和条幅等。立体广告分为霓虹灯、广告柱和广告塔灯箱广告等。在户外广告中，路牌、招贴是最为重要的两种形式，影响甚大。户外广告的主要特征有以下几点。

- 对地区和消费者的选择性强。
- 可以较好地利用消费者在途中或散步游览时，经常产生的空白心理。
- 具有一定的强迫诉求性质。
- 户外广告表现形式丰富多彩。
- 内容单纯，能避免其他内容及竞争广告的干扰，且费用较低。

13.5.3 操作思路

了解了户外广告的相关特征后，就可以开始设计制作了，根据前面的实训目标，本例的操作思路如图13-54所示。

①填充选区

②制作投影

③输入文字

图13-54　制作茶楼广告的操作思路

【步骤提示】

STEP 1 新建文件，调入素材，然后调整大小和亮度/对比度。

STEP 2 创建选区并填充颜色，添加“茶壶”素材文件，添加图层蒙版制作倒影。

STEP 3 为茶壶图像添加图层样式，然后输入文字并设置字符格式，完成制作。

13.6 疑难解析

问：在设计一个广告画面时，颜色怎样搭配会更加好看呢？

答：色彩搭配的一个基本原则，就是较强或较突出的色彩用得不要多，用少量较强的色彩来与较淡的色彩搭配显得生动，活泼，但如果搭配比例反过来，会使人产生压迫感，同一色彩使用的面积大或小，效果也会有很大差异。

问：制作一个广告一般需要多久时间呢？

答：一个成功的广告，往往在制作之前就需要收集许多资料，在脑海中勾勒出大概的草图，经过反复的推敲，再运用软件绘制出来，然后对颜色、素材图形和文字等要素进行反复的调整，所以只要有时间，可以慢慢地制作广告画面。

13.7 习题

本章主要介绍了平面广告的一般制作方法和流程，另外还介绍了平面广告的种类的特征，对于本章知识，读者需要掌握平面广告的设计方法，综合利用所学的Photoshop图像处理知识来实现广告效果的制作，在设计过程中，要通过图像画面和文字等元素表现设计者的设计理念。

素材所在位置　光盘:\素材文件\第13章\习题\卷轴.psd、茶碗.psd
效果所在位置　光盘:\效果文件\第13章\茶叶广告.psd、房地产广告.psd

（1）制作一个茶叶广告，首先为背景填充淡黄色，然后使用画笔工具，调整多种笔触，绘制出背景中的河流和渔夫等图像，最后绘制出茶碗和花纹图像，输入文字，再做适当的调整即可，如图13-55所示。

图13-55　茶叶广告

（2）设计制作一个房地产广告，图像效果如图13-56所示。形象广告需要体现出楼盘的特色，以及给人的舒适度，所以以卷轴为主要图像，最后加以文字和背景颜色的修饰，让整个画面更加生动、漂亮。

图13-56　房地产广告

课后拓展知识

使用Photoshop进行平面设计时要注意以下几个方面。

- 具有创意的设计理念：要制作出出色完美的平面设计作品，不止要熟练应用软件，更高层次的是具有创新的思想。首先要掌握平面构成、色彩构成和立体构成3个领域的和谐应用，其次是需要有较好的美术功底。
- 善于发现：提高自身的修养，培养并提高审美观，也是作为平面设计人员不可缺少的素养。在设计过程中，素材的收集，可以通过摄影来获取素材。设计来源于生活，因此，在生活中应学会观察，培养对美的事物的敏感性，善于延伸一闪而过的灵感。

附录　综合实训

为了培养学生独立完成设计任务的能力，提高就业综合素质和创意思维能力，加强教学的实践性，本附录精心挑选了4个综合实训，分别围绕“设计杂志封面”、“制作折页宣传单”、“制作手提袋包装”和“制作户外广告”4个设计内容展开。通过完成实训，使学生进一步掌握和巩固Photoshop软件的使用。

实训1　设计杂志封面

【实训目的】

通过实训掌握Photoshop在杂志设计中的应用，具体要求与实训目的如下。

- 了解杂志封面设计的要点，封面的尺寸，包含的内容。
- 熟练掌握封面设计的相关要求和配图技巧。
- 熟练掌握在Photoshop中处理图像的方法。

【实训步骤】

STEP 1 上网搜索资料。了解杂志封面设计的概念、要求及内容组成部分。

STEP 2 准备素材。搜集与杂志封面设计相关的文字、图像等素材。

STEP 3 制作封面。新建图像文件，确认好图像文件大小，添加素材图像，对其进行适当处理，作为杂志的封面背景。

STEP 4 添加相应的文字，制作背景装饰图案。

STEP 5 输入杂志的相关文字，对其进行填充与描边设置，最后添加条纹码图像，完成杂志封面的制作。

【实训参考效果】

本次实训的平面展示图参考效果如附图1所示，相关素材及参考效果提供在本书配套光盘中。

附图1　杂志封面设计参考效果

实训2 制作折页宣传单

【实训目的】

通过实训掌握Photoshop在宣传单设计方面的应用，具体要求及实训目的如下。

- 要求宣传单的宽度和高度分别为15厘米和22厘米，一共4页，相关的产品图片已提供为素材，整体设计要体现产品的特点和珠宝文化内涵。
- 了解什么是折页宣传单，掌握宣传单的设计要点与构图方法。
- 熟练掌握渐变工具的使用方法。
- 熟练掌握使用文字工具添加和编辑美术文本的方法。

【实训步骤】

STEP 1 查看产品和资料。认真查看提供的产品素材，从产品名称、包装样式和产品介绍等内容上总结产品的特点，获取相关产品信息，为创意构思做好准备。

STEP 2 制作第1页宣传单。新建图像窗口后调入素材图片，再加上相关的文字，并设置字符格式即可。

STEP 3 制作第2页宣传单。新建图像窗口，调入相关产品图片，再运用准备好的素材进行装饰。

STEP 4 制作第3页宣传单。新建图像窗口，调入相关素材，再运用文字工具和选框工具处理细节即可。

STEP 5 制作第4页宣传单。新建图像窗口，调入相关产品图片，再运用文字工具创建说明文字即可。

【实训参考效果】

本实训的折页宣传单的参考效果如附图2所示，相关素材及效果文件提供在本书配套光盘中。

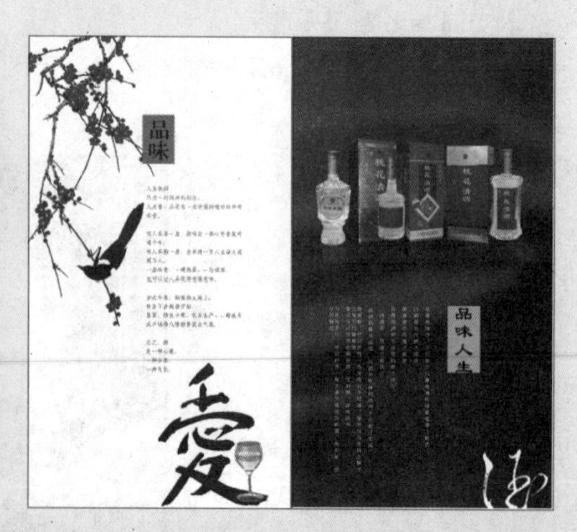

附图2 折页宣传单制作效果

实训3 制作手提袋包装

【实训目的】

通过实训掌握Photoshop在包装设计方面的应用，具体要求及实训目的如下。

- 要求手提袋以蓝色调为主，整个画面简洁、大方。
- 熟练掌握将平面效果制作成立体效果的操作方法。
- 熟练掌握标尺、参考线、矩形选框工具、渐变工具、自定形状工具、文字工具和变换框等工具的应用。

【实训步骤】

STEP 1 查看相关资料。认真了解产品或客户的相关资料，收集能在包装上体现的文字资料，为创意构思做好准备。

STEP 2 制作手提袋平面图，使用标尺和参照线标出手提袋需要填充颜色的位置，再填充为“深蓝色”。

STEP 3 使用自定形状工具绘制标志并复制，然后使用文字工具输入企业名称和广告语。

STEP 4 制作立体效果，将手提袋的正面和侧面分别放置在一个图层中，再使用变换框将其各部分组合在一起，形成一个立体效果。

STEP 5 使用渐变工具将背景图层绘制成渐变效果即可。

【实训参考效果】

本实训的手提袋包装的平面展开图和立体图参考效果如附图3所示，相关素材及效果文件提供在本书配套光盘中。

附图3 手提袋包装制作效果

实训4 制作户外广告

【实训目的】

通过实训掌握Photoshop在户外广告设计方面的应用，具体要求及实训目的如下。

- 要求为某房地产制作户外广告，以大气、简洁的画面来吸引路人。

- 了解什么是户外广告、户外广告的分类和户外广告的设计准则等行业知识。
- 熟练掌握使用钢笔工具和变换图像操作进行绘图的技巧。
- 熟练掌握文字工具、矩形选框工具、渐变工具和光照效果滤镜的应用。

【实训步骤】

STEP 1 创意分析。以橘红色为主色调可以给人一种刺激的视觉效果，从而引人注目。其经典部分则是画面中大量空白背景，给人一种大气的感觉。

STEP 2 制作广告画面。新建相应图像大小后，运用钢笔工具将画面划分为弧形区域两部分，左侧填充线形纹理，然后导入产品图像和人物素材等进行编辑。

STEP 3 编辑人物和灯柱。调入人物和灯柱素材图片，运用变换操作进行编辑。

STEP 4 添加文本。为制作好的画面添加文本。

STEP 5 绘制路牌柱：使用矩形选框工具和渐变工具绘制路牌柱，将画面拼合到路牌柱。

【实训参考效果】

本实训的户外广告的参考效果如附图4所示，相关素材及效果文件提供在本书配套光盘中。

附图4 户外广告效果